中国式现代化的河南实践

系列丛书

THE HENAN PROVINCE'S PRACTICE
OF SAFEGUARDING THE YELLOW RIVER
—THE "MOTHER RIVER" UNDER THE RULE OF LAW

法治守护
黄河"母亲河"的
河南实践

邓小云 ◎ 主　编

张俊涛　樊天雪　李梦珂 ◎ 副主编

社会科学文献出版社
SOCIAL SCIENCES ACADEMIC PRESS (CHINA)

前　言

河南作为经济大省、人口大省、粮食大省、文化大省，在中国式现代化进程中具有举足轻重的地位。党的十八大以来，习近平总书记先后 5 次到河南视察，发表与作出了一系列重要讲话和重要指示，寄予河南"奋勇争先、更加出彩"的殷切期望，擘画了中国式现代化建设的河南蓝图，为现代化河南建设提供了总纲领、总遵循、总指引。全省上下坚持以习近平新时代中国特色社会主义思想为指导，砥砺奋进、实干笃行，奋力推进中国式现代化河南实践迈出坚实步伐，中国式现代化在中原大地展现光明图景。

"中国式现代化的河南实践系列丛书"由河南省社会科学院研创。该丛书从理论与实践相结合的视角出发，生动、翔实、立体地总结河南省委、省政府在现代化建设中谋划的战略布局、实施的有力举措、推动的实践创新、取得的亮点成效，既是向中华人民共和国成立七十五周年献礼，也是为高质量推进中国式现代化建设提供服务和智力支持。

"中国式现代化的河南实践系列丛书"包括《黄河流域生态保护协同治理的河南实践》《法治守护黄河"母亲河"的河南实践》《传承弘扬焦裕禄精神的河南实践》《传承弘扬大别山精神的河南实践》《以人为核心推进新型城镇化的河南实践》《"买全球卖全球"跨境电商发展的河南实践》6 部。该系列丛书围绕深刻领会习近平总书记关于中国式现代化的重要论述和对河南工作的重要讲话重要指示精神，结合党的二十届三中全会对进一步全面深化改革、推进中国式现代化作出的总体部署和战略安排的最新精神，同时系统梳理和展示河南在落实新时代推动中部地区崛起、黄河流域生态保护和高质量发展等重大国家战略中的生动实践，旨在不断总结新经验，探索新路径，实现新突破，进一步全面深化改革，高质量推进中国式现代化建设河南实践，谱写新时代新征程中原更加出彩的绚丽篇章。

目　录

第一章 统筹谋划：河南加强法治守护黄河 "母亲河"的顶层设计

2019年9月18日在郑州召开的黄河流域生态保护和高质量发展座谈会系统部署了黄河流域生态保护和高质量发展的目标、任务等，使黄河流域生态保护和高质量发展成为与京津冀协同发展、长江经济带发展、粤港澳大湾区建设、长三角一体化发展具有同等地位的重大国家战略。作为黄河流经区域地形地貌特征最为特殊的区域，河南省全面落实座谈会精神及党和国家有关决策部署，全方位、多领域综合施策，推进黄河重大国家战略落实落地，尤其是加强法治守护黄河 "母亲河"的顶层设计，打造黄河流域生态保护和高质量发展的区域法治样本。

第一节 坚决扛起黄河流域生态保护和高质量发展 重任，系统谋划部署

黄河流域生态保护和高质量发展座谈会召开后，河南省委省政府加快加强落实会议精神，进行了专门部署，如成立高规格专门领导机构，推进省内黄河流域生态保护和高质量发展规划的编制出台等。河南省人大依据有关法律法规出台了省内黄河流域保护与治理的地方性法规，有关职能部门跟进制定了制度标准等规范性文件。多领域、多部门合力采取务实有效的法治举措，为把黄河打造成为造福人民的幸福河而不懈努力。

一 建立专门工作机制

河南省委省政府围绕实施黄河重大国家战略，2019年9月成立了河南省黄河流域生态保护推进会议暨省黄河流域生态保护和高质量发展领导小组，由省委省政府主要领导担任双组长，统筹领导黄河流域生态保护和高

质量发展工作。该领导小组历次会议①都深入学习贯彻习近平总书记在黄河流域生态保护和高质量发展座谈会上的重要讲话和有关重要指示精神,听取一段时间以来省发改委、省自然资源厅、省生态环境厅、省水利厅、省文化和旅游厅等部门推动黄河流域生态保护和高质量发展工作情况汇报,研究省黄河流域生态保护和高质量发展的重大问题,并安排部署下一阶段工作任务。

2020年9月,也就是黄河流域生态保护和高质量发展座谈会召开一周年之际,召开了河南省黄河流域生态保护推进会议暨省黄河流域生态保护和高质量发展领导小组第四次会议,总结了过去一年河南在推动黄河流域生态保护和高质量发展方面的主要思路和成绩,指出要始终把生态保护放在首要位置,做到主动推进生态保护治理与尊重自然规律、加强污染防治与加快产业转型、强化资源环境保护利用刚性约束与创新生态保护体制机制、保护生态与改善民生"四个有机结合",并且将2020年8月召开的中共中央政治局会议强调的"因地制宜、分类施策、尊重规律,改善黄河流域生态环境"分解为进一步理解处理好五方面关系,即更加深刻认识水与沙的关系、更加深入理解水与林的关系、更加主动协调水与人的关系、更加科学统筹水与产的关系,以及更加准确把握水与城的关系。②此次会议上,时任河南省委书记王国生强调了三个"更进一步":在推动学习贯彻习近平总书记重要讲话精神走深走实上更进一步;找准载体,在提升思路、狠抓落实上更进一步;强化担当,在落实"让黄河成为造福人民的幸福河"上更进一步。③在2023年3月召开的河南省黄河流域生态保护和高质量发展领导小组会议上集体学习了《中华人民共和国黄河保护法》(以下简称《黄河保护法》),指出要切实在法治轨道上做好黄河流域生态保护和高质量发展各

---

① 初步统计,截至2023年6月,河南省黄河流域生态保护和高质量发展领导小组已召开七次会议。2022年4月6日,河南省省长王凯还主持召开了省黄河流域生态保护和高质量发展领导小组专题会议。参见《黄河国家战略大事记(河南)》,《河南日报》2022年9月20日。

② 《河南省黄河流域生态保护推进会议暨省黄河流域生态保护和高质量发展领导小组第四次会议在郑州召开》,《河南日报》2020年9月14日。

③ 《杨建国:如何展现黄河流域生态保护和高质量发展"河南作为"》,中华网河南,https://henan. china. com/news/society/ 2020/0902/2530105049. html, 2020年9月2日。

项工作，并组织观看了 2022 年黄河流域生态环境警示片。[①]

除了省黄河流域生态保护和高质量发展领导小组召开会议研究黄河流域生态保护和高质量发展的重大问题，河南还召开省委全会、全省文化旅游大会、河长述职会议等进行部署，以扎扎实实的作风推进各项工作，动员全省上下共同投身黄河流域生态保护治理和高质量发展。中央第二生态环境保护督察组对河南省开展第三轮生态环境保护督察后认为，河南省认真贯彻习近平生态文明思想和习近平总书记关于河南生态环境保护的重要指示批示精神，着力推进黄河流域生态保护和高质量发展，努力打造黄河流域生态保护示范区，推进生态环境问题整改，工作力度较大，取得较好成效。[②]

二　坚持规划引领

河南省高度重视规划在黄河流域资源开发利用、涉水事务管理、经济社会发展和生态文明建设中的统筹引领作用。2020 年 1 月召开的河南省黄河流域生态保护和高质量发展领导小组第三次会议指出，要抓好大规划，科学制定省总体规划和专项规划。[③] 2021 年 10 月，中共中央、国务院印发《黄河流域生态保护和高质量发展规划纲要》，推进黄河重大国家战略的具体落实。为做好地方层面的黄河流域生态保护与高质量发展相关工作，河南省出台了相应的总体规划和具体规划，对河南沿黄地区生态保护和高质量发展工作进行系统谋划，高质量绘制法治守护黄河"母亲河"的蓝图。

（一）省级规划密集出台

河南省以空间规划改革试点[④]为契机，推进黄河流域国土空间治理体系和治理能力现代化。在将流域治理与区域治理有机结合的基础上编制《河南省黄河滩区国土空间综合治理规划（2021-2035 年）》，明确"三滩四区多试点"综合治理路径，对滩区防洪安全、居住安全、生态保护、高质量

---

① 《河南省省长王凯：提高政治站位 抓牢重点任务 确保黄河流域生态持续改善》，《河南日报》2023 年 3 月 29 日。
② 《中央第二生态环境保护督察组向河南省反馈督察情况》，大象时政，https://www.hntv.tv/news/1/1762429743306199041，2024 年 2 月 27 日。
③ 《河南省黄河流域生态保护和高质量发展领导小组召开第三次会议》，《河南日报》2020 年 1 月 17 日。
④ 参见《自然资源部：推进国土空间规划领域两项改革》，《新京报》2019 年 9 月 20 日。

发展和保障体系建设等做出总体部署与统筹安排。①

以《黄河流域生态保护和高质量发展规划纲要》为统领，对水沙调控、防洪减淤、水土流失防治、水资源合理配置和高效利用、水生态环境保护、流域综合治理中的生态补偿、流域生态带建设等方面进行谋划安排，划定城市开发边界、永久基本农田保护和生态环境保护"三条红线"，统筹安排生产、生活和生态空间，明确河南省黄河流域生态保护红线、环境质量底线、资源利用上线和生态环境准入清单，并将其与城乡建设等专项规划相衔接。

制定实施《河南省黄河流域生态环境保护规划》，对黄河流域内历史遗留矿山进行现场勘查、布点采样、样品检测、成果评价，完成南太行国家生态保护修复试点工程，启动沿黄生态廊道建设工程，黄河流域（河南段）沿岸 710 公里生态廊道全线贯通，开展专项行动，依法打击破坏黄河生态环境的违法犯罪行为。②

保护传承弘扬黄河文化是《黄河保护法》的重要内容，也是黄河流域生态保护和高质量发展的重要内容。2023 年 12 月，河南省出台了《黄河国家文化公园（河南段）建设保护规划》。该规划立足于建设黄河国家文化公园（河南段），旨在构建保护传承弘扬黄河文化的重要平台、筑牢中华民族共同体意识的重要纽带，以黄河文化为载体向世界讲好中国故事。依据该规划，河南省将分类建设不同的重点功能区：划定管控保护区，加强对黄河国家文化公园（河南段）现有历史文化资源的保护；打造主题展示区，积极对外展示河南省优秀的黄河文化；建设文旅融合区，积极推动沿黄地区文旅融合发展；优化传统利用区，充分利用现有的历史文化资源。该规划是河南省保护省内黄河文化资源的时间表、路线图、任务书，不仅是推进实施《黄河保护法》关于保护传承弘扬黄河文化的规定，也为中原文化走向全国、走向世界提供了更为广阔的舞台。河南省是中原文化的核心区域，省内蕴含了灿烂而丰富的黄河文化。随着《黄河国家文化公园（河南段）建设保护规划》的落地见效，省内众多黄河文化遗迹、遗产与相关文物会得到更加完善的保护，与黄河文化相关的民俗等非物质文化遗产也将得到更好的发扬。另外，河南省司法厅与河南黄河河务局共同编制了《河南黄河法治文化带建设规划（2020—2025）》，充分发挥法治宣传教育推动黄河文化、法治文化、红色文化有机融合的基础作用。

（二）市级规划加快推进

为推动黄河流域生态保护和高质量发展战略在本区域的落实，郑州市出台了《郑州建设黄河流域生态保护和高质量发展核心示范区总体发展规划（2020—2035 年）》，重点明确了核心示范区的生态布局、防洪布局、科创布局、产业布局、城市布局、文化布局、交通布局等，明确了核心示范区打造沿黄生态保护示范区、国家高质量发展区域增长极、黄河历史文化主地标的三大功能定位和建设成为大保护大治理展示窗口、新理念新场景展示窗口和华夏源黄河魂展示窗口的发展定位，为推动该区域高质量发展转型升级提供了规划蓝图依据。[①]

2019 年，开封市召开沿黄生态保护和高质量发展暨"十四五"规划编制工作会，谋划未来五年开封市范围内黄河流域生态保护和高质量发展工作。2021 年，开封市召开黄河滩区生态保护和高质量发展规划编制工作汇报会，提出规划要明确三个方向：一要满足硬性要求，要深入贯彻落实习近平总书记关于黄河流域生态保护和高质量发展的重要讲话和指示批示精神，确保黄河安澜，守好生态红线，节约土地指标；二要解决突出问题，做好滩区居民迁建工作，安排好滩区居民生产生活，做好资金管理，推动高质量发展；三要形成地方特色，充分挖掘历史文化资源，形成人无我有的独特优势。[②] 2022 年发布的《开封市国民经济和社会发展第十四个五年规划和二〇三五年远景目标纲要》提出，深入践行习近平生态文明思想，以黄河流域生态保护和高质量发展为引领，推进生态保护系统化、环境治理精细化、资源利用高效化。2024 年 3 月发布的《开封市黄河流域生态保护和高质量发展水安全保障规划（征求意见稿）》提出，坚持"节水优先、

---

① 《落实黄河流域生态保护和高质量发展重大国家战略 郑州这样建核心示范区》，《河南日报》2021 年 12 月 9 日。

② 《开封市召开黄河滩区生态保护和高质量发展规划编制工作汇报会》，河南省人民政府门户网站，https://www.henan.gov.cn/2021/11-17/2348984.html，2021 年 11 月 7 日。

空间均衡、系统治理、两手发力"的新时期治水思路，坚持山水林田湖草沙综合治理、系统治理、源头治理的系统思维，紧扣市委市政府确保高水平建设"一都四城"（世界历史文化名都、国际文化旅游名城、黄河流域水治理生态城、区域一体化高质量发展示范城、品质宜居消费智城）要求，构建兴利除害的现代水网体系，提升防洪安全保障、水资源节约集约利用、水生态体系安全保障、水文化保护传承和水管理等能力，探索有开封特色的水利发展建设之路，助力黄河流域生态保护和高质量发展重大国家战略落地实施。

2023 年 2 月，新乡市人民政府印发的《新乡市"十四五"国土空间生态修复和森林新乡建设规划》明确提出：保护修复黄河生态带，推进黄河滩区土地综合整治；加强滩区水源和优质土地保护修复，对与永久基本农田、重大基础设施和重要生态空间等相冲突的用地空间进行适度调整，依法合理利用滩区土地资源，实施滩区国土空间差别化用途管制；因地制宜推进黄河下游滩区土地综合整治和生态环境综合修复治理，完善农田基础设施，改造低质耕地和坑塘，统筹河道水域、岸线和滩区生态建设，完善大堤防护林带，建设集防洪护岸、水源涵养、生物栖息、农业生产等功能于一体的黄河生态带。

安阳市站在新时期区域经济发展大背景下，科学有序地开展市域黄河流域生态保护和高质量发展规划的编制工作。2022 年，安阳市专门召开该规划编制成果汇报会，讨论研究高质量安排未来一段时间的黄河流域生态保护和高质量发展工作。据课题组调研，目前规划初稿已编制完成，内容主要围绕生态优先、文化引领、产业带动、基础支撑等重点领域，开展重大项目谋划和储备工作，建立黄河流域生态保护和高质量发展重大项目储备库。

三 加强立法供给

进入新时代，我国环境保护综合法的修订和流域专门法律的出台齐头并进，为包括黄河流域在内的流域保护与治理提供了比较系统的法律制度保障。河南省适时跟进、细化执行关于黄河流域保护与治理的上位法，在充分调研的基础上进行地方立法，立法理念由过去以污染治理为主向"三水统筹"（水资源、水环境、水生态统筹）治理转变，确立了省级统筹协调、部门协同配合、属地抓好落实、各方衔接有力的黄河流域管理体制，针对河南省黄河流域的特殊问题规定了具体制度，推进黄河流域生态保护和高质量发展的法治体系和法治能力现代化。

（一）我国关于流域保护与治理的立法演进

我国关于流域保护与治理的立法历程可概括为三个阶段。一是起步阶段。我国流域立法起步于20世纪八九十年代。1988年《中华人民共和国河道管理条例》首次在行政法规中提出了流域管理的问题。1994年《黄河下游引黄灌溉管理规定》（水利部发布，2016年废止）、1995年《淮河流域水污染防治暂行条例》等部门规章和法规针对流域管理的一些突出问题做了专门化规定。此后，有多部法规和部门规章对流域治理的具体问题进行了专门化规制。这一时期的流域立法旨在合理利用水资源，达到兴利除害的目的。二是普遍开展阶段。20世纪90年代末以来，我国流域立法步伐明显加快。1997年《中华人民共和国防洪法》（以下简称《防洪法》）开"流域管理与区域管理相结合"管理体制的先河，并且规定了规划先行等比较科学的工作制度。2002年修订《中华人民共和国水法》（以下简称《水法》）、2008年修订《中华人民共和国水污染防治法》（以下简称《水污染防治法》）、2010年修订《中华人民共和国水土保持法》（以下简称《水土保持法》）、2011年颁布实施《太湖流域管理条例》，对流域管理的理念、原则、规则等都有比较科学的表述和明确的规定。从整体上看，这一阶段的流域立法在总结中华人民共和国成立以来一段时间相关工作经验和不足的基础上，针对今后一个时期的工作程序和实施行为，规定了比较具体的基本工作制度，有鲜明的时代特点和比较丰富的内涵。三是典型示范阶段。进入新时代，我国全面推进"江河战略"法治化进程，两部流域专门法律的出台及其规范实施为流域水生态环境法治保护提供了典型示范。在贯彻实施新修订的《中华人民共和国环境保护法》（以下简称《环境保护法》）、《水污染防治法》等上位法的过程中，长江、黄河等流域内各地政府针对水生态修复与污染防治开展了一系列合作，相关实践也对流域立法提出了新要求、新任务，即围绕大型流域治理开展基本立法、专门立法。在总结《长江河道采砂管理条例实施办法》《黄河水量调度条例》《三峡水库调度和库区水资源与河道管理办法》《黑河干流水量调度管理办法》《海河独流减河永定新河河口管理办法》等法规规章实施成效和不足的基础上，2020 年我国第一部流域专门法律《中华人民共和国长江保护法》（以下简称《长江保护法》）出台，2022 年第二部流域专门法律《黄河保护法》出台，针对两大流域的不同特点及其综合治理面临的突出问题提供了法律规制方案。

总体上看，在《黄河保护法》出台之前，我国涉及黄河流域保护与治理的立法比较分散，国家层面有《环境保护法》《水法》《防洪法》《水污染防治法》《水土保持法》《中华人民共和国土地管理法》等法律以及《中华人民共和国河道管理条例》《黄河水量调度条例》《黄河河口管理办法》等行政法规和部门规章，沿黄各省（自治区）也制定了相应的地方性法规和政府规章。这些立法为黄河流域生态环境保护提供了一定保障，但存在诸多缺陷。总体而言，国家层面的相关立法并不直接规定黄河流域生态环境保护的具体方式，存在针对性和可操作性不强、一些制度存在空白等问题。地方层面的相关立法由于立法层级和效力有限，不能对黄河流域统筹治理做出系统性、整体性的制度安排。此外，地方立法之间存在重复的情况，徒增立法成本；或者不够协调甚至互相冲突，给跨域执法带来困难甚至因制度掣肘而难以实施。从整体思维出发，黄河流域生态环境保护应该全国"一盘棋"，从顶层设计上明确相关理念、制度和标准，保障黄河流域生态环境保护全面、系统、协调开展，也使跨域跨部门联防联控有明确的依据。《黄河保护法》具有综合法和特别法性质，是保障和规范黄河流域生态保护与高质量发展的基础性法律，为黄河流域生态保护和高质量发展提供了量身定制的解决方案。

（二）《黄河保护法》背景下河南省加大黄河流域保护与治理立法力度

河南省人大依据上位法，制定完善地方立法，部署开展省内跨区域立法，为省内黄河流域生态保护和高质量发展提供了强有力的保障和规范依据；颁布或修正实施了一系列地方性法规，前瞻性地对一些项目开展立法调研和审议。

为推进黄河保护治理工作，扛稳"让黄河成为造福人民的幸福河"重大政治责任，依据有关法律法规和政策文件，结合河南省实际，2021 年 9 月河南省人大常委会通过了《关于促进黄河流域生态保护和高质量发展的决定》。该决定明确了"区域治理服从流域治理"的理念和原则，要求河南省内各级行政部门严格按照省人大常委会做出的决定，扎扎实实推进黄河保护与治理工作，省级行政部门负总责任，市、县级行政部门负责黄河流域生态保护和高质量发展工作的具体落实。该决定提出，黄河保护治理涉及多个领域、多个部门、多个地方，要积极避免"九龙治水"，推动流域上下"一盘棋"的共治共理。该决定通过系统性的制度设计，强化协同推进的机制保障，推动统一规划、统一管理、统一调度；全面推行"河长+检察长"制和林长制，探索建立"河长+警长"制，建立黄河流域河湖长联席会议机制。该决定不仅专门明确了河南省黄河流域生态保护和高质量发展的法治保障体系①，还就跨区域开展流域生态环境执法、督察监督等工作做了规定，指出河南省要特别注重压紧压实生态环境部门、河务部门的主管责任，加强与沿黄河其他省份的沟通配合，努力促进黄河流域生态保护和高质量发展。

为更好地发挥《黄河保护法》在河南的实施效果，河南省十四届人大常委会第二次会议通过《河南省黄河河道管理条例》（2023 年 3 月 29 日通过，2023 年 7 月 1 日起施行），细化了《黄河保护法》中部分授权性规定，并将"河南省黄河水资源管理条例""河南省黄河流域生态保护和高质量发展条例"纳入立法调研工作。按照河南省人大常委会安排部署，安阳、鹤壁、新乡、焦作、濮阳五市开展了卫河流域协同立法工作，这是河南省在协同立法领域的首次尝试。《安阳、鹤壁、新乡、焦作、濮阳市卫河保护条例》已于 2023 年 11 月 30 日由省十四届人大常委会第六次会议审议批准，于 2024 年 5 月 1 日起实施。此外，河南省人大已将《河南省实施〈中华人民共和国黄河保护法〉办法》列为 2024 年立法审议项目，正在组织立法调研工作，预计 2024 年底将这一地方性法规颁布实施。

---

① 《河南省人民代表大会常务委员会关于促进黄河流域生态保护和高质量发展的决定》第十五条规定："完善黄河流域生态保护和高质量发展的法治保障体系，依法规范黄河保护治理各项工作和活动。发挥地方立法引领和保障作用，及时制定完善与黄河保护治理相适应的地方性法规、地方政府规章。各级人大及其常委会应当加强法律监督和工作监督，促进相关法律法规贯彻执行，推动相关规划、重大项目顺利实施。各级行政机关和监察机关、审判机关、检察机关应当严格执法、公正司法，坚决查处和严厉打击各类破坏生态环境的违法犯罪行为。流域县级以上人民政府应当每年向同级人大常委会报告本行政区域内黄河流域生态保护和高质量发展工作情况。"

河南省生态环境保护委员会办公室、省生态环境厅、省市场监督管理局等部门积极履职，强化水生态环境保护执法规范和政策激励等，出台了《河南省黄河流域水污染物排放标准》（DB41/2087-2021）、《医疗机构水污染物排放标准》（DB41/2555-2023）、《饮用水水源地水质生物毒性（发光细菌法）在线监测技术规范》（DB41/T 2403-2023）、《集中式饮用水水源保护区勘界技术规范》（DB41/T 2528-2023）、《河南省美丽河湖优秀案例评定管理办法（试行）》、《河南省地表水环境质量月排名暨奖惩办法（试行）》（豫环委办〔2022〕12号）、《河南省入河排污口设置审批权限划分方案》（豫环办〔2023〕101号）等一系列制度标准。随着相关地方性法规的出台以及制度标准的配套跟进，河南黄河流域将迎来生态环境更加健康安全、经济社会发展更高质量的良好局面。

第二节 牢固树立"一盘棋"思想，共奏新时期"黄河大合唱"

流域兼具自然属性和社会属性，其生态系统功能的发挥不受行政区划限制，这决定了流域生态环境保护要从流域整体出发统筹开展。黄河流域生态环境风险涉及复杂、多元的风险类型，在整体主义视域下突出表现为产业结构性风险、跨域格局性风险、系统失衡性风险。河南省在黄河流域生态保护和高质量发展中坚持整体治理、系统治理、源头治理思路，有关部门和领域牢固树立"一盘棋"思想，将统筹规划、协调布局与因地制宜具体施策相结合，全面、切实、有效推进省内沿黄地区生态保护和高质量发展。

一 聚焦目标任务和重点领域同向发力

河南省坚持以习近平总书记重要讲话精神为根本遵循，把黄河流域生态保护和高质量发展摆在事关全局的重要位置，努力打造大江大河保护治理的河南范本，为保障国家生态安全、推进高质量发展做出"河南贡献"。全省各领域各部门同向发力、同频共振，深入贯彻党中央和省委决策部署，牢固树立"一盘棋"思想，促进黄河流域治水治沙治滩齐头并进。

（一）专门工作机制及时印发工作要点

河南省黄河流域生态保护和高质量发展领导小组历次会议都听取省发改委、省自然资源厅、省生态环境厅、省水利厅、省文化和旅游厅等有关部门负责同志汇报上一阶段工作和接下来工作安排，总结上一阶段工作成效，研究下一阶段工作要点。2020 年 1 月召开的省黄河流域生态保护和高质量发展领导小组第三次会议指出，要谋划大项目，围绕生态保护、高质量发展、文化传承等重点领域，先期启动一批具有引领性、示范性的重大工程。随后印发了《2020 年河南省黄河流域生态保护和高质量发展工作要点》，提出要做好大规划（抓实，构建"金字塔"政策体系）、建好大平台（抓细，郑洛"双引擎"协同发力）、干好大项目（抓落地，率先建成岸绿景美的生态长廊），把握沿黄地区生态特点和资源禀赋，从过去的立足"要"向立足"干"转变、向先行先试转变，引领沿黄生态文明建设，在全流域率先树立河南标杆。①

（二）重点领域立法调研深入推进

河南省人大常委会连续开展专题调研、代表视察，并出台决定，从法治层面推动黄河流域生态保护和高质量发展战略落地落实。较之《长江保护法》的框架和内容，《黄河保护法》多了保护传承弘扬黄河文化，相应的立法也成为一个新的命题。几千年来黄河在中原大地上留下了丰富的文化遗产，河南省立法机关高度重视以法治之力保护传承弘扬黄河文化。2020 年 6 月 8—12 日，河南省人大常委会组建黄河文化专题调研组，在听取省发展改革委、省财政厅、省自然资源厅、省文化和旅游厅、省文物局、河南黄河河务局等有关部门汇报后，赴开封、安阳两地就黄河文化保护传承弘扬与创新工作展开实地调研。2021 年河南省人大常委会通过的《关于促进黄河流域生态保护和高质量发展的决定》对保护传承弘扬黄河文化做了系统阐述，明确了省级、县级人民政府及相关部门的相关职责。2024 年，河南省将进一步完善省级统筹协调、部门协同配合、属地抓好落实、各方衔

①　《〈2020 年河南省黄河流域生态保护和高质量发展工作要点〉出炉全流域率先树立标杆地位》，《河南日报》2020 年 3 月 2 日。

接有力的管理机制，推进建设集生态、文化、法治、红色、廉洁等多种元素于一体的河南黄河复合文化带，为助推黄河流域生态保护与高质量发展贡献法治和文化力量。①

（三）政府部门注重细化落实

河南省人民政府深入贯彻落实党中央、国务院关于黄河流域生态保护和高质量发展工作的决策部署，在有关会议中深入讨论省内黄河流域生态保护和高质量发展工作要点，在政府工作报告中落实党中央及省委有关会议精神和战略部署，提出推进省内黄河流域生态保护和高质量发展的年度工作要点。比如，2020 年河南省人民政府工作报告对实施黄河流域生态保护和高质量发展战略予以重点阐述，提出以黄河流域生态保护和高质量发展重大国家战略为引领，重点围绕全面加强沿黄生态环境保护、保障黄河长治久安、推进黄河水资源节约集约利用、沿黄经济带高质量发展，以及保护传承弘扬黄河文化等领域，高起点谋划黄河流域重大生态保护修复、防洪减灾、黄河水资源高效利用等重大工程，谋划实施引黄灌溉及调蓄，沿黄生态廊道、河道和滩区安全综合提升，重要支流治理等重大项目。河南省人民政府办公厅印发的《河南省推动生态环境质量稳定向好三年行动计划（2023—2025 年）》专门阐述了建设黄河流域美丽幸福河湖示范段，提出按照"持久水安全、优质水资源、宜居水环境、健康水生态、先进水文化、科学水管理"的标准开展美丽幸福河湖建设，明确了 2023—2025 年的年度整治任务以及到 2025 年建成 30 条省级和 100 条市、县级美丽幸福河湖示范段的目标。为保证目标任务落实落地，该计划还明确了相关牵头单位、配合单位、负责落实单位。

2024 年 2 月召开的河南省生态环境保护工作会议明确了年内重点实施十大生态环境保护工程，其中包括推进黄河流域生态保护和高质量发展先行区建设。2024 年 6 月 3 日在河南省人民政府新闻发布厅，河南省生态环境厅有关负责同志表示，2024 年是全面推进美丽河南、生态强省建设的重要一年，全省将聚焦水环境质量改善目标任务，统筹水资源、水生态、水环境系统治理，坚持保好水、治差水、洁净饮用水，全面推进河南水环境

---

① 《聚焦黄河流域生态保护和高质量发展，2024 年河南要这么做》，《大河报》2024 年 1 月 31 日。

质量持续改善、稳中向好，下一阶段将从巩固好水、治理差水、守好饮用水三方面开展重点工作。[①]

二 共抓大保护，协同大治理

河南省法检两院不断加强能动履职，与省政府建立府院联动机制，定期召开联席会议，共同做好环境资源案件诉源治理、矛盾化解、生态修复等工作。省人民法院与省人民检察院召开法检两院年度工作会商，在集中管辖、检察公益诉讼等方面凝聚共识；与省林长办在全省推行"林长+法院院长"工作机制；与省水利厅、省人民检察院、省公安厅、省司法厅等联合印发《河湖安全保护专项执法行动工作方案》；与省生态环境厅、省水利厅等部门联合开展第三方环保服务机构弄虚作假问题专项整治、河湖安全保护等工作。省人民法院、郑铁两级法院在开封、三门峡、济源、焦作、郑州等地，结合区域生态环境资源特点，联合河南黄河河务局等沿线行政机关，通过召开座谈会、开展增殖放流、现场宣传等形式开展黄河流域生态环境保护普法宣传活动。

河南各地法检两院与水行政等部门的联系与协作也不断加强。洛阳市中级人民法院、市人民检察院联合市文物局出台《关于文物保护协作机制的意见》，在二里头夏都遗址博物馆建立"黄河文化司法保护基地"。济源市人民法院探索推行"河长+检察长+警长+法官"联动工作机制，实现行政执法、刑事司法、检察监督、裁判执行有机衔接。郑铁两级法院与温县人民政府、省市县三级生态环境部门、省市县三级黄河河务部门、温县人民法院、温县自然资源局在温县黄河河务局召开"落实《黄河保护法》加强行政执法与司法协作"座谈会，围绕生态资源保护、黄河治理保护、行刑衔接、法治宣传开展交流研讨。会上，郑州铁路运输法院与黄河流域（温县段）水行政联合执法协作机制领导小组签署《黄河流域（温县段）水行政联合执法协作协议》，进一步加强水行政执法与司法协作。

三 持续织密黄河保护与治理的法治之网

河南持续以流域整体观统筹推进省内流域水生态环境保护，结合新的

① 刘俊超：《河南坚决肩负起黄河流域生态保护和南水北调水源安全重大责任》，中国环境网，http://res.cenews.com.cn/hjw/news.html，2024年6月4日。

实践发展需求，将统筹与分工、预防与治理、管控与交易等措施协调并用，以最严密的法治、最严格的制度、最有效的措施为省内黄河流域保护与治理提供有力的法治保障。一是以实践创新进一步发挥《黄河保护法》护航黄河流域水生态环境保护的效能，比如将黄河文化价值纳入生态损害赔偿范围、构建实施黄河水权交易机制等。二是流域各地各级政府加强对发改、自然资源和规划、司法等部门的环境专业人才配置和培训，提升生态环境部门、司法部门发现和处置生态环境案件的能力，使其他有关部门能够切实对生态环境保护工作予以配合、支持。地方党委、政府组织开展环资行政执法队伍、司法队伍、鉴定机构从业人员、律师等联合培训，促进各方交流和凝聚共识。三是流域生态环境部门、公安部门加强跨区域执法联动，凝聚执法共识，统一生态环境损害认定等方面的执法标准，推动全流域生态环境执法全覆盖、高成效。四是公检法司与环境行政等部门联合执法、交叉执法、协助执法，建立跨区域府院联席会议机制，深化环境司法专门化、"两法"衔接及与其他执法司法制度的衔接。五是努力做实做优环境司法专门化，推动环资案件专门审判机构运转实质化，探索建立环资案件审判质效评价标准，创新环资案件专业化审判规则，适时成立专门的环境法院，提升环资案件专业化审判水平和质效，加强环境司法经验总结和典型案例宣介。

第三节 建构行动体系，谱写黄河保护与治理的法治新篇章

近年来，公检法司及相关部门积极探索流域综合治理的执法司法新机制、新举措，多部门跨区划联合配合，在流域水生态环境法治保护方面迈出了坚实步伐，取得了显著成效。

一 围绕"五河"建设，构建黄河建设框架体系

习近平总书记在 2019 年黄河流域生态保护和高质量发展座谈会上发出"让黄河成为造福人民的幸福河"[①] 的号召，这也是贯穿新时代依法推进黄河保护与治理的主线。河南省在黄河流域生态保护和高质量发展的法治建设中，围绕"幸福河"是安澜的河、健康的河、惠民的河、宜居的河、文

---

① 习近平：《在黄河流域生态保护和高质量发展座谈会上的讲话》，《求是》2019 年第 20 期。

化的河，构建"安澜黄河、生态黄河、美丽黄河、富民黄河、文化黄河"的"五河"建设框架体系并采取相应的行动。具体而言：一是坚决扛稳政治责任，抓细抓实水旱灾害防御，完善洪水防御体系，提升科学应对能力；二是着力抓好重大工程建设，完善现代化水利基础设施体系，推进黄河流域生态环境持续改善，加强河道保护治理和水域岸线管控；三是提高水资源节约集约利用水平，强化水资源刚性约束、水量科学调度和深度节水控水；四是深化体制机制法治管理，推进依法治河管河，强化流域治理管理；五是夯实高质量发展支撑保障，从严从细抓实安全生产，依法依规加强综合管理，统筹谋划推进水文化建设。① "五河"建设基本上实现了对《黄河保护法》框架内容的全面落实，也注重河南黄河流域保护与治理的现实问题，比如黄河滩区防洪保安全与高质量发展的矛盾日益突出、黄河水资源供需矛盾越发尖锐等突出问题。

二　健全黄河流域联防联控联治机制

河南省各级政府及有关职能部门以《黄河保护法》为主要执法依据，按照黄河流域生态保护和高质量发展综合规划及省内有关具体规划和法规政策的要求，将流域整体治理理念体现和落实在具体的执法实践中，在黄河保护和治理中打破流域上下游、干支流、左右岸、水中与岸上的行政区划壁垒，加强部门间信息共享与问题协商，开展联防联控联治。具体而言：一是加强流域协作，健全"河南省—流域—河流—控制单元—控制断面（河段）汇水范围"的流域空间系统监管机制，通过联席会议打通水中和岸上的污染源管理体系，实现精准治污、科学治污、依法治污。二是加大司法与行政部门之间的衔接力度，构建行政、公安、检察部门之间的协商对话机制，完善法院之间、法院与检察院之间、公检法之间的司法协作机制，推动环境公益诉讼制度为河南省黄河流域生态环境法治进程贡献力量。三是建立和完善环境保护社会监督机制，通过过程监督、行为监督、末端监督等形式开展环保社会监督工作，将环保工作置于全社会的监督之下，实现全省黄河流域全方位、多层次的生态治理布局，系统地进行流域生态保

---

① 《2024 年河南黄河工作会议召开》，中国水利网，http://www.chinawater.com.cn/ly/hh/202401/t20240126_1037643.html，2024 年 1 月 26 日。

护和环境治理。

三 形成黄河保护与治理的法治大格局

黄河流域生态保护和高质量发展要想持久长效推进，必须成为全社会的共同行动。河南省在相关法治实践中注重动员和发挥多元力量，构建政府、市场和社会力量共同参与、互相促进的多维共治格局。其中，政府强化主体责任，增强制度供给，为促进黄河流域生态保护和高质量发展提供了良好的政策环境，保障多元利益的合理公平实现，促进生态资本和生态项目的良性竞争。政府充分尊重社会主义市场经济运行规则，注重发挥市场在资源配置中的决定性作用，引导和保障排污权交易、水权交易等市场机制对流域生态产品价值损益行为的适度调节，同时矫正市场力量的机会主义倾向。政府还加强法治宣传教育，引导社会公众克服对传统的行政依赖型工作模式的固化认识，鼓励公众在黄河流域生态保护和高质量发展方面积极行使知情权、参与权和监督权。司法、教育、生态环境保护等行政部门以及高校、科研机构等单位利用自己的信息优势和专业知识技术特长，通过网站、公众号、网络学习平台等渠道以及送法下乡进企、开展知识竞赛、举办志愿服务活动、与黄河流域博物馆携手共讲黄河故事等形式，提升社会公众参与黄河流域生态保护和高质量发展的兴趣和能力。通过发挥多元主体的多维力量，形成"有为政府+有效市场+社会参与"的法治大格局，助力黄河流域生态保护和高质量发展常态长效推进。

第二章　立法先行：夯实法治守护"母亲河"的基础保障

"法者，治之端也。"习近平总书记强调，要在坚持好、完善好已经建立起来并经过实践检验有效的制度前提下，聚焦法律制度的空白点，加强重点领域、新兴领域等立法，把国家各项事业和各项工作纳入法治轨道，实现国家和社会生活制度化、法治化。① 依法治国如此，加强流域法治及区域法治建设也是如此。河南在加快省内黄河流域生态保护和高质量发展的过程中，贯彻落实习近平新时代中国特色社会主义思想尤其是习近平法治思想，以立法为先导推进相关法治体系的建立健全，夯实黄河保护、治理与发展的法治之基。

第一节　河南省黄河流域立法概述

黄河流域（河南段）在沿黄 9 省区中具有特殊的意义和地位，河南省黄河流域立法对于推进黄河流域整体保护、治理与发展具有重要意义。近几年来尤其是 2019 年黄河流域生态保护和高质量发展座谈会召开以来，河南省立法机关以"小切口"立法服务黄河流域生态保护和高质量发展的"大格局"，积极推动沿黄地区生态环境保护和经济社会稳定向好发展。

一　黄河流域立法的背景

黄河是中华民族的母亲河，从古至今哺育着无数中华儿女，肩负着保障域内群众吃水用水的重任，但传统的以经济利益为先的发展导向造成实

---

① 《求是》杂志编辑部：《为全面建设社会主义现代化国家提供坚强法治保障》，《求是》2022 年第 4 期。

践中不可持续的掠夺性开发，加之黄河流域生态环境本身就比较脆弱，使得沿岸人民追求的良好生态愿景一直难以实现。因此，通过立法加强对黄河的集约利用、合理开发以及妥善保护，是新时期迫在眉睫的任务。

2019 年 9 月，习近平总书记在河南省郑州市主持召开了黄河流域生态保护和高质量发展座谈会并发表重要讲话，强调促进全流域高质量发展，让黄河成为造福人民的幸福河。① 法治作为先行保障，是守护"母亲河"不可或缺乃至举足轻重的治理手段。2022 年 10 月，第十三届全国人民代表大会常务委员会第三十七次会议通过了以黄河为专门保护对象的《黄河保护法》，将黄河流域生态保护和高质量发展的各类活动纳入本法的调整范围，以期实现加强黄河流域生态环境保护、保障黄河安澜、推进水资源节约集约利用、推动高质量发展、保护传承弘扬黄河文化等目的。这是我国第二部流域专门法律，充分表明党和国家对通过立法的手段对黄河流域进行保护开发的重视。

河南的发展与黄河密切关联，历史上既有黄河孕育了以河南为中心的辉煌的农耕文明这种唇齿相依的温存时刻，也有黄河河南段灾害频发、淤积决口泛滥等治理难题，并因其治理难度大而让很多人发出"善治国者，必善治水"的感慨。踏上新时代新征程，河南踔厉奋发、勇毅前行，将对黄河的治理、保护、开发作为本省的一件大事列入重要议程，时刻谨记毛主席在考察黄河的过程中对河南省负责人"要把黄河的事情办好"的殷切嘱托，贯彻落实习近平总书记关于"治理黄河，重在保护，要在治理"等指示精神，对事关黄河保护开发的各类事项进行全方位、全链条监督。针对河南省黄河流域复杂特殊的河情、水情、沙情、滩情，构建了"安澜黄河、生态黄河、美丽黄河、富民黄河、文化黄河"建设的"五河"建设框架体系，并在相关探索实践中取得显著成效。为此开展的诸多行动中就包括深化体制机制法治管理、推进依法治河管河、强化流域治理管理。因此，应当将立法作为重大课题，实现一要有法、二要有良法、三要使法得到有效执行，促进法治理论和法治实践有效结合。

二 流域立法的国内外借鉴

以流域为调整对象的立法工作在我国起步较晚，相关理论和实践比较

---

① 习近平：《在黄河流域生态保护和高质量发展座谈会上的讲话》，《求是》2019 年第 20 期。

有限。但在全球范围内，针对领域进行立法早已不是新鲜事。世界上很多国家结合国内经济社会发展情况和流域特点，对不同的流域采取了不同的立法范式。例如，1933 年美国国会通过了《田纳西河流域管理局法案》，据此成立了田纳西河流域管理局，对田纳西河流域实现了从大型水项目治理到流域综合管理的转变。澳大利亚通过立法对其境内墨累—达令河流域水权进行配置的实践也走在世界前列，明确了水资源产权并鼓励探索水权市场化交易。法国通过《水法》确立了以流域为基础的水资源管理体制，取代以往以省级行政区划为基础的水资源管理体制。

2021 年，我国首部关于流域保护的专门性法律《长江保护法》颁行，对长江流域生态系统保护、修复和绿色发展做出法律规范，其既是一部生态环境保护法，也是一部绿色发展促进法。该法针对长江流域面临的突出生态环境问题，践行习近平生态文明思想，贯彻生态优先、绿色发展，共抓大保护、不搞大开发等理念，切实保障长江流域生态安全。该法的出台也为相关法规政策提供了法律基准，形成了以《长江保护法》为统领、以相关法规和政策文件为支撑的长江保护和长江经济带发展的法律制度体系。全国人大常委会办公厅专门向国务院办公厅和长江流域 19 个省（自治区、直辖市）人大常委会发函，要求做好涉及长江保护的法规规章和规范性文件的清理工作以及配合做好配套规定的制定工作。作为我国第一部针对某一流域的专门法律，《长江保护法》的立法理念、制度设计和立法工作经验对其他流域包括黄河流域立法具有重要的借鉴意义。

三 河南开展黄河流域立法遵循的原则

黄河流域生态保护和高质量发展是重大国家战略。习近平总书记强调，"共同抓好大保护，协同推进大治理"①。河南贯彻落实党和国家有关指示精神和决策部署，在建设美丽河南、推进依法治省的过程中高度重视筑牢省内黄河流域生态保护和高质量发展的法治根基，为相关实践取得显著实效保驾护航，推进河南省建设成为黄河流域生态保护和高质量发展的法治先行区。河南省稳慎有序开展黄河流域立法，立法中坚持以科学的原则为指导。

---

① 习近平：《在黄河流域生态保护和高质量发展座谈会上的讲话》，《求是》2019 年第 20 期。

（一）坚持和完善党对立法工作的领导

党的领导是推进全面依法治国的根本保证。习近平总书记指出，坚持党的领导不是一句口号，必须具体体现在党领导立法、保证执法、支持司法、带头守法上。① 我国的立法实践充分表明，坚持和完善党对立法工作的领导是全面依法治国的重要举措。党对立法工作的领导根本上是政治领导，即党通过确定立法工作方针、提出立法工作建议、明确立法工作中的重大问题、加强立法队伍建设，确保立法工作充分体现党的主张、反映人民意志。按照科学严密的程序开展立法工作，是提高党领导立法规范化水平的重点。《中共中央关于全面推进依法治国若干重大问题的决定》强调，要完善党对立法工作中重大问题决策的程序。河南省在开展黄河流域立法的过程中坚持民主集中制，为利益相关者提供充分表达诉求的平台和机制，有效整合多元复杂的利益诉求。习近平总书记指出，只有在中国共产党领导下，发挥社会主义制度优势，才能真正实现黄河治理从被动到主动的历史性转变，从根本上改变黄河三年两决口的惨痛状况。② 河南省在黄河流域立法中突出体现坚持党的领导的制度优势，让坚持党的领导实现黄河问题的根本治理成为国家治理体系和治理能力现代化的鲜明标识。

（二）坚持法治协调原则

立法作为法治工作的前提，应充分实现法治化，坚持法治原则。具体而言，一切立法权的存在和行使都应当有法的依据，立法活动的绝大多数环节要依法运行，立法主体进行活动也应在法律授权范围内履行法定职责。法治原则还要求在立法过程中坚持法治统一，从国家和社会的整体利益出发，考虑和维护人民的根本利益和长远利益。河南省在黄河流域立法中，将对"母亲河"的保护和开发作为一项功在当代、利在千秋的民生大计认真加以对待，摒弃狭隘的只强调本部门、本地方利益的部门保护主义和地方保护主义。同时，保持法律规范内部的和谐统一，不同层级的规范性文件之间在遵循宪法法律原则和精神以及《黄河保护法》基本原则的前提下，

① 耿姗姗：《坚持和完善党领导立法的体制机制》，《学习时报》2022年9月7日。
② 《听总书记谈我国制度优势》，《求是》2019年第23期。

保持下位法不得同上位法相抵触，与上位法一起共同织就黄河流域保护与开发的法律制度保障之网。2023年2月，全国人大常委会办公厅向国务院办公厅以及黄河流域9省区人大常委会发函，部署涉及黄河流域保护的法规、规章等规范性文件的集中清理工作，加快出台相关配套规定。河南省人大常委会立即部署省内涉及黄河流域保护的法规、规章等规范性文件的集中清理工作，并加快出台相关配套规定。根据《黄河保护法》对黄河流域生态保护的禁止性规定，完善了部分法规、规章；有的地方性法规对违法行为的法律责任与《黄河保护法》规定的不一致，进行了及时修改，避免放松管控。

（三）坚持科学立法原则

坚持立法工作科学化、现代化，有助于提升立法质量和制定良法，有助于尊重立法规律，克服立法过程中的随意性和盲目性，避免在立法过程中的错误或者失误，降低立法成本，提高立法效益。如果忽视立法科学化，会导致大量规范性文件难以最终成为良法，以致不能在实际生活中发挥应有的作用。坚持立法科学化，首先应做到把立法当作科学问题来对待，自觉运用科学的理论来指导立法。其次，在实操层面应当坚持从实际出发与注重理论指导相结合，客观条件与主观条件相结合，原则性与灵活性相结合，稳定性、连续性与适时变动性相结合，总结借鉴与科学预见相结合。河南省在制定黄河流域相关立法的过程中时刻绷紧科学立法这根弦，大兴调查研究之风，从具体所涉生产生活场景中寻找立法依据和解决方案。2019年12月，在河南科技界贯彻落实习近平总书记关于黄河流域生态保护和高质量发展重要讲话精神座谈会上，河南省有关部门负责人和相关专家立足河南科技工作实际，共同探讨谋划下一步黄河流域生态保护和高质量科技创新重点工作，携手为黄河流域生态环境保护和高质量发展提供有力的科技支撑。2019年10月至2020年5月，河南省水利厅专门组成4个调研组开展黄河流域生态保护和高质量发展水利专题调研，构建"1+4"调研报告体系，为河南省科学开展相关立法打下了坚实的基础。

（四）坚持民主立法原则

在现代国家和社会，坚持民主立法原则是一项普遍的共识。在我国，人民是国家的主人，因此立法也应充分反映和保障人民的民主权利，让人民群众成为立法的真正主人，实现人民群众当家做主，在立法主体、立法内容和立法活动等方面均体现人民的立场。《中华人民共和国立法法》规定，立法应体现人民意志，发扬社会主义民主，保障人民通过多种途径参与立法活动。河南省在关于黄河流域的立法活动中充分发动人民群众积极参与，发挥人民群众的主动性和创造性，为公众提供有效的途径参与立法和监督立法，充分展现并交流调整所涉及的各方利益与矛盾意见，集思广益，在高度民主的基础上尽可能把正确的意见集中起来，使立法能够代表最广大人民的根本利益。例如，中共开封市委统战部、开封市生态环境局联合下发《关于支持各民主党派市委会开展黄河流域生态保护专项民主监督工作方案》，对水利、环境、生态、生物、文化、气象、地理等相关领域开展多项调研，并会同相关专家进行常态化沟通协商，为黄河流域立法建言献策，将民意纳入打造幸福黄河的立法中。

第二节　河南省黄河流域立法成果

万里黄河险在河南，下游治理重在河南。河南省第十一次党代会提出，要坚决扛稳黄河保护治理的政治责任，把大保护作为关键任务，打好环境问题整治、深度节水控水、生态保护修复攻坚战，努力在黄河流域生态保护和高质量发展中走在前列，在新时代"黄河大合唱"中奏响河南乐章。为把黄河建设成为造福人民的幸福河，河南省委省政府出台了黄河流域生态保护和高质量发展工作要点及有关实施方案和意见等，明确重点领域专项规划、突出生态保护，围绕黄河流域等重点地区，统筹推进山水林田湖草沙一体化保护和修复，开展水土流失综合治理。无论是河南省人大及其常委会还是省辖市人大及其常委会，都发挥立法职权，开展相关规范性文件的制定、修改工作。2021年河南省人民代表大会常务委员会通过的《关于促进黄河流域生态保护和高质量发展的决定》，就是助推黄河流域生态保护和高质量发展重大国家战略在河南落地的一项重要立法举措。

下文主要梳理了近五年来河南省围绕省内黄河流域保护、治理与发展的法规及规范性文件的制定和修改，以及已提上立法议程的立法计划，对河南省黄河流域立法状况进行总结。河南省黄河流域立法主体包括河南省人大常委会、河南黄河河务局以及黄河流经河南省辖市的人大常委会，下文在梳理有关立法动态时按照立法性文件的制定修改主体及其与黄河治理、保护和发展的关联程度展开分析。

一　修订《河南省水污染防治条例》

《河南省水污染防治条例》于 2019 年 5 月 31 日由河南省第十三届人民代表大会常务委员会第十次会议通过，2009 年 11 月 27 日河南省第十一届人民代表大会常务委员会第十二次会议通过的《河南省水污染防治条例》同时废止。为了保护和改善环境、防治水污染、保护水生态、保障饮用水安全、维护公众健康、推进生态文明建设、促进经济社会绿色可持续发展，河南省人大常委会根据我国《水污染防治法》和有关法律、行政法规，结合本省实际，修订了该条例。新修订的《河南省水污染防治条例》共 7 章 86 条，主要对水污染防治的监督管理，水污染防治措施，饮用水水源、地下水和其他特殊水体保护，水环境监控和应急处置，法律责任等方面进行了规范。该条例进一步明确了适用范围。《水污染防治法》适用范围列举了江河、湖泊、水库、运河、渠道五种，该条例结合省情将湿地、坑塘、蓄滞洪区列入适用范围，突出了地方特色。该条例强化了地方政府及相关部门的责任，构建了政府负总责，生态环境、发展和改革、工业和信息化、水利、自然资源、卫生健康、住房和城乡建设、交通运输、农业农村、文化和旅游等有关部门按照各自职责分别负责的水污染防治责任体系，并规定了河（湖）长制、目标责任制和考核评价制度，责任更加明确。该条例明确规定实行环境保护目标责任和考核奖惩办法，将对各省辖市水环境质量目标、水污染防治重点任务完成情况实施考核，考核结果对社会公众公开，并作为对河南省政府有关部门和河南省辖市政府及其负责人考核评价的重要依据。增设"水污染防治监督管理"一章，明确了水环境质量生态补偿制度，增加了水环境保护督察制度，完善了环境影响评价制度、总量控制和排污许可制度，实现了排污许可与总量控制、达标排放相衔接。此外，该条例还对举报奖励、信用评价等制度进行了补充，完善了饮用水水源保护区分级区划规定，明确了饮用水水源保护区禁止性行为，规定了乡镇以下集中式饮用水水源保护范围的划定程序。强调地下水污染防治，要求化学品生产、存储和使用企业以及工业集聚区、矿山开采区、尾矿库、危险废物处置场、垃圾填埋场等的运营、管理单位，应当采取防渗漏等措施，并对地下水水质进行监测。《河南省水污染防治条例》的修订实施，在保护和改善水环境、保护水生态、保障饮用水安全、维护公众健康等方面必将发挥重要的作用，有利于推进河南省生态文明建设，促进经济社会绿色可持续发展。

二　出台《河南省黄河河道管理条例》

《河南省黄河河道管理条例》于 2023 年 3 月 29 日由河南省第十四届人民代表大会常务委员会第二次会议表决通过。该条例体现了具体落实习近平总书记对黄河流域生态保护和高质量发展的重要指示和要求，是落实黄河流域生态保护和高质量发展重大国家战略的具体举措，为黄河河道管理提供了法治保障。该条例作为全面实施《黄河保护法》的地方配套法规，将黄河保护治理行之有效的制度、机制予以立法确认。该条例明确规定河南黄河流域保护与治理实行 "河长+" 制度，对实践中行之有效的 "联防联控机制" "河长+警长" "河长+检察长" "河长+庭长" 等制度机制予以立法确认，严厉打击违规采砂等行为。该条例的出台，为黄河河道管理提供了更加坚强的法治保障，以立法的形式全面推进黄河河长制，进一步将黄河河长工作向纵深推进，有助于在河长制办公室的牵头组织下有效破解九龙治水、各自为政的困境，形成各部门齐抓共管、信息互享、统筹协作的良好局面，对推动沿黄经济社会发展具有重要的战略意义。

三　修订《河南省水利工程管理条例》

《河南省水利工程管理条例（修订）》于 2023 年 9 月 28 日经河南省第十四届人民代表大会常务委员会第五次会议表决通过，自 2024 年 1 月 1 日起施行。该条例的施行标志着河南省水利工程管理将迈入高质量发展的新阶段。在 2023 年 12 月 6 日水利部召开的深入推动新阶段水利高质量发展地方水利部门座谈会上，水利部领导对河南省水行政立法工作给予了充分肯定："河南省加快推进水利工程等重点领域立法，用法治保障水利高质量发展，值得各地借鉴。"① 《河南省水利工程管理条例（修订）》在强化水利

---

① 《河南人大：以法治之力守护 "绿水青山" 筑牢美丽河南生态强省建设法治根基》，河南省人大融媒体中心，https://www.henanrd.gov.cn/2024/01-16/190522.html，2024 年 1 月 16 日。

工程管理保护的同时，注重发挥水利工程生态功能，加强生态保护。课题组在河南省水利厅政策法规处调研时，有关负责同志这样评价该条例的实施："为水利高质量发展提供了有力的法治保障。我们将全面落实《河南省水利工程管理条例》规定，充分发挥水利工程输水、蓄水功能，优化水资源和工程调度方案，扩大河湖生态补水范围，保障河湖生态流量、生态水位，维护河湖健康生命，为人民群众打造休闲运动、观景赏景的多样性亲水空间。"此外，《河南省水利工程管理条例（修订）》还进一步强化了对水利工程的规划建设要求，要求水库（水电站）大坝、水闸按照国家有关规定办理注册登记，并鼓励在管理运行环节引入社会力量，鼓励通过政府购买服务等方式吸引社会力量对政府投资的水利工程实行专业化、社会化管理。对于政府和社会资本共同投资建设的水利工程，则按照约定确定管理主体。

四　修订《河南省黄河工程管理条例》

《河南省黄河工程管理条例》于1982年6月26日由河南省第五届人民代表大会常务委员会第十六次会议通过，根据2020年6月3日河南省第十三届人民代表大会常务委员会第十八次会议《关于修改〈河南省人口与计划生育条例〉等八部地方性法规的决定》对其进行第四次修订。新修订的《河南省黄河工程管理条例》包括总则、规划与建设、管理与运行、保护与利用、法律责任和附则。在"规划与建设"一章中规定了严格的法律责任，明确水利工程实行工程质量终身责任制，水利工程建设单位、勘察单位、设计单位、施工单位、监理单位法定代表人、项目责任人和直接责任人应当依照法律、法规的规定，在水利工程合理使用年限内对工程质量负相应责任。该条例还提出，水利工程建设规划应当按照确有需要、生态安全、可持续的水利工程论证原则，综合考虑防洪、排涝、输水、灌溉、航运、发电、生态等功能，实现水资源高效利用、水生态系统修复、水环境综合治理、水灾害科学防治、水文化传承保护，充分发挥水利工程综合效益，提升水安全保障能力。

五　修正《河南省实施〈中华人民共和国水土保持法〉办法》

《河南省实施〈中华人民共和国水土保持法〉办法》由河南省第十二届人民代表大会常务委员会第十次会议通过，根据2021年5月28日河南省第十三届人民代表大会常务委员会第二十四次会议《关于修改〈河南省气象条例〉〈河南省实施中华人民共和国水土保持法办法〉的决定》对其进行修订。为把黄河建设成为造福人民的幸福河，河南省委省政府围绕黄河流域重点地区，统筹推进山水林田湖草沙一体化保护和修复，开展水土流失综合治理。在伊洛河上游和三门峡水库上游实施封禁治理，保护现有植被，提高水源涵养能力；在沟壑侵蚀区大力建设水保林、沟道治理工程，提升水土保持生态保护功能等。以重点区域水土流失治理为抓手，河南省在黄河流域实施坡耕地水土流失综合治理、淤地坝建设和老旧旱作梯田改造，有效保护利用水土资源。在黄河中游，全面加强林草植被建设、水土流失综合治理和矿山生态环境修复，持续巩固退耕还林还草成果，恢复提升区域水土保持、水源涵养等功能。为了预防和治理水土流失，保护和合理利用水土资源，减轻水、旱、风沙灾害，改善生态环境，维护生态安全，保障经济社会可持续发展，河南省人大常委会深入调研实践中的有效举措，根据我国《水土保持法》及有关法律、法规，结合河南实际，修订了《河南省实施〈中华人民共和国水土保持法〉办法》（以下简称《办法》）。修订后的《办法》更加顺应时代发展要求，更加适应实践发展需求。根据修订后的《办法》，河南省建立了省级人民政府对省辖市人民政府水土保持目标责任考核评估制度，全省各级水行政部门严格落实"一法一办法"，强化生产建设项目水土保持方案审批源头监管、事中事后监督，实现从"被动查"到"主动管"的转变。

六　河南黄河河务局大力推动、沿黄市级人大常委会加快出台黄河流域相关立法

河南黄河河务局推动出台与《黄河保护法》配套的地方涉水立法。2023 年 3 月，配合黄委会组织制定《中华人民共和国黄河保护法》水行政处罚裁量权基准和适用规则，推动全局水行政执法人员公平、公正、合理行使水行政处罚裁量权。2023 年 6 月，制定印发《河南黄河河务局水行政执法（行政处罚和行政强制）事项清单》，进一步厘清该局水行政执法责任，提升水行政执法质量和效能。2023 年 8 月，制定印发《河南黄河河务局行政相对人法律风险防控清单》，通过服务型行政执法最大限度保护行政相对人的合法权益，减少违法行为发生。这些规范性文件为新时代河南黄

河流域依法治河管河提供了法治支撑，推进《黄河保护法》"一办法、三条例"的配套法规体系逐步完成。

黄河在河南省流经城市包括三门峡、济源、洛阳、郑州、焦作、新乡、开封、濮阳，这些省辖市人大及其常委会也坚决积极贯彻落实中央及省级关于黄河流域生态保护和高质量发展的指示精神与决策部署，制定了适用于本市的黄河治理、保护和发展的立法性文件，具体包括《商丘市黄河故道湿地保护条例》《新乡市河道保护管理条例》《开封市河湖保护管理条例》《洛阳市城市河渠管理条例》《洛阳市水资源条例》《郑州市湿地保护条例》《郑州市水资源管理条例》等。

第三节　河南省黄河流域立法展望

近年来，河南省适时制定或修订黄河流域相关立法，对保障和规范省内黄河流域生态保护和高质量发展发挥了显著效能。实践之树常青，现实有所呼，立法有所应。河南省人大常委会将不断深入实地调研，坚持稳中求进工作总基调，依法履职尽责，推动省内黄河流域立法工作不断取得新成绩新进展。

一　河南省黄河流域立法与时代发展和现实需求共进

河南省黄河流域相关立法工作彰显了人民立场、系统观念、问题导向、法治思维，立足流域视野、黄河特点设计制度措施，坚持因地制宜、分类施策，完善管理体制，强化规划与管控，对加强生态环境保护、推进水资源节约集约利用、保障黄河安澜无害等方面做了针对性规定，并且加大保障、监督和处罚力度。总体来看，河南省黄河流域立法与时俱进，与人民需求同频共振，有许多制度创新和务实管用的举措等立法亮点。一是完善了管理体制。通过构建黄河治理与保护领域各级政府各负其责、多部门协同推进等体制机制，厘清政府履行职责的边界，建立统筹协调机制，保障跨区域、跨部门的黄河流域保护和治理问题得到妥善解决。例如，河南黄河流域立法规定了河（湖）长制、目标责任制和考核评价制度，责任更加明确；明确规定实行环境保护目标责任和考核奖惩办法，河南省境内黄河流域实行"河长+"制度，并对"联防联控机制""河长+警长""河长+检察长""河长+庭长"等有效的制度机制进行立法确认。二是明确了管理责任。河南省黄河流域立法对有关部门的管理职责进行分工，一些地方性法规的有关规定涉及黄河流域管理机构或者其所属单位时，遵循上位法关于黄河流域管理机构依法行使流域水行政监督管理职责等规定，为河务部门依法行政提供法律保障。三是突出了重点任务。河南省黄河流域立法对重点问题和重点领域做了明确具体的规定，比如在水资源节约集约利用方面，规定坚持节水优先、统筹兼顾、集约使用、精打细算，优先满足城乡居民生活用水，保障基本生态用水，统筹生产用水，在黄河流域取用水资源应当依法取得取水许可；在水沙调控与防洪安全方面，对建设水沙调控和防洪减灾工程体系、水沙统一调度制度，对河道和滩区治理管理、防洪工程建设、河道采砂疏浚等进行了明确规定。四是划定了管控底线。围绕对黄河保护和治理产生影响的各类行为，规定了众多禁止性条款和控制性或限制性条款，为黄河保护治理划出了红线，提高了破坏黄河保护发展的违法犯罪成本，对违法犯罪行为进行了震慑和抑制。

二 河南省有关黄河流域的立法将持续不断完善

河南省有关黄河流域的立法对统筹谋划水安全、推动黄河流域生态保护与修复、提升水资源节约集约利用以及完善黄河流域污染防治措施等方面都做了系统的规定。实践在动态发展，河南省有立法权的机关不断密切与基层的联系，将在推动省内黄河流域生态保护和高质量发展方面持续发力。

高质量发展不充分是黄河流域的最大短板。河南省立法规划要着重推动制造业高质量发展和资源型产业转型，加快发展方式绿色转型，推动产业结构、能源结构、交通运输结构等优化调整，以确保这些产业与生态系统和资源环境承载能力相适应，推动黄河流域经济稳步绿色增长，协同推进黄河流域生态保护和高质量发展战略与乡村振兴战略、中部崛起战略的实施。

《黄河保护法》将保护、传承、弘扬黄河文化作为立法目标之一。河南省相关立法落实还有所缺失，今后要以立法的形式有力推动黄河文化创造性转化和创新性发展。保护传承弘扬黄河文化要谋求与农业、水利、制造业、交通运输业、服务业深度融合，通过科学立法，统筹黄河文化、流域水景观和水工程等资源，建设黄河文化旅游带；对黄河流域历史文化名城名镇名村、历史文化街区、文物、历史建筑、传统村落、少数民族特色村寨和古河道、古堤防、古灌溉工程等水文化遗产以及农耕文化遗产、地名文化遗产等进行保护；加强黄河流域非物质文化遗产保护；加强黄河流域具有革命纪念意义的文物和遗迹保护，建设革命传统教育、爱国主义教育基地，传承弘扬黄河红色文化；建设黄河国家文化公园，统筹利用文化遗产地以及博物馆、纪念馆、展览馆、教育基地、水工程等资源，综合运用信息化手段，系统展示黄河文化。

黄河是中华民族的"母亲河"，哺育着河南人民。河南省有立法权的机关将继续完善《黄河保护法》配套法规，积极推进《河南省黄河防汛条例》修订和河南省黄河水资源管理条例、河南省实施《中华人民共和国黄河保护法》办法立法进程；做好规章、标准等立改废及与《黄河保护法》的制度衔接等工作；组织对河南省河湖保护条例、河南省黄河水资源管理条例、河南省黄河故道生态保护条例、《河南省湿地保护条例（修订）》、河南省黄河流域生态保护和高质量发展条例、河南省河湖长制工作条例等相关项目的调研活动。对于所涉部门多、领域广、原因复杂、工作难度大的黄河治理工作，坚持全流域"一盘棋"，共同抓好大保护，协同推进大治理，从根本上推动问题有效解决。

春风化雨，法润人心。河南省有关黄河领域立法工作的持续推进，正在给河南省沿黄经济社会发展等方面带来新的面貌，也会促进人们生产生活方式的绿色化变革，一条更加美丽、安全、健康的黄河正向我们涌来。

第三章 执法实践：为黄河健康秀美注入法治强力

法律的生命在于实施。法律制定以后，重要的问题是实施，否则法律只能是一纸空文。[①] 为推动黄河重大国家战略落地见效，更好地落实黄河流域生态保护和高质量发展相关法律条款，河南省始终坚持严格执法，从坚持规划引领、切实履职尽责、全面落实河长制、严厉打击违法行为等维度持续发力，为黄河健康秀美注入法治强力。

第一节 全方位多领域加强黄河保护与治理执法

凡事预则立，不预则废。黄河流域生态保护和高质量发展涉及范围广泛，与之相关的立法、执法涵盖内容也较为丰富，是一项系统性工程。河南省内各地市都立足于本市实际情况，结合国家、省出台的有关文件，作出了具体而周密的部署。

一 推进执法规范化、制度化

党的二十大报告强调，推动黄河流域生态保护和高质量发展。习近平总书记在黄河流域生态保护和高质量发展座谈会上强调："黄河是中华民族的母亲河。我一直很关心黄河流域的生态保护和高质量发展。"[②] 这充分表明以习近平同志为核心的党中央高度重视黄河流域生态保护和高质量发展。河南省贯彻落实党和国家关于黄河流域生态保护和高质量发展的战略部署，执行相关法律法规，为黄河健康秀美注入法治强力。河南省有关部门和单

---

① 《法理学》编写组：《法理学（第二版）》，人民出版社，2020，第 328 页。
② 习近平：《在黄河流域生态保护和高质量发展座谈会上的讲话》，《求是》2019 年第 20 期。

位发布了诸多实施方案和地方标准,包括《河南省贯彻〈黄河保护法〉推进黄河流域节水减污增效实施方案》《河南省黄河流域水污染物排放标准》《河南省以数据有序共享服务黄河流域(河南段)生态保护和高质量发展试点实施方案》等,其中明确了相关政策和制度标准,助推黄河流域生态保护和高质量发展高效、有序开展。

(一)统筹推进黄河流域节水减污增效

为全面落实党中央、国务院和省委省政府决策部署,扎实推进《黄河保护法》实施,统筹推进河南省黄河流域水资源节约集约利用、减污降碳协同增效,加快推进高质量发展,结合全省实际情况,河南省发展和改革委员会、河南省生态环境厅、河南省水利厅联合制定了《河南省贯彻〈黄河保护法〉推进黄河流域节水减污增效实施方案》。这一实施方案部署了以下三个方面的重点工作。

第一,加强水资源节约集约利用。坚持节水优先、统筹兼顾、集约使用、精打细算,强化取水管理,严格用水指标控制和定额管理,加强农业、工业、生活等重点领域节水,推进非常规水资源利用。强化取用水管理。衔接国家优化细化《黄河可供水量分配方案》(黄河"八七"分水方案)工作部署,推动河南省内黄河分水指标优化细化。贯彻落实《河南省取水许可管理办法》,强化动态监管,全面推广取水许可电子证照应用。严格用水指标控制和定额管理。县级以上人民政府应制订年度取用水计划,年用水量1万立方米以上的工业和服务业单位实现计划用水全覆盖。强化重点领域节水。严格控制农业用水总量,推广管灌、喷灌和微灌等节水灌溉技术,大力发展节水灌溉,推广旱作节水技术,加快推进农业水价综合改革并组织验收,确保如期完成改革任务。推进非常规水源利用。将再生水纳入各市(区、县)水资源统一配置,实行再生水配额管理。

第二,深入推进污染防治。推进环境基础设施建设,不断提升设施运行水平。强化农业污染防治。加强农药、化肥等农业投入品使用总量控制、使用指导和技术服务,加强对农业污染源的监测预警。加强工业污染防治。落实《河南省黄河流域水污染物排放标准》,推进污水处理设施升级改造。补齐城乡污染防治短板。推进黄河干流和主要支流沿线城镇污水管网全覆盖。

第三,加快推进清洁生产。强化生态环境分区管控,健全黄河流域"三线一单"生态环境分区管控体系,推进重点行业清洁生产,推动企业实施清洁生产改造,完善绿色制造体系,推动制造业高端化、智能化、绿色化发展。推进工业领域清洁生产。严格限制在黄河流域布局高耗水、高污染或者高耗能项目,从严落实"两高"项目联审会商机制,严格论证把关。推动重点行业清洁生产改造。严格执行能耗、环保、质量、安全、技术、清洁生产等法律、法规、标准,加快淘汰落后产能,完善绿色制造体系,健全工业产品绿色设计推行机制。引导企业按照国家绿色设计产品评价标准。

为了保障各项重点工作有序落实,该实施方案规定了四项保障措施。第一,加强组织领导。落实党政同责、一岗双责,强化政治监督,对标《黄河保护法》要求,压实各方黄河保护责任,形成工作合力,细化工作任务,充分引导企业、社会组织积极参与黄河流域生态保护和高质量发展。第二,健全政策措施。完善节水标准体系,严格用水定额执行和水效标识使用。健全城镇供水价格形成机制,深入推进农业水价综合改革,有序推进水资源税改革。第三,加大投入力度。增加黄河流域生态环境保护和修复的财政投入,落实黄河流域生态环境保护资金。第四,广泛宣传引导。加强黄河流域生态环境保护和绿色发展的宣传教育,制作并向社会公众推介相关专题宣传片。完善公众参与机制,鼓励公众自觉参与黄河保护行动。依法对违法行为进行舆论监督,把《黄河保护法》宣传融入法治实践全过程。

(二) 明确黄河流域水污染物排放标准

依据《黄河保护法》的相关规定,黄河流域生态保护中有些标准(指标)需要地方立法结合本地区实际情况加以明确。河南省十分注重技术性规范的设定,为了实现对河南省黄河流域水污染物排放更加科学的管理,河南省生态环境厅、河南省市场监督管理局联合发布了《河南省黄河流域水污染物排放标准》。这一排放标准属于河南省地方标准,对范围、规范性引用文件、术语和定义、水污染物排放控制要求、水污染物监测监控要求、实施与监督进行了规定。

河南省在设定水污染物排放的技术性指标时,积极征求了相关环境保护部门的意见，认真听取了技术部门、专业人员的意见。没有闭门造车，尊重客观规律，尊重自然法则，同时也参考对照了黄河沿岸其他省（自治区）设定的技术性指标。结合河南省在治理保护黄河方面面临的矛盾特殊性，科学、合理地设置了治理保护黄河的相关技术性指标。水污染排放标准的实施有利于改善黄河水质。河南省属于北方地区，水资源匮乏。黄河水质的改善可以在一定程度上降低对南水北调水源的依赖，节约用水成本。

排放标准的约束生效离不开政府严格执法。① 如果想要《河南省黄河流域水污染物排放标准》在现实生活中发挥作用，各级政府及相关部门就应当严格按照该标准开展执法活动，查处各类违法排放污染物的行为。黄河沿岸的生产经营者、居民也应当认真学习《河南省黄河流域水污染物排放标准》的有关要求，自觉规范自身行为，合规合法地安排自身排污行为，不得恶意破坏黄河流域生态环境，将排放标准的有关要求落到实处。

（三）以数据有序共享服务黄河流域生态保护和高质量发展

为贯彻落实《国务院办公厅关于建立健全政务数据共享协调机制加快推进数据有序共享的意见》，河南省人民政府办公厅制定了《河南省以数据有序共享服务黄河流域（河南段）生态保护和高质量发展试点实施方案》。该实施方案旨在提升黄河流域（河南段）协同化、智能化治理水平。

2023 年，河南黄河河务局大力实施科技兴河、人才强河和创新驱动发展战略，在数字孪生河南黄河建设和数智赋能黄河保护治理方面取得新突破。数字化水平的提升为黄河流域生态保护和高质量发展提供了极大的便利，为相关部门治理黄河与做出决策提供了更为有力的支撑。河南黄河河务局可以对黄河的多项数据实施实时监控，对洪水灾害、凌汛等有更加精准的预测。河南黄河河务局实现了黄河全要素、全数据在各系统、各平台的有机联动，再次获得水利部领导表扬。通过智能高效感知网络的构建，河南黄河保护治理现代化水平持续提升。随着实施方案的深入实施，河南省黄河治理能力与治理水平必将持续提升，并最终惠及沿岸生活的居民。

---

① 章政、郭雨蕙、吴瀚然：《环境规制的水污染减排效应研究——来自水污染物排放标准提升的微观证据》，《改革》2023 年第 10 期。

二 河南省沿黄地市立足实际做出具体部署

郑州市、开封市、洛阳市等沿黄地市积极响应黄河流域生态保护和高质量发展重大国家战略,认真贯彻落实省委、省政府关于黄河流域生态保护和高质量发展的各项决策部署,立足于本行政区域内黄河流域具体情况,为扎实推进黄河流域生态保护和高质量发展作出了具体而周密的部署。

(一)郑州市出台相关规划和方案

为推动黄河流域生态保护和高质量发展战略的落实,郑州市出台了《郑州建设黄河流域生态保护和高质量发展核心示范区总体发展规划(2020—2035年)》(以下简称《规划》)和《郑州建设黄河流域生态保护和高质量发展核心示范区起步区建设方案(2020—2035年)》(以下简称《方案》)。郑州市具有建设黄河流域核心示范区的基础和条件。除了上述《规划》与《方案》之外,为了保护黄河,郑州市还在2023年召开了郑州市黄河生态保护治理攻坚战推进会暨黄河郑州段生态环境综合管理长效机制联席会议。会议安排部署了2023年黄河生态保护治理攻坚战及黄河郑州段生态综合治理工作,郑州市林业局、郑州市资源规划局、巩义市、荥阳市、郑东新区代表分别作了发言。作为沿黄重要城市,郑州市正在积极探索富有自身特色的绿色、可持续的高质量发展之路,并勇于承担时代赋予的重大责任。

为落实黄河流域生态保护和高质量发展重大国家战略,郑州市将从以下四个方面发力。一要强化项目载体。各级各部门要对谋划项目紧盯不放,强化要素保障,完善推进机制,确保各项工程早建成、早投用、早惠民。二要突出问题导向。持续抓好中央、河南省生态环境保护督察反馈问题和黄河流域警示片重点问题整改工作,举一反三,确保所有问题见底清零。三要抓好普法宣传。开展《黄河保护法》宣传活动,各级各有关部门要对照各项条款规定,依法履职尽责,提升监管能力和执法水平。四要强化督导考核。郑州市生态综合治理专项组要发挥好牵头抓总作用,及时研究解决事关全局的重大问题;各成员单位要充分发挥职能作用,加强衔接指导;各县(市、区)要压实责任链条,形成一级抓一级、层层抓落实的工作局面。

郑州市将进一步强化担当，聚焦重点，综合施策，推动黄河流域生态保护各项任务落实。扎实开展黄河流域入河排污口排查整治，科学制订并实施新一轮生态环境综合治理三年行动计划，加快推进国家级"三城三区"联建联创，打造人与自然和谐共生的美丽郑州。

（二）洛阳市强化黄河流域水生态环境突出问题整治

洛阳市深入贯彻落实黄河流域生态保护和高质量发展战略，奏响新时代"黄河大合唱"，多次召开专门会议，并积极出台实施方案，统筹推进黄河流域生态保护和高质量发展工作。2023 年 10 月，洛阳市政府与河南黄河河务局签署战略合作协议。根据协议，双方建立长效合作机制，探索黄河流域（洛阳段）深度协同共治机制，共同推进黄河治理体系和治理能力现代化。2024 年，洛阳市召开黄河流域水生态环境突出问题整改推进会。会议强调，要对照问题清单，坚决有力推动问题整改，确保按时保质整改清零、取得实效，实现"清水入黄河"。

洛阳市人民政府办公室还发布了《洛阳市黄河流域入河排污口整治工作推进实施方案》。该方案深入实施绿色低碳转型战略，全面溯源整治和规范管理市域内黄河流域入河排污口，协同推动黄河流域生态保护和高质量发展，从指导思想、整治目标及范围、整治措施等不同方面对洛阳市黄河流域入河排污口整治工作进行了系统而全面的规定。第一，指导思想。坚持以习近平生态文明思想为指导，全面贯彻落实党中央、国务院和省委省政府决策部署，根据《国务院办公厅关于加强入河入海排污口监督管理工作的实施意见》《生态环境部关于做好黄河流域入河排污口排查整治工作的函》《河南省人民政府办公厅关于印发河南省加强入河排污口监督管理工作方案的通知》《河南省生态环境保护委员会关于印发黄河流域"清水入河"排污口整治试点工作方案》有关要求，通过对市域内黄河流域入河排污口追根溯源、精准施策、分类整治，切实解决突出生态环境问题，补齐环境基础短板，建立权责清晰、监管到位、管理规范的制度体系，为黄河流域生态保护和高质量发展奠定坚实基础。第二，整治目标及范围。整治目标依据生态环境部《入河入海排污口监督管理技术指南整治总则》（HJ1308-2023）的有关要求，逐一明确入河排污口整治措施、时间节点、责任主体等，并建立整治销号制度，根据"依法取缔一批、清理合并一批、规范整治一批"的原则,在 2024 年底前基本完成黄河流域入河排污口整治任务。同时,结合河湖长制,明确入河排污口监管职责,完善长效管理机制,形成"权责清晰、监控到位、管理规范"的管理体系。整治范围主要涉及洛阳市偃师区、孟津区、新安县境内,以黄河流域(河南段)两侧的现状岸线为基准,向陆地各延伸 1 公里(包括河流两侧 10 公里范围内的工业聚集区)排查出的 411 个入河排污口。第三,整治措施。首先,确保立行立改。对于能够立即取缔或规范的排污口,由属地人民政府立即组织实施整治;对临时设置的排污口或已停用的排污口,应立即予以拆除。其次,加强工程整治。对城镇污水收集管网覆盖范围内存在的排污口,其排放的污水能够被城镇污水集中处理设施有效处理的,均应清理合并,将排污口的污水通过截污纳管经集中处理设施处理后达标排放;对工业园区内企业现有排污口原则上应予以清理合并,通过截污纳管经园区污水集中处理设施统一处理后达标排放,其中含有毒有害水污染物的工业废水应分类收集,并按规定在车间或车间处理设施排放口处理达标后排入园区污水集中处理设施;对暂不具备入园条件的工业企业,原则上只保留一个排污口。各县区要加快污水、雨水管网和必要的调蓄处理设施建设,尽早实现城镇、园区污水和初期雨水全收集、全处理。对雨污分流不彻底的雨洪排口、有生活污水或农业生产废水接入的河港沟渠等应分类开展收集和处置工作。对农村地区生活污水和农业排污口进行集中收集和处置,避免其对周边水体造成影响。最后,建立长效监管。依据职责分工,明确监督管理责任,对保留的排污口实行编码终身制、唯一制。

(三)安阳市多措并举推进黄河保护与治理

安阳市高度重视黄河流域生态保护和高质量发展工作,成立了书记、市长任双组长的安阳市黄河流域生态保护和高质量发展领导小组。安阳市委、市政府多次召开会议安排部署相关工作,加大相关课题研究的支持力度,出台了《安阳市黄河流域生态保护和高质量发展领导小组工作规则》《安阳市 2020 年黄河流域生态保护和高质量发展重点工作任务分工》等重要文件。安阳市对涉及黄河流域生态保护与修复、环境污染系统治理、构建现代产业体系、保护传承弘扬黄河文化等 11 个方面的 40 项重大任务进行深入研究,形成了多篇专题研究报告,初步提出了安阳市黄河流域生态保护和高质量发展的主要思路、战略定位和重点任务。安阳市高度重视规划引领，委托国家发改委产业经济与技术经济研究所及时开展《安阳市黄河流域生态保护和高质量发展规划》的编制工作。安阳市黄河流域生态保护和高质量发展领导小组还定期召开相关会议研究解决所面临的现实问题。

（四）新乡市用好专项巡察等"利剑"

新乡市以高质量专项巡察护航黄河流域生态保护和高质量发展，紧盯目标任务，明确巡察监督重点。市委巡察工作领导小组明确"四对照、四检查"的监督重点和"11个'重点看'、31个'是否'"的问题清单。坚持人民至上，提升监督治理效能。牢固树立以人民为中心的价值取向，把专项巡察与巩固脱贫攻坚成果、乡村振兴有效衔接起来，不断增进民生福祉，促进共同富裕，持续纠治群众关注、反映强烈的防洪减灾、水资源集约节约高效利用、环境污染综合治理等突出问题。严肃查处损害群众利益的腐败问题和不正之风，持续推动黄河湿地保护修复、滩区综合治理、生产生活用水集约节约使用，促进文化旅游产业高质量发展，切实增强人民群众获得感、幸福感和安全感。

新乡市通过河湖"清四乱""水污染治理设施升级改造""入河排污口排查整治"等措施，进一步加强黄河流域生态保护。新乡市将严格落实"河湖长制"相关要求，巩固黄河流域"清四乱"整治成果，建立河道巡查机制，定期对黄河流域各河道进行巡查，及时发现并查处违法采砂、违章建设等行为，切实维护河道正常秩序。为加强河流污染综合治理，新乡市将以长垣市文明渠、丁栾沟为重点，加强河流上下游、左右岸综合治理，完成封丘县文岩渠清淤疏浚工作。到2022年底，天然渠、文岩渠、天然文岩渠、黄庄河4个国考断面稳定达到地表水Ⅲ类水质标准。

2023年4月，新乡市黄河流域生态保护和高质量发展领导小组工作协调推进会召开，安排部署新乡市黄河流域生态保护情况专项审计整改工作和2022年黄河流域生态环境警示片披露问题整改工作。会议指出，黄河流域生态保护和高质量发展是一项重大国家战略，各县（市、区）、各有关部门要把抓好问题整改作为重大政治责任和政治任务，以最坚决的态度、最严格的要求、最果断的措施完成问题整改工作。要成立工作专班，坚持"领导+专家""专班+专家""督导+专家"工作机制，主要负责同志负总责、亲自抓，市纪委监委加强监督执纪。对能立即整改的问题"重拳出击"，迅速整改到位；对短期难以解决的问题要提出具有较强针对性、可操作性的整改措施，明确工作流程、时间节点和责任主体，加强跟踪督办，限期完成整改，确保问题销号清零。要坚持即知即改与常态长效相结合，既抓好当前，切实解决突出问题，又着眼常态长效，全面排查各类风险隐患，完善治理和监管机制，确保整改成效经得起历史和群众的检验。此外，新乡市还定期召开黄河流域生态保护和高质量发展相关会议，认真谋划黄河流域生态保护和高质量发展工作。

第二节　切实履职尽责，推进黄河整治与保护

河南省牢记习近平总书记的殷殷嘱托，坚决做到守土有责、守土担责、守土尽责，切实履职尽责，加强黄河整治与保护，高质量推进黄河流域生态保护和高质量发展。为保护黄河，河南省积极推动建立"九龙联动"、协同共治的黄河保护治理机制，不断完善黄河流域生态保护补偿机制，持续推进黄河流域生态带提升。河南省积极拥抱数字化、智能化，通过数字孪生为黄河保护治理装上"智慧大脑"。河南省大力挖掘省内黄河文化资源，推动黄河文化影响力不断提升。河南省还持续完善黄河现代化防洪工程体系，不断强化沿黄河污染治理，推进黄河流域生态保护，不懈推动生态修复，营造亲水空间。

一　建立"九龙联动"、协同共治的黄河保护治理机制

黄河流域生态保护和高质量发展单靠一省力量是无法完成的，有赖于沿黄9省区的通力协作。黄河保护是一个系统性工程，缺少任何一个省份的参与都会使得这个工程无法很好地完成。分布在黄河上、中、下游的省份应当定期沟通、密切配合、一起发力，共同将黄河流域生态保护和高质量发展工作推向前进。河南省高度重视与其他兄弟省份协同合作，共同治理保护黄河。

2018年底，最高检和水利部联合组织开展了沿黄9省区参与的"携手清四乱、保护母亲河"专项行动。在这次专项行动中，河南省联合兄弟省份积极推动黄河流域"乱占、乱采、乱堆、乱建"等突出问题的解决。通过本次

"清四乱"活动，黄河流域的生态环境得到了极大的改善，"四乱"现象也得到了明显的纠治。此外，通过此次活动，沿黄河生活的群众也更加深刻地认识到应当自觉停止"四乱"行为，积极投身黄河流域生态保护工作。

2019年6月，以"蓝图共绘 协同发展 共建共享"为主题的晋陕豫黄河金三角区域合作第三届省级协调领导小组暨四市联席会议在河南省三门峡市召开。运城市、渭南市、临汾市、三门峡市共同签署了《晋陕豫黄河金三角四市共建"数字金三角"合作协议》；陕西省潼关县、河南省灵宝市签署了《推进次区域合作先行试验区建设备忘录》。会议提出，要优化区域一体化空间布局，协调编制黄河金三角区域国土空间规划，坚持高位推动，以高质量规划引领区域一体化空间布局持续优化。晋陕豫黄河金三角2019年重点推进事项包括优化区域一体化空间布局、基础设施互联互通、产业分工协作、生态环境共保共治、公共服务共建共享、协同推进改革开放6个方面20个事项。这次会议表明，黄河流域生态保护除了沿黄各省份省级层面的协作配合外，相邻各地市之间也在积极沟通交流，找寻合作契合点，共同将黄河流域生态保护和高质量发展工作推向更大范围、更深层次，切实让黄河成为造福人民的"幸福河"。

2021年，河南省人大常委会通过了《关于促进黄河流域生态保护和高质量发展的决定》（以下简称《决定》）。《决定》提出，黄河保护治理涉及多个领域、多个部门、多个地方，要积极避免"九龙治水"，推动流域上下"一盘棋"的共治共理。《决定》通过系统性制度设计、强化协同推进的机制保障，明确省负总责任、市县抓落实的工作机制，推动统一规划、统一管理、统一调度。全面推行"河长+检察长"制和林长制，探索建立"河长+警长"制，建立黄河流域河湖长联席会议制度。《决定》提出了"区域治理服从流域治理"的理念原则，还专门就跨区域开展流域生态环境执法、督察监督等活动作出了规定。河南省内各级行政部门严格按照省人大常委会作出的决定，扎扎实实地推进黄河保护工作，切实做到对人大负责，定期接受人大监督。省级行政部门负总责任，市级、县级行政部门负责黄河流域生态保护工作的具体落实。河南省特别注重压紧压实生态环境部门、河务部门的主管责任，加强与沿黄河其他省份的沟通配合，努力促进黄河流域生态保护和高质量发展。

2023年，最高检、水利部联合启动黄河流域水资源保护专项行动。专项行动期间，沿黄 9 省区检察机关聚焦未经许可取水、超许可量取水等问题，办理相关案件 670 余件。公安部组织沿黄 9 省区公安机关开展了"昆仑""保卫黄河"等专项行动，依法严厉打击破坏生态环境资源犯罪；会同生态环境部、住房和城乡建设部、农业农村部等部门开展黄河禁渔期禁渔等联合行动。无论最高检、水利部联合启动的黄河流域水资源保护专项行动，还是公安部组织的"昆仑""保卫黄河"等专项行动，抑或是生态环境部、住房和城乡建设部、农业农村部等部门开展的黄河禁渔期禁渔等联合行动，河南省作为沿黄 9 省区的重要一员都积极参与，为黄河保护贡献了自身应尽的力量。

2024 年 4 月 1 日，《黄河保护法》正式施行一周年。一年来，全国政法机关和青海省、四川省、甘肃省、宁夏回族自治区、内蒙古自治区、山西省、陕西省、河南省、山东省沿黄 9 省区相关部门深化协同合作，形成共治合力，为推动黄河流域生态保护和高质量发展做出了积极贡献。面向未来，沿黄 9 省区将在《黄河保护法》的引领下，更加紧密地团结在一起，共同致力于黄河流域生态保护和高质量发展。河南省也将立足于省情，结合黄河流域（河南段）的具体情况，与黄河上、中、下游省份一道发力，确保黄河流域生态保护和高质量发展重大国家战略落地生根、取得实效。

二 持续推进黄河流域生态环境改善

河南省坚持以习近平总书记重要讲话精神为根本遵循，把黄河流域生态保护和高质量发展摆在事关全局的重要位置。河南省以生态廊道建设为抓手，强化沿黄地区生态保护。河南省还把不同河段廊道连起来，把沿黄公园、湿地、景观串起来，注重与南水北调中线、明清黄河故道、大运河等生态廊道相衔接，打造连续完整、功能多样、景观多彩、绵延千里的绿色长廊，加强生态涵养和修复，推进自然保护地建设，带动全省生态保护修复提质升级。在保护黄河流域生态的同时，河南省还积极推动黄河流域高质量发展。黄河下游为地上悬河，泥沙淤积，不具备通航条件。结合黄河流域的特殊情况，黄河并不能够像长江一样发展航运业，但是，河南省结合黄河自身特点，在水电资源开发与利用，文化旅游产业、种植业等产业上发力，推动黄河流域整体实现高质量发展。

河南省内各地市也积极推进黄河流域生态环境改善。例如，郑州市科学编制黄河中游郑州段国土绿化示范项目实施方案，启动郑州黄河湿地省级自然保护区湿地生态修复示范项目，督促做好生态廊道完善提升和养护工作。开封市持续推进黄河生态廊道保护与特色产业发展相结合，实现生态效益和经济效益共赢。洛阳市以黄河流域生态保护治理为引领，深化标本兼治，在黄河湿地生态修复、全域河渠综合治理、黄河生态廊道建设等方面持续发力。三门峡市打造了240公里复合型黄河生态廊道，串联起黄河岸边的山山水水，改善了黄河流域生态环境，同时也实现了"清水入黄"。

通过全省上下的不懈努力，黄河流域（河南段）生态带中绿色廊道、水环境治理、流域内湿地等状况都得到了显著改善。这一方面极大地改善了黄河流域（河南段）的生态环境，另一方面大大提升了黄河流域（河南段）两岸居民的幸福感、获得感，是河南省以人民为中心在保护黄河领域的生动体现。未来，河南省将继续把黄河生态环境保护摆放在突出位置，将其作为全省工作的重点，层层压实责任，进一步推动黄河流域生态环境改善，早日建成美丽河南。

三　数字孪生为黄河保护治理装上"智慧大脑"

2022年，黄河水利委员会发布《数字孪生黄河建设规划（2022—2025）》，提出"十四五"期间加快构建具有预报、预警、预演、预案功能的数字孪生黄河，河南省人民政府办公厅印发《河南省以数据有序共享服务黄河流域（河南段）生态保护和高质量发展试点实施方案》，提出要切实提升黄河流域（河南段）协同化、智能化治理水平。

河南黄河河务局是"数字孪生黄河（中下游典型河段）"承担单位之一，按照"需求牵引、应用至上、数字赋能、提升能力"的要求，整体谋划、统一部署，加强统筹协调，采取有力措施，推进河南省黄河数字孪生建设走深走实。智慧应用体系逐步完善，各项数字孪生黄河建设成果在黄河保护治理工作中的应用逐步深入。云计算、大数据、人工智能、物联网等先进技术与黄河保护治理业务深度融合，给黄河装上了"智慧大脑"，有力驱动了黄河保护治理业务流程再造、工作模式创新，使黄河流域（河南段）两岸呈现全新风貌。在数字孪生黄河建设的契机下，河南省通过云计算、大数据、人工智能、物联网等先进技术，未来可以数字孪生出一条虚拟黄河。孪生的虚拟黄河可以参照现实中黄河的各项数据，真实模拟现实中黄河可能遇到的各种紧急情况。黄河的治理、保护单位可以将治理保护黄河的各项措施预先应用于虚拟黄河之中，推演各项措施所能取得的实际实施效果。通过推演，黄河的治理、保护单位可以选取最有效的措施，应用到现实的黄河治理保护工作中去。孪生的虚拟黄河还有更为广阔的适用空间，可以使黄河的治理保护工作更加智能化、科学化。

河南黄河河务局初步建成了 "全域智能感知、高速互联互通、统一共享平台、智慧业务应用" 的数字孪生体系。数字孪生建设开启现代化新征程，使数字孪生体系效能显现，河南黄河保护治理现代化水平持续提升。

四 推动黄河文化影响力不断提升

黄河文化是中华民族的根和魂，是中华民族坚定文化自信的重要根基。为保护传承弘扬发展黄河文化，河南省出台了《黄河国家文化公园（河南段）建设保护规划》，深度挖掘黄河文化价值，不断加强黄河文化遗产保护传承。河南黄河河务局立足河南黄河保护治理实际，深入挖掘黄河文化的时代价值，着力讲好新时代黄河故事，推动河南黄河文化影响力不断提升，同时也为提升国家文化软实力和中华文化影响力贡献了河南黄河力量。为推动黄河文化在新时代不断创新发展，让更多人走进河南，了解灿烂辉煌的黄河文化，河南省公安机关积极作为，全面取消黄河流域城市关于社保缴费年限、居住年限等落户限制，全面下放出入境证件受理审批权限，截至 2022 年 2 月，已累计签发出入境证件 957.99 万本、港澳台通行签注 886.44 万枚。①

郑州市印发了《郑州市建设黄河流域生态保护和高质量发展核心示范区文化博物旅游发展 2020 年度专项方案》，通过核心示范区文化博物旅游的高质量发展，积极推动黄河文化保护传承弘扬。开封市是八朝古都，位于黄河南岸，通过对文化资源的深度挖掘创新，打造沉浸式文旅 "新业态"。大型水上实景演出《大宋·东京梦华》，场景如梦似幻，700 多名演员倾情演绎；万岁山大宋武侠城的《三打祝家庄》，融合飞火流星、云梯炮战等实景和马术，再现烽火弥漫的古战场。这些文旅 "新业态" 丰富和发

---

① 《河南警方：聚焦企业重点难点痛点 助推营商环境持续优化》，河南省人民政府官网，https://www.henan.gov.cn/2022/01-06/2378552.html，2022 年 1 月 6 日。

展了黄河文化，促进了黄河文化影响力不断提升。洛阳市是黄河文化的重要发祥地和核心传承区。河洛文化也是黄河文化的重要组成部分。近年来，洛阳市始终牢记习近平总书记嘱托，积极探索黄河文化创造性转化、创新性发展之路，并取得了一定成效。洛阳市坚持保护优先，在文物遗产保护方面创新了"洛阳模式"，该模式得到各方肯定。在非遗保护方面，洛阳市成功获批了国家级河洛文化生态保护实验区。洛阳市坚持理念引领，用文化的理念发展旅游，用旅游的方式传播文化，加快推动文化旅游"三个转变"。二里头夏都遗址博物馆展示"最早中国"；隋唐洛阳城国家历史文化公园呈现"盛唐气象"；102座博物馆打造"东方博物馆之都"；205座城市书房彰显文化底蕴。二里头数字馆带领观众"穿越千年"，夜游龙门、《帝后礼佛图》成功出圈，天心、东方等工业文创园成为时尚打卡地，洛邑古城、倒盏村记录乡愁，"研学洛阳、读懂中国"品牌越叫越响，"古都夜八点"提振消费，央视秋晚温暖华夏。洛阳市还始终致力于传统文化的现代表达与河洛文化的国际表达，成功创办世界古都论坛、中原国际文化旅游产业博览会，持续提升"两节一会一论坛"的国际影响力，"古今辉映、诗和远方"的城市名片更加亮丽。凡此种种都推动了黄河文化影响力的不断提升。游郑州访商都探商寻夏、在开封泛舟陶醉风雅、逛洛阳观盛唐追寻历史……河南将沿黄各地文化景观"串珠成链"，打造精品旅游路线，引导游客沿着黄河水脉感受黄河文脉。文化的繁盛与文旅产业的壮大相辅相成，对黄河文化的创造性转化、创新性发展，吸引着更多人贴近并感受黄河文化的魅力，可预见的未来黄河文化将随着文旅产业的发展更加熠熠生辉。

　　河南省拥有厚重的历史文化。黄河在河南省流经洛阳、郑州、开封等古都。古老的中原大地丰富发展了厚重的黄河文化，厚重的黄河文化滋养了一代又一代中原儿女。新时代的今天，党领导人民保护黄河、治理黄河。国家也出台了《黄河保护法》，其中"黄河文化保护传承弘扬"部分单独成章。河南省地处中原，是华夏文明的发祥地，在黄河文化保护传承弘扬方面更需要积极作为。未来，河南省可以通过更加严格的执法推动黄河文化保护传承弘扬。更加严格的执法包含以下两个方面：第一，河南省应当通过严格执法加强对黄河文化遗址的保护。裴李岗文化遗址距今 8000 多年，发现于河南新郑；仰韶文化距今 7000 年至 5000 年，首先在河南省渑池县仰韶村遗址被发现。河南省应当通过严格执法加强对省域范围内黄河文化遗址的保护，同时也应当增加资金投入，利用好互联网渠道，通过融媒体途径，使人们对这些黄河文化遗址有更加深入的了解，推动黄河文化遗址走向更广阔的舞台。第二，河南省应当通过严格执法加强对黄河民俗的保护。黄河民俗博物馆位于濮阳县。2023年4月，山东省东营市举办"黄河大集"活动。这次"黄河大集"有9个展区，普通民众通过这次"黄河大集"可以一次性观赏到黄河沿岸不同省份灿烂辉煌的黄河文化。河南省也可以通过行政执法手段确立常态化机制，定期举办类似的黄河民俗展示活动，推动黄河流域民俗文化、风土人情源远流长、持久繁荣。

五　完善黄河现代化防洪工程体系

黄河流域大部分属于干旱、半干旱的大陆性季风气候区，深受季风气候的影响，降雨集中，年际变化大。在水沙调控与防洪安全方面，上下游各地方政府面临的具体问题不尽相同。黄河上中游省份面临的主要问题是水土保持、环境保护；黄河下游省份面临的主要问题是防洪安全。黄河流经黄土高原后在河床淤积了大量泥沙，河南省内黄河大部分河段为地上悬河，防洪安全责任重大。

黄河的"地上河"问题在河南省尤为突出。黄河过了郑州市桃花峪后进入黄河下游地区，泥沙沉积明显，多为"地上河"，河道主要依靠两侧的河堤来束缚。河床平均高出两岸地面4~6米，黄河流域（开封段）部分地区河床高度甚至高出地面10米以上。不仅如此，黄河下游地区泥沙的沉积量还在随着时间的推移不断增加。科学的水沙调控措施可以在一定程度上减少黄河的含沙量，缓解黄河下游"地上悬河"的问题。黄河上游省份提高植被覆盖率也有利于减少黄河泥沙量，缓解黄河下游"地上悬河"的问题。除了上述两项举措，加固黄河下游河段两岸堤坝对保障沿岸群众生命财产安全也是十分必要的。不仅如此，河南省是产粮大省，其粮食产量约占全国粮食总产量的14%，因而黄河安宁与否也事关国家粮食安全。

2022年5月，黄河下游"十四五"防洪工程可行性研究报告获得国家发展和改革委员会批复。2023年3月，黄河下游"十四五"防洪工程初步设计报告获得水利部行政许可，其中河南段批复投资15.87亿元，工程涉及郑州、开封、焦作、新乡和濮阳5市20个县（市、区），设计总工期36个月。黄河下游"十四五"防洪工程的批复实施对于进一步补齐黄河下游堤防短板具有重要意义。该项目建设完成后，黄河下游整体防洪能力将得到进一步提升，对于保障黄河下游稳定和高质量发展具有重要意义。项目可行性研究报告获得批复后，河南黄河河务局立即成立工程建设领导小组，形成省河务局、市河务局、项目法人分工负责的责任机制，通力协作、同向发力。工程开工后，指挥部建立视频会商周调度机制，及时研究解决建设实施中遇到的困难和问题，明确下一阶段的主要工作和目标。同时，强化监督问责，完善奖惩机制，将工程建设完成情况作为领导干部综合考评的重要依据。

河南黄河河务局工程建设中心（以下简称建设中心）在有工程建设任务的郑州、濮阳等5地市设立建管部，履行现场管理职责。同时，建立领导小组、建设中心、建管部、各标段项目部四级责任传导机制，为工程顺利实施提供了坚实的组织保障。建设中心推动初步设计批复与招标工作无缝衔接，实行工程招标手续"秒办"制，着眼提质增效，建立远程会商和电子公文流转等信息沟通机制，以创新为手段不断提高管理能力和水平，落实工程建设"三个马上"工作制，即做到有问题马上协调解决、有公文马上接收办理、有变更马上研究答复，高质量、高效率推动项目建设全面提速。为实现工程建设管理智能化、信息化、高效化，建设中心研发并启用河南黄河工程建设智慧管理系统，实现对每个施工点的全过程监管。建设中心首次提出"四同时"原则，即成立建管部的同时成立党支部，建管部部长同时担任党支部书记，建管部人员到岗的同时转接党组织关系，研究业务工作的同时研究党建工作，党政同责，齐抓共管。建设中心、建管部、项目部以《河南河务局关于在黄河防洪工程建设中推行"零缺陷"管理的意见》为指导，协同发力，强化工程质量、安全管理，为项目实施保驾护航。建设中心、建管部、项目部压实安全生产责任，健全落实风险管控"六项机制"，设立安全宣讲台，落实每日班前安全教育制度，全力保障工程建设安全有序推进。

征程初始，满目葱茏；东风浩荡，千帆竞发。目前，黄河下游"十四五"防洪工程建设征途已行进过半，全体工程建设者将奋力完成河南省黄河工程建设宏伟蓝图。未来，河南黄河河务局将从以下三个方面扎实做好黄河防汛工作。第一，完善现代化防洪工程体系。持续提升防灾减灾能力，构筑黄河安澜屏障。第二，夯实水旱灾害防御基础。锚定"四不"目标，贯通"四情"防御，落实"四预"措施，绷紧"四个链条"。修订完善各类预案方案，开展防汛实战演练，抓好防洪工程普查和问题整治，落实好各项度汛措施。第三，做好迎战大洪水准备。汛期强化会商研判和值班值守，健全预警发布叫应机制。

六 强化沿黄污染治理，推进黄河流域生态保护

河南省深入贯彻习近平总书记在黄河流域生态保护和高质量发展座谈会上的重要讲话精神，始终牢记"国之大者"，坚持以沿黄河开发区水污染整治为抓手，扎实推进水污染源头治理，持续改善黄河水环境质量，努力建设黄河流域生态保护示范区。近年来，黄河干流出豫断面稳定达到Ⅱ类水质。河南省为了治理沿黄污染，主要从以下四个方面开展工作。

（一）始终坚持高站位，扛稳扛实政治责任

黄河流域生态保护和高质量发展是重大国家战略。作为沿黄重要省份，河南省地处黄河流域中下游，区域内工业园区建设密集，化工、医药、石油、炼焦、纺织、冶炼等产业占全省比例大于80%，推动沿黄工业园区水污染治理对加强黄河流域生态保护具有重要意义。河南省始终坚持战略思维，强化政治担当，把推动工业园区水污染整治纳入《河南省黄河流域生态保护和高质量发展规划》，用足用好"三线一单"绿色标尺，制定实施沿黄开发区污水处理设施完善提升、工业园区建设标准和认定管理等举措，坚决遏制"两高"项目盲目发展，有效提升了黄河流域水环境治理水平。

生态环境部发布了《沿黄河省（区）工业园区水污染整治工作方案》，明确了工业园区水污染治理的目标任务和具体要求。河南省将结合地域及产业实际，进一步深化沿黄工业园区水污染治理，细化工作方案，深化示范引领，统筹推进新建、扩建开发区与工业园区同步规划建设污水收集和集中处理设施，高质量完成沿黄94个省级开发区梳理整合，多措并举实现开发区污水集中处理设施全覆盖。深入推进《河南省黄河流域水污染物排放标准》贯彻落实，督促指导黄河流域涉水排污单位扎实推进污染治理设施提标改造，确保稳定达标排放。全面推进化工、电镀、制革、造纸、印染等涉水行业清洁生产改造，加快推动工业园区企业绿色转型升级，助力黄河流域水环境高水平保护和开发区高质量发展。

（二）始终坚持严格监管，不断提升管理水平

加强工业园区水污染治理，河南省坚持在高标准监管、高质量整治上下功夫。推动开展沿黄水污染治理专项执法行动，建立工业园区污水集中处理设施进水浓度异常等突出问题清单，实施清单管理、挂账销号。加强污水处理厂运行管理问题调研督导，召开城镇（园区）污水处理厂运行管理和城市排水系统溢流污染控制研讨会，推动污水处理厂稳定运行和达标排放。开展工业园区地下水环境状况调查评估，完成37个国家、省级工业园区地下水环境调查评估及成果集成，有效推进工业园区地下水污染防治分级管理。

河南省将根据生态环境部的最新要求，落实新举措，成立工业园区水污染整治指导帮扶组，持续加严工业园区污染排放的监督管理，协调推动问题全面整改、彻底整改。强化工业园区"一园一策"整治，规范园区初期雨水、工业废水、生活污水分质分类处理，建设工业园区专业化工生产废水集中处理设施、专管或明管输送管网，实现化工企业污水应纳尽纳、实时监测、达标排放，不断提升工业园区水污染治理和环境风险防范水平。

（三）始终坚持防范源头，持续实施工程治理

治污工程建设是河流水质改善的根本之策。工业园区产业相对集中，完善治污设施是园区水污染防治的关键之举。河南省坚持把水污染治理工程项目谋划建设作为推动黄河流域水环境稳定向好的重中之重，坚持系统化观念、工程化思维，聚力提升工业园区污水收集处理效能，强化工业园区环境风险防范，推动黄河流域水环境质量持续改善、稳定向好。实施"清水入黄河"工程，突出小浪底至花园口区间重要支流治理，推进金堤河、蟒河、二道河等污染相对较重河流综合治理，加大支流流域工业园区水污染整治工程建设投入力度，推动建成一批水污染治理工程和水生态修复工程，全面提升源头污染治理成效，以小流域水污染治理成效促进黄河干流水环境质量改善。推进工程治理试点示范，强化郑州市、开封市国家区域再生水循环利用试点城市建设，探索建立污染治理、生态保护、循环利用有机结合的区域再生水循环利用体系。加快推进濮阳市溢流污染控制试点建设，打造一批可复制、可推广的工程措施和监管机制。

（四）积极建立长效机制，持续强化发展保障

工业园区污染治理是一个不断发展提升的过程，需要科学完善的制度机制提供长效保障。河南省始终坚持把建制度、定机制作为污染防治提质增效的重要举措，推动建立省市县乡四级"党政同责、一岗双责"的领导工作机制，层层压实各级党委政府工业园区污染治理责任。聚焦工业园区水污染整治提质增效，完善问题整改机制，将工业园区污水收集处理纳入生态环境保护督察"一周一调度、两周一暗访、一月一交办"工作，推进园区环境问题及时、全面、彻底整改。完善风险防范机制，探索开展工业园区废水综合毒性管控建设，通过自动监测、视频监控、建立数据库，构建废水综合毒性管控预警平台，实现废水综合毒性的精细化管控。完善排污许可监管机制，巩固排污许可全覆盖成果，提高排污许可核发质量，提升工业园区污染影响类建设项目精准化、科学化管理水平，持续助力区域经济社会高质量发展。

除了水污染治理，一直以来，河南省还注重细颗粒物和臭氧协同治理，推进氮氧化物和挥发性有机物协同减排，持续推进结构调整、污染治理和清洁能源替代，大气环境质量有了明显改善。截至 2023 年 11 月 28 日，黄河流域城市 PM2.2 平均浓度为 45 微克/立方米，同比下降 4.3%；PM10 平均浓度为 76 微克/立方米，同比下降 3.8%；优良天数达 211 天，同比增加 5 天。河南省还加强土壤污染源头防控，强化农业面源污染防治，开展农村环境整治提升，土壤环境质量保持稳定，受污染耕地安全利用率达到 100%，建设用地污染地块安全利用也得到了有效保障。为了有效维护黄河流域生态系统多样性、稳定性，河南省坚持中游"治山"、下游"治滩"、受水区"织网"的思路，统筹山水林田湖草沙一体化修复治理，大力实施矿山环境整治，持续提高矿山复绿效果。河南省稳步开展滩区综合治理，加强滩区堤岸两侧防风固沙林、生态景观林等建设，稳定扩大湿地保护面积，推进生态廊道标准化建设。河南省建成沿黄 1200 多公里复合型生态廊道，黄河干流右岸全线贯通，西起三门峡市、东至开封市的绿色廊道成为当地百姓的生态廊道、致富廊道、幸福廊道。黄河流域生物多样性得到有效保护，疣鼻天鹅、大鸨、紫斑牡丹、太行花等濒危动植物种群明显增多。

未来，河南省生态环境部门将继续按照省委、省政府决策部署，始终

在全局工作中突出黄河流域生态保护，加强《黄河保护法》的宣贯实施，系统谋划治山、治滩、治水、增绿，深入推进黄河生态保护治理攻坚战，持续整治突出环境问题，精准管理生态环境风险源，着力打造环境治理先行区、生态建设样板区、节水控水示范区，共建美丽幸福黄河。

七　推动生态修复，营造亲水空间

河南省高度重视黄河流域（河南段）生态环境修复问题，以实际行动扎实推进黄河流域（河南段）生态环境修复，切实改善生态环境质量，营造亲水空间，为黄河两岸居民提供了良好的生产生活环境，也为沿岸动植物种群提供了良好的繁衍生息条件。在河南省政府新闻办举行的新闻发布会上，河南省生态环境厅综合处副处长赵恒介绍，2020年以来黄河流域（河南段）干流连续三年保持Ⅱ类水质，达到有监测记录以来的最好水平。流域水环境质量整体改善，2022年Ⅰ至Ⅲ类水质断面占比88.6%，生态系统功能不断增强，濒危动植物种群明显增多。例如，河南黄河湿地国家级自然保护区栖息着数量众多的白天鹅，大多数白天鹅也在此处过冬。除白天鹅之外，黑鹳、白鹳、大鸨等国家一级保护动物和800余种珍稀野生动物也在该区域繁衍生息。这些事实客观反映了该区域良好的生态环境，彰显了河南省在黄河流域生态环境修复与水环境质量改善方面所做的积极努力。

为确保黄河流域生态环境持续改善，河南省坚持综合治理、系统治理、源头治理，上下游、干支流、左右岸统筹谋划。2020年9月，河南省全力整治"乱堆、乱占、乱采、乱建"问题，治理现场铲车、挖掘机轰鸣问题。经过治理，黄河流域（河南段）不少地方成了水草丰茂、鸥鹭翔集的湿地。河南省水利厅河长制工作处二级调研员完杰军介绍，2020年以来，河南省持续开展黄河"清四乱"专项整治行动，累计清理黄河"四乱"问题1086个，黄河生态面貌得到有效恢复。河南省林业局相关负责人也介绍，沿黄复合型生态廊道集防汛、生态、休闲、交通、高效农业等功能于一体，目前已绿化11.5万亩，干流右岸基本贯通。各级生态环境部门、河务部门、水利部门、林业部门等行政机关切实履职尽责，严格公正执法，使各类涉黄河环境违法行为得到了纠治。河南省以扎实的行动贯彻落实黄河流域生态保护和高质量发展重大国家战略，持续推进黄河生态修复，为黄河健康秀美注入了法治强力。

第三节 全面落实河长制，推进黄河流域生态保护和高质量发展

2016 年 11 月 28 日，中共中央办公厅、国务院办公厅印发了《关于全面推行河长制的意见》。为全面落实党中央、国务院关于河长制的战略部署，河南省委办公厅、省政府办公厅印发了《河南省全面推行河长制工作方案》。河南省全面建立了省市县乡村五级河长组织体系，各级河长均由该级主要领导同志担任，强化组织领导，压实河长责任。河南省还积极创新工作机制，全面落实"河长+"制，通过"河长+检察长""河长+警长""河长+护河员（巡河员、保洁员）""河长+网格长"等工作机制，切实加强对黄河流域生态环境的保护。此外，河南省还不断完善落实河长制的保障措施，强化监督检查，确保河长制各项措施得到贯彻落实。河长是其所负责河段的总负责人，在水资源保护、水污染防治、水环境治理与水生态修复等方面担负着重大职责与使命。在"河长+"制的加持下，河南省全面落实河长制，切实推进黄河流域生态保护和高质量发展。

一 强化组织领导，压实河长责任

河长制的贯彻落实离不开坚强的组织领导。在坚持党的领导的前提下，河南省不断加强各级河长对相关工作的组织领导，压紧压实河长责任，梳理明晰各级河长所肩负的"事""权""责"，全面推动河长制在全省落地见效。2017 年 6 月，河南省委办公厅、省政府办公厅印发了《河南省全面推行河长制工作方案》。该方案内容系统而全面，对于河南省贯彻落实河长制具有重要指导意义。该方案主要涉及六个方面的内容：第一，河南省推行河长制的重大意义；第二，河南省推行河长制的总体要求；第三，河南省推行河长制的组织体系；第四，河南省推行河长制的工作职责；第五，河南省推行河长制的主要任务；第六，河南省推行河长制的保障措施。主要任务与保障措施为该方案的重点部分，直接影响河长制在河南省的落实成效。该方案明确规定了河南省推行河长制的六项主要任务：第一，加强水资源保护；第二，加强河湖水域岸线管理保护；第三，加强水污染防治；第四，加强水环境治理；第五，加强水生态修复；第六，加强执法监管。

为了完成推行河长制的六项主要任务，该方案最后规定了河南省推行河长制的六项保障措施：第一，加强组织领导；第二，健全工作机制；第三，强化考核问责；第四，加强监督检查；第五，落实专项经费；第六，加强宣传引导。

自 2017 年全面推行河湖长制以来，河南省全面建立了五级河长制体系、四级湖长制体系。2017 年，河南省建成了省市县乡村五级河长制体系，52507 名河长开始上岗。2018 年前 4 个月，河南省五级河长已经密集巡河 61200 人次，13 个省辖市党政主要领导同志开展了巡河督导。河南省 8 个自然湖泊也被纳入了湖长监管范围，在 2018 年底前建立了市县乡村四级湖长制体系。河南省还对河长巡河频次做出明确规定，其中省级河长对负责河湖每年巡河一般不少于 1 次，市级河长对负责河湖每半年巡河一般不少于 1 次，县级河长对所负责河湖每季度巡河一般不少于 1 次，乡级河长对所负责河湖每月巡河不少于 1 次，村级河长对所负责河湖每周巡河不少于 1 次。

为了切实发挥河长制在黄河流域生态保护和高质量发展中的作用，河南省切实加强对河长的组织领导。由省委主要领导同志担任黄河流域（河南段）河长，切实加强对黄河流域生态保护和高质量发展工作的组织领导。河南省推行河长制始终坚持生态优先与绿色发展、党政领导与部门联动、问题导向与因地制宜、强化监督与严格考核等并重原则。各级党委、行政部门一把手担任河长，切实加强了组织领导，有利于河长协调、动员、组织各方力量积极解决在黄河流域（河南段）生态保护和高质量发展过程中出现的各种问题。这一方面反映了党和国家高度重视黄河流域生态保护和高质量发展问题，另一方面生动地体现了社会主义"集中力量办大事"的制度优越性。

二　创新工作机制，落实"河长+"制

为更好地发挥河长制在黄河流域生态保护和高质量发展方面的积极作用，河南省创新了工作机制，在全省范围内推行"河长+"制工作机制。简单来说，"河长+"就是在原来河长制的基础上与其他现有制度紧密衔接配合，形成全新的多元、复合型工作机制，例如"河长+警长""河长+网格长""河长+互联网"等机制。"河长+"制提高了人民群众在黄河流域生态保护工作中的参与度，体现了党的群众路线，有利于协调动员各方力量纠

治查处各类型涉黄河生态环境违法行为，织密了黄河流域生态环境保护网。

"河长+"制是对河长制的创新发展。在黄河流域生态保护和高质量发展工作中，河南省推行了以下不同类型的"河长+"制。第一，全面推行"河长+检察长"制。以检察公益诉讼制度助力河长制，加强河湖管理保护，充分发挥河长、检察长各自职能优势。根据破坏黄河流域生态环境行为的严重程度，分别采取不同的处理措施。对情节较轻的涉黄河违法行为，由河长联系相关的行政主管部门给予违法者行政处罚。对情节较重的涉黄河违法行为，由河长联系公安机关、检察机关等司法机关通过公益诉讼制度依法追究违法者的刑事责任。第二，全面推行"河长+警长"制。派出所是公安机关的派出机构，覆盖范围极其广泛。人民警察可以在黄河流域生态保护中发挥重要作用。河南省建立了省市县乡四级河道警长。各级河道警长协助对应的河长开展工作，完善行刑衔接机制，联手打击涉黄河违法行为。河长与警长联动工作有利于第一时间发现涉黄河违法行为，及时采取措施制止违法行为，在很大程度上避免损害结果的发生与扩大，充分发挥河长制在黄河流域生态保护中的积极作用。第三，全面推行"河长+护河员（巡河员、保洁员）"制。河南省积极充实河湖基础管护队伍。为巩固拓展脱贫攻坚成果，促进乡村振兴，河南省积极吸纳脱贫户进入河湖基础管护队伍。河南省以村为单位设立护河员（巡河员、保洁员）公益岗位，落实人员经费，明确工作职责。护河员（巡河员、保洁员）主要负责河湖日常巡查、入河排污口排查、河流水质情况监测、水面和堤岸保洁等，有效解决了河湖管护"最后一公里"问题。第四，全面推行"河长+民间河长"制。聘请热心社会公益事业的民间人士义务担任"民间河长"，当好河湖管护的践行者、推动者、宣传者和监督者。建立"河长+乡贤河长""河长+企业河长"等机制，充分发挥"乡贤河长"德行善举的示范引领作用和"企业河长"治水护水的源头治理作用，使河湖长制工作更接地气、更切实际、更具活力，积极营造社会各界共同关心爱护河湖的良好氛围。第五，全面推行"河长+网格长"制。河南省夯实水利系统层级管理责任，全面提升监管水平，实现河湖监管全覆盖、无盲区。河南省水利系统建立了省市县三级网格监管体系，将省内所有河流、湖泊均纳入网格监管，形成了不留空白、不留死角的网格化监管工作体系。每个网格设立一名网格长，对相应的河长湖长负责。河长、网格长充分发挥各自职能，做到河湖问题及时发现、妥善处置、逐级负责、分级办理。河南省通过建立健全"河长+网格长"机制，不断推进河湖面貌改善。第六，全面推行"河长+互联网"制。加快推进"河长+互联网"建设，在重点流域、重要河流河段等位置安装摄像头，并接入省河长制信息管理平台，对河湖进行实时监控，充分发挥互联网收集、整理信息更加便捷的作用，以信息化推进河湖管理现代化。河长办公室可以将利用互联网平台收集到的信息进行整合与梳理，在深入分析有关信息所反映的黄河流域（河南段）生态环境状况后，科学合理地做出决策。"河长+互联网"制有利于更好地发挥河长制与互联网各自的优势，助力黄河流域生态保护和高质量发展。第七，统筹推进河湖长制和防汛工作。黄河流域（河南段）大部分为地上悬河，防汛防灾工作必须得到高度重视。同时，黄河流域（河南段）沿岸生活着数千万群众，一旦发生洪涝灾害，将导致极其严重的后果。河南省委、省政府高度重视防汛防灾工作，各级河长也应全力抓好防汛救灾工作，全面践行"两个坚持、三个转变"的防灾减灾新理念，坚持从源头上抓、从短板上抓、从安全上抓、从责任上抓，积极采取预防性措施，做好应急处置准备，确保人民群众生命财产安全。

　　全面推行"河长+"制是河南省深化河湖长制的重大举措，是河湖长制的升级版。同时，"河长+"制推动河长履职尽责，促进河湖长从"有名有实"向"有力有为"转变，有力改善了流域生态环境，也为黄河流域生态保护和高质量发展注入了蓬勃动力。

三　完善保障措施，加强监督检查

　　"河长制"建立后如何开展工作是实现"河长治"的关键。河南省围绕督察、考核、问责等建立了具体的工作制度。2021年，河南省持续发力，深化"河长+"制改革。河南省印发了《关于全面推行"河长+"工作机制的决定》。决定把"河长+"工作纳入河湖长制年度考核。河南省每年度定期开展"河长+"工作考核，认真考核过去一年河长开展工作的情况。对于"河长+"考核优秀的河长予以表彰奖励；对于"河长+"考核不合格的河长进行严肃处理。"河长+"工作情况与实际成效的年度考核有利于督促河长切实履职尽责，担负起保护黄河流域生态环境的神圣职责，推动河南省河湖长从"有名有实"向"有力有为"转变。

　　河南省每年定期开展河长制省级考核、市级考核、县级考核，确保河长制在黄河流域生态保护和高质量发展过程中发挥实效。根据《河南省2021年度河长制四水同治工作省级考核方案》的规定，对各省辖市、济源示范区河长制的考核内容是水资源节约集约利用、水域岸线管理、水污染防治、水环境治理、水生态修复、水灾害防治、四水同治项目实施、南水北调水源区和干线工程河湖长制建立8项指标和相关重点工作完成情况，以及全面推行"河长+"工作机制、实施"三个清单"管理、持续开展河道采砂综合整治及采砂管理重点工作完成情况、四水同治工作宣传贯彻、强化监督检查、加强考核奖惩等保障措施落实情况；对市级河长的考核内容是河长履职情况，包括工作部署、巡河任务落实、分管河湖水质、"三个清单"落实、河湖综合治理和全面推行"河长+"工作机制工作情况等；对省河长办成员单位河长制的考核内容是各单位围绕全面推行河长制、湖长制年度重点工作，落实部门责任，协助服务对口河长，协同联动工作情况以及全面推行"河长+检察长"制、"河长+警长"制建立和运行情况等。考核工作由省河长办（省四水同治办）负责组织实施。省河长办（省四水同治办）成员单位组成6个考核组，对各省辖市（示范区）、各省直管县（市）和省河长办成员单位进行考核。省河长办成员单位、省四水同治办相关成员单位负责对考核评分表内本行业业务内容进行考核，省河长办（省四水同治办）对考核结果进行汇总上报。

河长制工作考核分为自查自评、暗访核查、部门考评、评分复核与汇总报批5个环节。在自查自评环节，各省辖市、济源示范区、各省直管县（市）和省河长办成员单位对照考核内容和评分标准全面进行总结和自查自评。各省辖市、济源示范区将经市级总河长签字的自查自评报告报送省河长办（省四水同治办），省河长办成员单位将经主要领导签字的自查自评报告报送省河长办。在暗访核查环节，各考核组通过实地暗查暗访等方式随机抽查核实河湖治理管护情况、四水同治项目实施情况、相关政策贯彻落实情况以及群众满意度情况，抽查省级河流责任河长"三个清单"、"清四乱"工作台账、年度专项行动、水利部督查系统等河湖问题整治情况。在部门考评环节，按照职能分工，省直有关部门结合本行业年度工作考评对各省辖市（示范区）河长制和四水同治（含省直管县）工作相关考核项目进行评定。在评分复核环节，各考核组应根据暗访核查情况和相关资料客观公正地逐项评分，做到每一项加分都有根据，每一项扣分都有解释。各考核组及省直有关部门向省河长办（省四水同治办）提交考核报告和对应本行业业务内容考核得分，省河长办（省四水同治办）对各考核组及省直有关部门评分情况进行复核。在汇总报批阶段，省河长办（省四水同治办）根据自查自评、暗访核查、部门考评、评分复核及日常工作考核情况分别进行汇总和综合评定，确定被考核省辖市、济源示范区、省直管县（市）和省河长办成员单位成绩，提出考评结果建议，形成考核报告，并按程序上报审批。考核结果分为优秀、良好、合格、不合格四个等级。总体得分折合百分制，得分 90 分及以上为优秀，75 分及以上、90 分以下为良好，60 分及以上、75 分以下为合格，60 分以下为不合格。考核年度内有以下五种情形之一的不能评定为优秀等级：第一，辖区内出现重特大水资源、水污染、水环境、水生态水灾害责任事故的；第二，被省（部）级及以上（含中央环保督察最终交办问题）督察问责的；第三，被中央主流媒体曝光并查证属实的；第四，因辖区内河湖重大问题多、问题整改不力或整改不到位、较严重及以上问题反复出现被省（部）级及以上约谈的；第五，存在社会影响较大、性质恶劣的重大问题，被省（部）级及以上通报批评的。考核结果在全省进行通报，省委、省政府对评定为优秀等级的市县予以通报表扬；对考核前三名的省辖市（示范区）和考核第一名的省直管县（市）给予资金奖励。对考核结果为优秀等级的省辖市（示范区）、省直管县（市）中做出突出贡献的先进个人（县处级及以下），按照有关规定和程序进行表彰。同时，考核结果与"红旗渠精神杯"评比挂钩，并作为项目申报、资金审批、要素保障和各级领导班子、领导干部年度考核、奖惩、任免的重要依据。各单位对提交的材料和数据真实性负责。发现谎报、瞒报、虚报等弄虚作假的，按照年度考核等级"不合格"处理。此外，各考核组严格按照考核标准进行考核，并对考核结果负责。

第四节　严厉打击违法行为，守护黄河安澜

沿黄河生态环境违法行为会破坏黄河流域生态环境，进而影响黄河流域高质量发展。严厉打击沿黄河生态环境违法行为，可以切实守护黄河安澜，为沿岸群众提供良好的生产、生活环境，体现了我们党人民至上的鲜明立场。不断加大生态环境执法力度，严厉打击各类生态环境违法行为，

也可以为打赢打好污染防治攻坚战提供坚强保障。① 为严厉打击黄河流域（河南段）生态环境违法行为，河南省充分动员群众力量，搜集违法线索。同时坚持严格执法，切实保护黄河流域生态环境。河南省还积极开展"黄河行动"，严厉打击破坏黄河流域生态环境的违法行为。不仅如此，河南省高度重视跨行政区域合作，联合打击破坏黄河流域生态环境的违法行为。

一 动员群众力量，搜集违法线索

习近平总书记指出："群众路线是我们党的生命线和根本工作路线。"② 我们党的性质和初心使命决定了党和国家事业的发展必须坚持群众路线，群众路线是党的生命线，是党进行伟大斗争并不断取得胜利的重要法宝。③ 在保护黄河流域生态环境方面，河南省也坚定不移地走群众路线，积极动员组织群众力量，发挥人民群众在保护黄河方面的重要作用。河南省水利厅联合省高级人民法院、省人民检察院、省公安厅、省司法厅组织开展河南省河湖安全保护专项执法行动，积极受理群众针对水环境领域违法行为的举报。群众可以通过网站、拨打举报电话等方式向有关部门检举、揭发破坏黄河流域生态环境的违法行为。本次专项行动助力提升打击违法犯罪行为的精准度，加强河湖生态环境保护方面的协作，促进生效裁判的切实履行，有利于受损河湖生态的修复。

除了通过专门网站与举报电话受理群众举报，黄河沿岸公安机关还以5338 名社区民警、1.7 万名社区辅警为支撑，构建派出所、警务室、警务工作站三级警务组织管理体系，全面排查涉及群众切身利益的生态环境违法违规行为。对一般的生态环境违规行为，由生态环境部门、水利部门、河务部门等依法依规做出处理；对涉嫌犯罪的生态环境违法行为，经公安机关调查取证后，依法移送检察机关审查起诉，追究犯罪嫌疑人的刑事责任。河南省不仅打击破坏黄河流域生态环境的违法犯罪行为，还严厉打击破坏黄河历史文化资源领域的违法犯罪行为。河南省各级行政机关积极弘扬裴

---

① 杨雾晨、陈海嵩、徐敏云等：《"十三五"期间环境行政处罚案件特征分析》，《环境污染与防治》2022 年第 8 期。

② 《深入扎实开展党的群众路线教育实践活动　为实现党的十八大目标任务提供坚强保证》，《光明日报》2013 年 6 月 19 日。

③ 韩慧：《坚持党的领导是百年来法治建设的首要经验》，《东岳论丛》2024 年第 3 期。

李岗文化、贾湖文化、仰韶文化等优秀黄河文化，严格保护安阳殷墟保护区、洛阳隋唐东都城遗址等重要历史文化遗存，严厉打击破坏黄河文化遗址、文物的违法犯罪行为。

河南省各级宣传机关认真履行职责，深入群众积极开展保护黄河流域生态环境与历史文化资源的宣传活动，使广大干部群众深刻认识到保护黄河流域生态环境与历史文化资源的重要性，积极动员每位干部群众自觉投身黄河流域生态保护和高质量发展实践。河南省鼓励检举揭发各类型的涉黄河违法行为，充分动员人民群众的力量，搜集涉黄河违法线索，为黄河保护注入强大的人民力量。

二　坚持严格执法，切实保护黄河流域生态环境

《黄河保护法》实施一年以来，河南黄河河务局画好路线图，定准时间表，系统谋划《黄河保护法》各项规定的落实工作，全力推动各项工作方向正确、路径明确、进度准确，河道生态环境持续向好，依法治河管河成效明显，人民群众获得感、幸福感明显提升。在水资源节约集约利用方面，河南黄河河务局强化水资源刚性约束，严格取用水监管，持续推进深度节水控水行动，加强黄河流域（河南段）水量调度管理，实现用水总量、黄河干流花园口断面生态流量和省际断面流量达标。在水沙调控与防洪安全方面，河南黄河河务局不断完善黄河防洪工程体系，稳步推进贯孟堤扩建工程、温孟滩防护堤加固工程、桃花峪工程等重大项目。充分发挥省防指黄河防办作用，健全完善统一指挥、上下联动、反应灵敏、齐抓共管的扁平化防汛指挥体系，形成横向到边、纵向到底的预案体系。强化"预报、预警、预演、预案"措施，加强防洪工程的运行管护，建立"工防+人防+技防+物防"机制，加强隐患排查，保障工程安全。在水行政执法监督方面，统筹开展河湖安全保护、水资源保护、河湖管理水行政执法等9个专项行动，严格打击非法采砂，一大批"四乱"问题得到清理整治，水事秩序持续向好。提高水行政执法监管信息化水平，建设"豫黄河湖"智慧管理平台，推进水行政执法业务全流程、全要素的信息化管理。在执法协同方面，深入推进"河务+公检法司"机制实施，与公检法司机关联合开展常态化督导检查和联合培训4次，向公检法司机关移送案件、问题线索、申请强制执行案件82起。河南黄河河务局指导开封、温县两地完成黄委"联合执

法圈”“司法协作圈”协作平台试点建设任务。

河南省自然资源厅开展专项行动，对黄河、铁路、高速公路两侧自然资源违法违规问题进行清查整治。以加快推进水生态保护修护为重点，河南省加强流域河道治理与生态修复。2023 年，河南省实施黄河流域主要支流治理项目 3 个、中小河流治理项目 8 个；实施小流域水土流失综合治理 236 平方公里、坡耕地水土流失综合治理 41.33 平方公里、淤地坝除险加固 37 座，新建淤地坝 4 座。河南省积极开展生态流量保障工作，完成了黄河流域 5 条主要河流生态流量调度保障任务，对 10 个断面流量实行日通报制度，主要断面生态流量全部达标，将涧河纳入生态流量核定与保障先行先试试点。河南省水利厅联合省发改委等部门加快推进黄河流域小水电分类整改工作，目前已完成 71 座水电站整改。在保护治理的同时，河南省节约集约利用黄河水资源，打造供水保障体系，让黄河成为造福人民的幸福河。近年来，河南省各级水利部门持续加大水行政执法力度，严肃查处各类水事违法行为。为推动《黄河保护法》贯彻施行，自 2023 年 4 月起在全省范围内组织开展了为期 8 个月的黄河流域河湖管理水行政执法专项行动，共核查水事违法问题线索 123 个、立案 8 起。河道管理保护是一项复杂的系统工程，涉及上下游、左右岸、不同行政区域和行业。借助“河长制”的推行，河南省各地各部门携起手来，共同发力，综合治理，为黄河流淌盖上“幸福图章”。河南省水利厅数据显示，该厅联合省检察院开展了水资源保护专项行动，共排查问题 341 个、立案 86 起，整治 655 个妨碍河道行洪安全的问题。2023 年，河南省水利厅联合省高级人民法院、省检察院、省公安厅、省司法厅 5 部门共同开展河湖安全保护专项执法行动，其中黄河流域共排查水事违法问题线索 275 个、立案 93 起。河南省水利厅和省公安厅联合印发了《加强全省水行政执法与公安机关执法衔接工作的指导意见》，进一步强化水行政执法与刑事司法衔接，规范案件办理。在“河长+检察长”依法治河模式的基础上，省水利厅联合省检察院进一步出台水行政执法与检察公益诉讼协作机制的实施细则，不断深化水行政执法与检察公益诉讼协作机制。黄河，静静滋润着河南这个人口大省，保障着国家粮食安全。河南省将认真贯彻落实《黄河保护法》，继续坚持走“生态优先、绿色发展”之路，守护“母亲河”生命长青、永葆生机。

三　开展"黄河行动"，严厉打击破坏黄河流域生态环境的违法行为

河南省始终围绕"国之大者"与"省之要事"，聚焦黄河流域生态保护和高质量发展，推出"黄河行动"。"黄河行动"聚焦黄河流域（河南段）生态保护和高质量发展这一重点领域，是一项具有基础性、引领性的战略行动。河南省积极开展"黄河行动"，严厉打击破坏黄河流域生态环境的违法犯罪行为。截至 2020 年 5 月，全省共侦办各类案件 1643 起，刑拘 398 人，逮捕 155 人，移送起诉 843 人。《河南省"十四五"生态环境保护和生态经济发展规划》也提出河南省将实施黄河流域生态环境保护行动，坚持共同抓好大保护、协同推进大治理，统筹中游治山、下游治滩、受水区织网，强化干支流、左右岸联动，统筹推进山水林田湖草沙综合治理、系统治理、源头治理，持续改善黄河流域生态环境质量，切实守牢黄河流域生态环境安全底线。该规划提出，河南省将加快形成节约资源和环境友好的生态保护格局以及绿色发展格局，全力打造黄河流域生态保护和高质量发展示范区。强化山水林田湖草沙系统治理，加强黄河干流湿地恢复与建设，开展湿地封育保护、退耕还湿、湿地生态补水、生物栖息地恢复与重建等行动。力争到 2025 年，黄河流域湿地保护率不低于 53.2%。

除了河南省级层面开展的"黄河行动"，省内部分地市也在辖区范围内开展了"黄河行动"，打击辖区内破坏黄河流域生态环境的违法犯罪行为，切实保护黄河流域生态环境。以三门峡市为例，三门峡市公安局成立由副市长、市公安局局长任组长的"黄河行动"领导小组，各县局、局直部门同步建立"一把手"负责的责任体系，设置专项办实体化运作。三门峡市公安局党委先后 14 次召开党委会、部署会、推进会，围绕公安主责主业部署推进专项行动，并定期通报、按月考评，持续提升打击黄河流域生态环境违法犯罪行为的精度和效能。森林警察支队覆盖 206 公里沿黄生态廊道，实现警力下沉、阵地前移。三门峡市还强化打击整治，推进形成"黄河行动"新常态。三门峡市公安局充分发挥公安职能，始终保持对黄河流域违法犯罪打击整治的高压态势，"打早打小、露头就打"。"黄河行动"的开展有效震慑了各类破坏黄河流域生态环境的违法犯罪行为，是守护"母亲河"河南实践的生动体现。

四 加强跨行政区域合作，联合打击违法行为

河南省积极开展跨行政区域联合执法行动，严厉打击各类型涉黄河违法犯罪行为。例如，陕西省生态环境执法总队、河南省生态环境执法监督局签订《陕西省、河南省跨区域、跨流域生态环境执法联动协议》（以下简称《协议》）。《协议》明确了陕豫两省生态环境执法跨区域、跨流域协作的原则和机制，为深化两省生态环境执法交流联动，共同推进黄河流域、长江流域和行政边界地区环境污染综合整治奠定了坚实的基础。陕西省生态环境执法总队总队长、河南省生态环境执法监督局局长出席签约仪式。陕豫两省以持续改善提升区域生态环境质量为目标，本着"联合治污、团结治污"的原则，坚持联防共治，合力推进跨区域、跨流域生态环境污染防治。针对发现的跨省环境违法行为或问题线索，突出研判预警，协同做好问题处置和风险防范治理等工作，坚持属地管理，做好调查处理工作。陕豫两省将建立生态环境执法联动联席会议机制，定期轮值召开联席会议，及时研究解决边界地区环境问题，建立信息共享机制，各自明确机构和人员，专门负责执法、监测信息共享和协调对接。双方共同建立案件线索移交和反馈机制，及时移交相关环境违法行为或问题线索，积极配合做好调查取证工作，及时反馈查处结果。建立联合执法机制，重点围绕固废（危废）非法转移倾倒、跨省河流超标溯源排查、区域环境空气质量综合整治等内容，定期开展联合执法行动。

除了省级层面的跨区域联合执法行动，河南省还鼓励省内各地市积极开展与黄河保护相关的跨区域联合执法行动。例如，2021 年 12 月，《黄河流域生态保护和高质量发展核心示范区跨区域水污染联防联控合作协议》在郑州签订。该协议的签订标志着河南省首个黄河流域地市级跨区域联防联控机制的建立，这在全国范围内都具有相当大的示范意义。时任河南省生态环境厅副厅长杨继成参加联防联控签约并见证签字仪式，郑州市、洛阳市、开封市、新乡市、焦作市 5 个市的生态环境局相关负责同志出席签字仪式并签订合作协议。该合作协议确定了工作原则、工作目标和具体要求，力求核心示范区黄河流域水生态环境稳步提升。黄河流域生态保护和高质量发展核心示范区跨区域水污染联防联控合作协议的签订为区域性水污染防治树立了典范，将实现黄河流域水生态环境高水平保护和经济社会高质

量发展协同推进。

通过不同层级的跨行政区域联合执法行动，河南省有效打击了黄河流域跨行政区域生态环境违法行为，解决了过去查处涉黄河违法行为的痛点、难点。加强跨行政区域合作有利于改变以往各自为政的模式，发挥区域互动合作机制的作用，以解决同质化竞争和信息不对称等问题，最终实现黄河流域生态保护和高质量发展。各类信息共享、联合执法、案件移交与反馈等机制的建立健全一方面反映了黄河上下游省（自治区、直辖市）之间休戚与共的紧密联系，另一方面必将黄河流域生态保护和高质量发展推向更高水平。

第四章　检察实践：能动履职守护大河安澜

　　黄河是中华民族的"母亲河"，黄河流域生态保护和高质量发展是我国的重大战略。检察机关是维护法律统一实施的司法机关，其依法能动履职对确保黄河安澜具有不可替代的作用。

第一节　检察机关能动履职的基本要求

　　2019年9月18日上午，中共中央总书记、国家主席、中央军委主席习近平在河南省郑州市主持召开黄河流域生态保护和高质量发展座谈会并发表重要讲话，强调治理黄河，重在保护，要在治理。①

　　2023年4月，河南省委书记楼阳生先后赴开封市、兰考县等地考察调研，实地查看生态修复、污染整治等情况，强调要全方位贯彻"四水四定"原则，共同抓好大保护、协同推进大治理，坚定不移走生态优先绿色发展之路，把保障黄河安澜的政治责任扛牢扛稳。② 检察机关作为国家的法律监督机关和保障法律统一实施的司法机关，能动履职对保障黄河安澜发挥重要的作用。检察能动履职是指检察机关在依法履行法定职责时，遵守司法检察规律，秉持积极主义取向，充分发挥主观能动性，积极主动深化履行检察职能，全面提升法律监督质量和效果，及时回应大局需求、人民关切和法治需求，更好更实地为大局服务、为人民司法、为法治担当。③ 紧紧围绕落实以人民为中心的发展思想，牢固树立"如我在诉"的理念，"把屁股

---

① 习近平：《习近平著作选读（第二卷）》，人民出版社，2023，第261页。
② 王承哲主编《黄河流域生态保护和高质量发展报告（2023）》，社会科学文献出版社，2023，第190页。
③ 张毅：《检察能动履职与诉源治理》，《人民检察》2023年第20期。

端端地坐在老百姓的这一面"，确保检察权为人民行使，让人民满意。① 具体到黄河流域生态保护和高质量发展，检察能动履职是指检察机关在办理破坏黄河安全和环境案件时，坚持以习近平法治思想为指导，以人民为中心，结合四大检察职能，能动、依法、综合、一体履行检察职权，为大局服务、为人民司法、为法治担当，依法保护黄河流域生态环境和社会高质量发展，确保黄河安澜，让黄河成为造福人民的幸福河。

检察机关能动履职、守护大河安澜，就是指检察机关能动、依法行使四大检察权。一是依法严格开展黄河流域保护与治理的刑事检察监督。对于破坏黄河流域生态环境和自然资源等案件，公安机关该立案时不立案，检察机关要监督公安机关依法立案；对于公安机关不该立案时立案，检察机关要监督公安机关依法撤案；对于公安机关提请批准逮捕的破坏黄河安全的犯罪嫌疑人，检察机关要依法批准逮捕犯罪嫌疑人；对于涉黄河流域的刑事案件，如果犯罪事实清楚、证据确实充分，经检察机关审查后，达到起诉的标准，应依法移送法院进行审判；对于达不到起诉标准的，根据案件的具体情况，检察机关依法做出绝对不起诉、相对不起诉、存疑不起诉的决定；对于需要补充侦查的破坏黄河安全的刑事案件，检察机关能不退公安机关补充侦查的，就不退公安机关补充侦查，依法由检察机关自行补充侦查。加强刑事审判监督，对于错误的刑事生效裁判，检察机关依法行使抗诉权。二是精准开展黄河流域保护与治理的民事诉讼监督。检察机关要强化精准监督理念，用检察建议监督纠正民事审判中的违法情形和用检察建议监督纠正民事执行中的违法情形。三是运用检察公益诉讼保护黄河公益和民生福祉。深入开展"携手清四乱，保护母亲河"专项行动，运用诉前程序和诉讼程序办理一大批公益诉讼案件，开展"回头看"，跟进监督公益受损问题，增加公益诉讼典型案例发布数量。四是全面深化黄河流域生态保护和高质量发展的行政诉讼监督。检察机关要加大行政生效裁判监督力度，深入开展行政非诉执行，常态化开展行政争议实质性化解。五是践行恢复性司法理念，助力黄河流域社会治理效能提升。检察机关积极实践"刑事打击+公益诉讼+警示教育+生态修复"模式，教育引导当事人自

---

① 《最高人民检察院工作报告（审议版）》，最高人民检察院网站，2024 年 3 月 8 日，https://www.spp.gov.cn/spp/tt/202403/t20240308_648074.shtml。

觉履行生态修复义务，努力打造"检察+综治"诉源治理格局。

一 能动履职包含依法履职

依法履职就是检察机关要严格按照实体法和程序法去行使检察权。一是严格按照实体法去行使检察职权。首先是依照《中华人民共和国刑法》（以下简称《刑法》）、《中华人民共和国民法典》（以下简称《民法典》）、《中华人民共和国行政诉讼法》（以下简称《行政诉讼法》）等法律规定办理刑事、民事、行政案件。比如，对于盗伐林木罪、滥伐林木罪、非法采矿罪、污染环境罪等，要按照《刑法》规定的具体罪名的构成要件去收集证据、固定证据、审查证据、排除证据，以事实为根据，以法律为准绳，坚持证据裁判、罪刑法定、罪刑相适应和无罪推定，力求办好每一起涉黄河流域的刑事案件。比如，检察机关要按照行政法律规定去办理行政诉讼案件、行政非诉执行以及常态化开展行政争议实质性化解案件。再比如，检察机关要根据《民法典》等办理黄河流域的民事案件，监督法院依法行使民事审判权。二是按照《中华人民共和国刑事诉讼法》（以下简称《刑事诉讼法》）、《中华人民共和国民事诉讼法》（以下简称《民事诉讼法》）、《行政诉讼法》三大程序法去行使检察权。检察机关要严格按照程序法的规定办理案件，让公平正义以可感受、能感受、感受到的方式实现。比如，检察机关要严格按照《最高人民法院 最高人民检察院关于检察公益诉讼案件适用法律若干问题的解释》《人民检察院公益诉讼办案规则》等规定办理检察公益诉讼案件。尤其是河南省人民检察院制定的《河南省检察机关行政公益诉讼诉前程序办案指引》，为河南省检察机关高质效办理行政公益诉讼案件提供了办案指引。比如，检察机关监督法院的民事审判程序违法行为，依法向法院提出检察建议等。再比如，检察机关监督法院的行政审判违法行为，依法向法院制发检察建议，督促审判机关依法审理黄河流域的行政案件。

二 能动履职包含综合履职

综合履职是指检察机关在办理某一类案件时，发现其他类的案件线索，移送相关检察业务部门办理，实现对案件的全面监督。比如，在办理刑事附带公益诉讼案件时，刑事检察、公益诉讼检察部门应综合履职。比如，在办理刑事案件时发现虚假诉讼行为，刑事检察、民事检察部门要综合履职。再比如，在办理民事检察案件时，发现有诈骗行为构成诈骗罪的，移送刑事检察部门办理。检察机关要通过综合履职，从"一大检察"到"四大检察"齐发力，高质效办好每一起涉黄河流域的案件。

三　能动履职包含一体履职

一体履职是指检察机关根据黄河流域环境资源案件的疑难程度，跨不同的市域、省域等特点，在上级检察机关的领导下，整合市属、省属公益诉讼检察部门的力量集中办理黄河流域环境资源案件，尤其是破坏黄河安全的公益诉讼案件。黄河流域的环境资源公益诉讼案件的办理难度大、鉴定难、调查核实难、收集证据难，因此，最好采用一体履职模式。如黄河流域水污染案件，受水的流动性影响，污染行为、损害后果可能不只涉及一个县、一个市甚至一个省。因此，要办好检察公益诉讼案件，就必须建立一体履职的办案机制。最高检办理的南四湖案件就是采用一体履职的模式成功办理的。

四　主动履职包含高质效履职

最高人民检察院应勇检察长指出，要坚持以习近平法治思想为指引，坚持"高质效办好每一个案件"，努力实现办案质量、效率与公平正义的有机统一，既要通过履职办案实现公平正义，又要让公平正义更好更快实现，还要让人民群众真正、切实感受到公平正义，这应当成为新时代新征程检察工作的基本价值追求。① 检察机关在办理涉及黄河流域的案件时，要善于从纷繁复杂的法律事实中准确把握实质法律关系，善于从具体法律条文中深刻领悟法律精神，善于在法理情的有机统一中实现公平正义，防止就案办案、机械司法。② 既要避免就案办案、机械办案、消极办案，还要避免案件程序空转，一个案件程序走完了，案件没有结，事情没有了，甚至产生新的矛盾纠纷，这绝对不是要达到的效果。在司法实践中，要把高质效办案落实到案件的每一个环节，绝对不能只把高质效作为口号。"高质效办好每一个案件，不分案件大小、情节轻重，程序烦琐，再小的案件也关系民

---

① 《应勇：以高质量检察履职践行全过程人民民主 保障人民当家作主》，最高人民检察院网站，2023 年 6 月 14 日，https://www.spp.gov.cn/spp/tt/202306/t20230614_617412.shtml。
② 高峰、王闯：《以"三个善于"为指引促进依法能动履职》，《检察日报》2024 年 5 月 24 日。

生、民心，任何一个案件都蕴含法治精神、法律价值、司法规律。"[①]

第二节　依法严格开展黄河流域保护与治理的刑事检察监督

破坏黄河安全和环境资源类犯罪，根据办案数据分析，主要罪名是刑法分则妨害社会管理秩序罪中的破坏环境资源罪，具体罪名为非法捕捞水产品罪，非法狩猎罪，非法猎捕杀害珍贵、濒危野生动物罪，非法占用农用地罪，非法采矿罪，盗伐林木罪，滥伐林木罪，污染环境罪，非法收购、运输、出售珍贵、濒危野生动物及其制品罪等。[②] 根据河南省郑州铁路运输法院[③]的统计，在 2020 年 9 月 1 日至 2021 年 12 月 31 日涉黄河流域环境资源刑事犯罪案件中，受理涉非法捕捞水产品罪案件 167 件、涉非法狩猎罪案件 136 件、涉盗伐林木罪案件 35 件、涉非法采矿罪案件 29 件、涉非法占用农用地罪案件 20 件、涉污染环境罪案件 10 件。

一　依法监督立案或撤案

我国宪法规定，检察机关是国家的法律监督机关，它维护着国家法律的统一实施。对检察机关来说，最根本的是把案件办好。破坏黄河流域（河南段）环境的刑事案件，涉及的主要罪名是环境污染罪、非法采矿罪、盗伐林木罪、滥伐林木罪、非法狩猎罪、非法倾倒固体废物罪、非法占用农用地罪等，检察机关要监督公安机关依法办案；对于公安机关应该立案而不立案的，检察机关要监督公安机关依法立案。对于公安机关达不到立案标准，不应该立案而立案的，检察机关要监督公安机关依法撤案。如2021 年 3 月 14 日，某县检察院侦查监督与协作配合办公室值班员额检察官通过登录某县公安局警综平台，查询公安机关执法办案系统刑事案件办理的相关信息时，发现某县公安局立案侦查的非法捕捞水产品案件激增，同时，发现某县农业农村局将该案犯罪嫌疑人杜某某使用的"撒网"渔具定

---

① 《最高检调研组在山西调研》，最高人民检察院网站，2023 年 9 月 15 日，https://www.
　spp. gov. cn/tt/202309/t20230915_628266. shtml。

② 案例来源："北大法宝"司法案例数据库。

③ 自 2020 年 9 月 1 日起，河南省高级人民法院将省内黄河流域 10 市 44 县（市、区）、7 个开
　发区的环境资源案件交由郑州铁路运输两级法院集中管辖。

位为"张网"，认定为禁用工具，可能存在事实认定和法律适用的错误问题。后检察机关与公安机关召开联席会议后，要求行政机关重新认定。2022年5月17日，该县农业农村局重新认定犯罪嫌疑人杜某某使用的"撒网"属于"掩罩"类渔具，不属于禁用工具。某县检察院审查认为，该案不具备非法捕捞水产品、非法捕捞有重要经济价值的水生动物苗种、怀卵亲体或者在水产种质资源保护区内捕捞水产品达到相应数量等情节要求，杜某某的行为不构成犯罪，公安机关不应当立案而立案。2022年5月20日，某县公安局对该案做出撤销案件的决定。检察机关通过对公安机关不应该立案而立案的案件予以撤销案件来维护有关人员的合法权益。

二　依法批准逮捕

逮捕是最严厉的强制措施，它限制嫌疑人的人身自由。对于破坏黄河安全和环境资源的犯罪嫌疑人，公安机关侦查终结后将案件移送检察机关提请批准逮捕的，检察机关要对案件进行审查，如果达到批准逮捕的要求，检察机关要做出批准逮捕的决定；如果达不到逮捕条件的，检察机关将做出不批准逮捕的决定。根据少捕慎诉慎押的刑事司法政策，对犯罪情节轻微、积极退赃退赔的犯罪嫌疑人，如果能够采取不逮捕的强制措施且不影响案件处理的，就采取不逮捕的强制措施。常态化开展扫黑除恶，坚持"是黑恶犯罪一个不放过，不是黑恶犯罪一个不凑数"①。对于黑恶势力，该逮捕就坚决逮捕。对于破坏黄河流域的组织、领导、参加黑社会性质罪，非法采矿罪，故意伤害罪，故意杀人罪，强迫交易罪等，要对犯罪嫌疑人依法批准逮捕。根据最高检2021年工作报告："促进认罪认罚更利于矛盾化解、社会治理。对依法可不批捕和犯罪情节轻微、不需要判处刑罚的，不批捕8.8万人。"最高检2022年工作报告："检察机关积极稳妥推进，全年不批捕38.5万人。"最高检2023年工作报告："不补率从22.1%上升至43.4%。"② 从上面的数字可以看出，检察机关对刑事犯罪能不逮捕的就不批准逮捕，包括涉黄河流域的刑事犯罪。检察机关根据个案的情况，通过

---

① 《最高人民检察院工作报告（审议版）》，最高人民检察院网站，2024年3月8日，https://www.spp.gov.cn/spp/tt/202403/t20240308_648074.shtml。
② 参见最高人民检察院2021年、2022年、2023年工作报告。

行使批准逮捕权维护犯罪嫌疑人的合法权益，降低羁押率，助力轻罪治理。

三 依法提起公诉

刑事公诉是检察机关代表国家要求人民法院审理被指控的被告人的行为，以确定被告人刑事责任并予以刑事制裁的诉讼职能。[①] 刑事公诉制度的产生，基于人民对司法权力运行中弊端的反思，是对侦查和审判权进行监督的产物，是人类司法文明进步的重大成果。[②] 在我国，公安机关负责案件的侦查，检察机关负责案件审查起诉。对于公安机关侦查终结、移送检察机关审查起诉的案件，检察机关要依法审查。检察官作为公共利益的代表，不能将自己作为积极的追诉者来看待，而是应当承担维护国家司法公正的职责。因此，检察官必须秉持客观公正的立场。检察官客观义务本身是对检察官的一种单方面的限制和约束，在功能上迫使检察官抛弃单方面的控诉角色和意识，恪守客观中立的司法立场履责行权，以充分保障被追诉方的利益。[③] 若公诉人持"狂热追诉"的非理性、不平和心态，将对侵犯人权、破坏秩序不以为然，甚至对无罪证据视而不见，很难想象在此种情况下可以实现司法公正。[④] 比如，公诉案件的证明标准是达到犯罪事实清楚、证据确实充分。达到证明标准的案件，检察机关依法提起公诉。

《最高人民检察院关于充分发挥检察职能服务保障黄河流域生态保护和高质量发展的意见》指出，深入推进扫黑除恶常态化，净化高质量发展社会生态。河南省检察机关常态化开展扫黑除恶工作，对于破坏黄河流域的组织、领导、参加黑社会性质罪，非法采矿罪，强迫交易罪，故意杀人罪，故意伤害罪等犯罪嫌疑人，依法严惩，依法提起公诉。围绕黄河流域涉黑涉恶犯罪易发多发的矿产资源、建筑工程、交通运输、商贸市场、非法借贷等重点行业领域，深入分析犯罪原因和监管漏洞，有针对性地帮助行业主管部门及基层组织研究完善涉黑涉恶犯罪防范对策措施。

河南省各地市根据本地实际情况，严厉打击破坏黄河流域生态环境违法犯罪，护航黄河流域生态保护和高质量发展。以三门峡市为例，"一是严

---

① 杨迎泽、郭云忠主编《刑事检察实务培训讲义（第二版）》，法律出版社，2020，第34页。
② 杨迎泽、郭云忠主编《刑事检察实务培训讲义（第二版）》，法律出版社，2020，第34页。
③ 万毅：《检察官客观义务的解释与适用》，《国家检察官学院学报》2015年第6期。
④ 杨迎泽、郭云忠主编《刑事检察实务培训讲义（第二版）》，法律出版社，2020，第34页。

厉打击刑事犯罪。全市政法部门以严打整治破坏黄河流域生态环境违法犯罪为牵引，持续形成对破坏黄河流域生态环境违法犯罪活动的严打高压态势。"① "截至 2020 年 8 月底，全市共办理黄河流域破坏生态环境违法犯罪活动的严打高压态势类案件 91 起，刑拘 209 人，公诉 74 人。"② 以濮阳市为例，纵深推进"非法捕捞水产品"专项打击行动。③ "自 4 月 1 日禁渔期起，破坏非法捕捞水产品犯罪专项行动 73 起，刑事拘留 23 人，移送起诉20 人，打掉非法捕捞团伙 2 个，查获捕捞船只 4 只，作案电瓶 5 套，地笼23 条，捕网 23 条，长度 400 余米，有力震慑非法捕捞行为，为黄河流域生态环境持续改善做出积极贡献。"④ 检察机关通过对犯罪行为予以刑事惩治维护黄河生态、黄河安澜。

四　依法决定不起诉

对于案件达不到起诉标准的，检察机关依法审查后，依法做出绝对不起诉、相对不起诉、存疑不起诉的决定。根据《刑事诉讼法》第十六条的规定，如果案件符合《刑事诉讼法》第十六条的规定，检察机关可以做出绝对不起诉的决定。根据《刑事诉讼法》第一百七十七条第二款规定，检察机关对于破坏黄河流域（河南段）的环境资源等犯罪行为，如果认为犯罪嫌疑人的犯罪行为情节轻微，依照刑法规定不需要判处刑罚或者免除刑罚时，检察机关可以做出相对不起诉的决定。根据《刑事诉讼法》第一百七十五条第四款的规定，对于破坏黄河流域（河南段）环境资源的行为，检察机关退回公安机关补充侦查，经过两次补充侦查后，仍然达不到起诉标准的，检察机关应当做出不起诉的决定。最高检 2021 年工作报告："不起诉 20.2 万人。"最高检 2022 年工作报告："不起诉 34.8 万人。"最高检2023 年工作报告："不起诉率从 7.7% 上升至 26.3%。"⑤ 例如，2021 年 11月 12 日，马某在黄河长垣段马占村东头一号坝头的黄河河道内，使用自制电鱼工具进行捕捞，被公安机关当场抓获，查获现场无渔获物。长垣市公

① 周立主编《河南法治发展报告（2021）》，社会科学文献出版社，2020，第 214 页。
② 周立主编《河南法治发展报告（2021）》，社会科学文献出版社，2020，第 215 页。
③ 周立主编《河南法治发展报告（2021）》，社会科学文献出版社，2020，第 237 页。
④ 周立主编《河南法治发展报告（2021）》，社会科学文献出版社，2020，第 237 页。
⑤ 参见最高检 2021 年、2022 年、2023 年工作报告。

安局认为案发区为黄河流域河南省与山东省交界段国家级水产种质资源保护区，该区域为禁渔区，马某的行为涉嫌非法捕捞水产品罪。根据河南省内黄河流域环境资源刑事案件集中管辖规定，2022 年 2 月 28 日移送郑州铁路运输检察院审查起诉。郑州铁路运输检察院审查后认为，马某捕捞的水产种质资源保护区虽位于禁渔区内，但案发时已过禁渔期（禁渔期为 4 月 1 日至 6 月 30 日），虽马某认罪认罚，但其行为不构成非法捕捞水产品犯罪，郑州铁路运输检察院依法对马某做出不起诉决定。本案的依法办理维护了被不起诉人的合法权利。

五 加强刑事审判监督

（一）检察机关是法律监督机关，监督法院依法行使审判权

对于错误的刑事生效裁判，检察机关有权行使法律监督权，纠正错误的生效裁判。对于破坏黄河安全的刑事案件，比如污染环境罪、盗伐林木罪、非法捕捞水产品罪等，如果法院做出的生效裁判是错误的，检察机关作为法律监督机关，可以对法院的错误裁判提出抗诉。比如，构成污染环境罪的，法院判决无罪的，检察机关可以抗诉。认定事实和适用法律错误、量刑畸轻的，检察机关可以抗诉。再比如，不构成盗伐林木罪的，法院判决有罪的，对于有罪判无罪的这种情形，检察机关可以抗诉。比如，2021年段某某伙同他人盗掘 3 个古墓葬，其中第二次盗获 1 件瓷梅瓶。检察机关指控段某某多次盗掘古墓葬，经法院审理后，认定段某某盗掘古墓葬一次，系从犯，判处段某某有期徒刑 2 年，并处罚金 1 万元。一审后，检察机关以一审法院判决认定事实和适用法律错误、量刑畸轻为由提出抗诉。2023 年 2 月 23 日某市人民检察院支持抗诉，某市中级人民法院采纳检察机关的抗诉意见，依法改判段某某有期徒刑 5 年，并处罚金 2 万元。本案就是一起法院认定事实和适用法律错误、量刑畸轻而由检察机关予以抗诉并改判的案件。

（二）对审判程序违法的监督

河南省检察机关加强对审判程序违法的监督。根据有关法律规定，刑事附带民事公益诉讼的合议庭组成法律要求是七人（3 名法官+4 名陪审员）合议庭。但是，审判时程序违法的较多。河南省刑事附带民事公益诉讼案

件合议庭适用由法官或者法官和人民陪审员组成三人合议庭是实践中的主要情形，占比为68.28%。此外，由于刑事案件适用了刑事简易程序，刑事附带民事公益诉讼案件审理适用独任制的案件占比为2.69%。而刑事案件附带民事公益诉讼合议庭符合七人合议庭要求的案件只占案件总数的28.49%，不到总数的三成。①

根据笔者在某基层法院、检察院的调研，法院在审理一起民事公益诉讼案件时，采用了三人合议庭。后发现违反了法律规定，又采用了七人合议庭开庭审理。如某基层法院审理一起民事公益诉讼案件，合议庭为三人合议庭。审理后发现，合议庭的组成是不合法的。根据《中华人民共和国人民陪审员法》第十六条规定："人民法院审理下列第一审案件，由人民陪审员和法官组成七人合议庭进行：（一）可能判处十年以上有期徒刑、无期徒刑、死刑、社会影响重大的刑事案件；（二）根据民事诉讼法、行政诉讼法提起的公益诉讼案件；（三）涉及征地拆迁、生态环境保护、食品药品安全，社会影响重大的案件；（四）其他社会影响重大的案件。"因此，本案的合议庭组成不合法，又启动审判监督程序审理案件，合议庭改为七人合议庭。

（三）提出精准量刑建议

对于检察机关来说，对移送法院的被告人的刑罚要提出相对准确的量刑建议，不能说：某某涉嫌某某罪，建议判处有期徒刑三年以上七年以下，或者建议判处有期徒刑五年以上十年以下。

量刑建议要加强罚金刑的适用，通过罚金刑的适用，维护法益。提出量刑建议是"罚金"的量刑建议。比如，犯非法捕捞水产品罪，处三年以下有期徒刑、拘役、管制或者罚金。在提出量刑建议时，检察机关该提出罚金量刑建议的，提出"罚金"刑时，要提出"罚金"的量刑建议。再比如，违反狩猎法规，在禁猎区、禁猎期或者使用禁用的工具、方法进行狩猎，破坏野生动物资源，情节严重的，处三年以下有期徒刑、拘役、管制、罚金。在对非法狩猎罪提出量刑建议时，既要对主刑提出量刑建议，又要对附加刑提出"罚金"的量刑建议。通过"罚金"刑的适用，让被告人既受到自由刑的惩罚，又受到经济方面的惩罚。

---

① 王承哲主编《河南法治发展报告（2023）》，社会科学文献出版社，2022，第143页。

第三节 精准开展黄河流域保护与治理的民事诉讼监督

在刑事、民事、行政、公益诉讼四大检察中，民事检察是检察监督中的弱项、短板。民事检察监督主要集中在裁判结果监督、审判人员违法监督、执行监督，方式主要是抗诉和检察建议。① 黄河流域的民事案件涉及环境污染、污染水体等领域，如果当事人一方不服法院的生效裁判，可以向检察院申请监督。检察院坚持以人民为中心，以"如我在诉"意识公正办好每一起案件，让人民群众切实感受到公平正义就在身边。②

一 强化精准监督理念

最高人民法院院长张军（2018－2023 年任最高人民检察院检察长）认为："民事检察监督存在以下四个方面的问题：一是民事检察监督力度与人民群众司法需求不相适应；二是民事检察工作与刑事检察工作相比发展不平衡；三是民事检察队伍素质能力亟待加强；四是上级检察院对下级指导不够有力，基层民事检察工作总体薄弱。要解决这些问题，需要树立五大理念：……三是树立精准监督理念……"③

理念对检察官很重要，理念指导检察官的行动。对于有错误的民事生效裁判，则要贯彻精准监督理念，注重办好在法治理念、司法活动中有纠偏、创新、进步、引领价值的典型案件，努力做到监督一件，推动一个领域、一个地方、一个时期司法理念、政策和导向的提升和转变，逐步实现个案监督向类案监督、社会治理延伸。④《民事诉讼法》第二百一十一条规定："当事人的申请符合下列情形之一的，人民法院应当再审：（一）有新的证据，足以推翻原判决、裁定的；（二）原判决、裁定认定的基本事实缺乏证据证明的；（三）原判决、裁定认定事实的主要证据是伪造的；（四）原判决、裁定认定事实的主要证据未经质证的；（五）对审理案件需要的主要证

---

① 朱全景、邵世星主编《民事检察实务培训讲义（第二版）》，法律出版社，2020，第13页。
② 《最高人民检察院工作报告（审议版）》，最高人民检察院网站，2024 年 3 月 8 日，https://www.spp.gov.cn/spp/tt/202403/t20240308_648074.shtml。
③ 朱全景、邵世星主编《民事检察实务培训讲义（第二版）》，法律出版社，2020，第22页。
④ 张毅：《检察能动履职与诉源治理》，《人民检察》2023 年第 20 期。

据，当事人因客观原因不能自行收集，书面申请人民法院收集，人民法院未调查收集的；（六）原判决、裁定适用法律确有错误的；（七）审判组织的组成不合法或者依法应当回避的审判人员没有回避的；（八）无诉讼行为能力人未经法定代理人代为诉讼或者应当参加诉讼的当事人，因不能归责于本人或者其诉讼代理人的事由，未参加诉讼的；（九）违反法律规定，剥夺当事人辩论权利的；（十）未经传票传唤，缺席判决的；（十一）原判决、裁定遗漏或者超出诉讼请求的；（十二）据以作出原判决、裁定的法律文书被撤销或者变更的；（十三）审判人员审理该案时有贪污受贿，徇私舞弊，枉法裁判行为的。"以上 13 项是检察机关办理民事案件监督的重点，同样也是检察机关在办理黄河流域民事案件时监督的重点。自 2020 年 9 月 1 日起，河南省高级人民法院将省内 10 市 44 县（市、区）、7 个开发区的环境资源案件交由郑州铁路运输两级法院集中管辖，至 2021 年 12 月 31 日，郑州铁路运输两级法院共受理刑事案件 176 件、民事案件 48 件、行政案件 622 件，各类案件服判息诉率为 81.9%。案件涉及水污染、非法捕捞水产品、非法狩猎野生动物、非法采矿、非法养殖、空气和噪声污染、引黄工程、湿地保护、林地植被保护等具体的环境资源领域，分布于黄河流域各市、县（市、区）。①

根据检察机关的数据分析，近年来检察机关抗诉的案件，抗诉理由大多是《民事诉讼法》第二百一十一条第 1 项、第 2 项、第 6 项的规定。

检察机关要审查法院的裁判是否存在适用错误的情形。关于适用法律错误的把握，以《最高人民法院关于适用〈中华人民共和国民事诉讼法〉的解释》第三百八十八条规定适用法律却有错误主要指这样几种情形："（一）适用的法律与案件性质明显不符的；（二）确定民事责任明显违背当事人约定或者法律规定的；（三）适用已经失效或者尚未施行的法律的；（四）违反法律溯及力规定的；（五）违反法律适用规则的；（六）明显违背立法原意的。"

以不可抗力为例。疫情系不可抗力，当事人一方因不可抗力不能履行合同的，根据不可抗力的影响，部分或者全部免除责任。下面的案件，检察机关依法、积极履职，主动了解案情，联系企业倾听诉求，落实"精准

① 王承哲主编《河南法治发展报告（2022）》，社会科学文献出版社，2021，第 4 页。

监督"工作理念，及时向法院提出再审检察建议。法院采纳后改判，撤销了原审判决中要求原审被告支付违约金 58.28472 万元的判项，依法保护了企业合法权益。

具体案情：2019 年 8 月 26 日，洛阳 G 生态养殖有限公司（以下简称 G 公司）与宜阳县 S 畜牧有限公司（以下简称 S 公司）签订《猪场租赁合同》一份，约定 S 公司租赁 G 公司的生猪养殖场，租赁期限为二十年，年租金为 405.6 万元，G 公司应在 2020 年 3 月 1 日前按照 S 公司提供的图纸对猪场进行改建后交付租赁物。后 S 公司向 G 公司支付定金 30 万元，G 公司开始对猪场动工改建。2020 年 1 月 23 日受疫情影响，洛阳市启动公共卫生以及防疫预案，全市企业停工停产 2 个月有余，导致案涉猪场未能如期交付。2020 年 4 月 3 日，S 公司通知 G 公司解除合同，并于 2021 年 6 月 23 日起诉至某县人民法院，请求解除双方签订合同，并要求 G 公司返还定金 30 万元，承担自 2020 年 3 月 1 日至 2021 年 6 月 23 日逾期 479 天的违约金 58.28472 万元。某县人民法院于 2021 年 9 月 26 日做出一审判决，判决解除双方签订的《猪场租赁合同》，G 公司返还 S 公司定金 30 万元，并支付违约金 58.28472 万元。G 公司不服一审判决，但未行使上诉权，向某市中级人民法院申请再审后被驳回，遂到某县人民检察院申请法律监督。某县人民检察院受理该案并对案件全面审查后，依法向某县人民法院发出再审检察建议，某县人民法院采纳再审检察建议后于 2023 年 3 月 22 日对该案做出判决，判决解除双方签订的《猪场租赁合同》，G 公司返还定金 30 万元，同时撤销原审判决中要求 G 公司支付违约金 58.28472 万元的判项。目前该判决已生效。

二 以检察建议监督民事审判

检察建议①适用于三种情形：一是纠正审判人员、执行活动违法检察建议；二是纠正违法检察建议；三是社会治理检察建议，即针对社会治理中存在的问题，需要改正、改进的，检察机关可以提出改进工作、完善治理的检察建议。对于有错误的民事生效裁判，要贯彻精准监督理念，注重办好在法治理念、司法活动中有纠偏、创新、进步、引领价值的典型案件，

---

① 检察建议是检察机关在法律监督实践中摸索、创造出来的一项重要法律监督方式。

努力做到监督一件，推动一个领域、一个地方、一个时期司法理念、政策和导向的提升和转变，逐步实现个案监督向类案监督、社会治理延伸。民事审判程序监督中，对违法送达的监督是目前审判活动监督的主要情形。①其次是对违反法定审理期限的监督。最后是对应当立案而不立案的监督。②河南省检察机关加大民事审判和执行活动违法监督力度，纠正 3493 件，同比上升 21%。③

民事审判中的违法行为主要有以下 10 种。一是民事裁判确实有错误，但是不适用再审程序纠正的。比如解除婚姻关系的判决、裁定，就不适用再审程序。如当事人服从判决，且不涉及国家利益、社会公共利益；再如裁判虽然有瑕疵，但是不影响当事人的实体利益。二是调解违反了自愿原则或者调解协议内容违反法律规定的。在民事法律关系中，调解要遵守自愿的原则。三是符合规定的起诉和受理条件，应当立案而不立案的。正是因为存在立案难等问题，检察机关才有监督法院的必要。四是审理案件时，适用错误审判程序的。比如，简易程序该转化普通程序的，没有将简易程序转化为普通程序。五是违反法定审理期限的。正常的民事案件，《民事诉讼法》规定了明确的审理期限。但是，在审理案件过程中，审理期限超了，造成程序错误。六是超标的额查封④、扣押⑤、冻结⑥。在办理民事案件过程中，需要查封、扣押、冻结的，要避免超范围、超标的查封、扣押、冻结。七是当事人采取罚款、拘留等妨碍民事诉讼的强制措施违反了法律规定。八是违反保全规定的。九是保全违反法律规定的。十是违反法律规定送达的。⑦

河南省检察机关在对涉黄河流域民事案件进行法律监督时，要按照《最高人民法院关于人民法院民事执行中查封、扣押、冻结财产的规定》和

---

① 最高人民检察院第六检察厅编《民事检察工作指导》，中国检察出版社，2023，第 210 页。
② 最高人民检察院第六检察厅编《民事检察工作指导》，中国检察出版社，2023，第 210 页。
③ 《2024 年河南省人民检察院工作报告》，河南省人民检察院网站，2024 年 1 月 29 日，https://www.henan.gov.cn/zt/2024/857977/index.html。
④ 查封是指法院对财产采取的一种措施，以确保在诉讼过程中财产的安全，防止被查封的财产被转移、出售或者损坏。
⑤ 扣押是指对可移动财产或者财产权益的暂时控制，以防止财产被转移、隐藏或者损坏。
⑥ 冻结是指对银行账户或其他金融资产的限制措施，以防止被冻结的资金在法律程序中被移动或使用。
⑦ 朱全景、邵世星主编《民事检察实务培训讲义（第二版）》，法律出版社，2020。

《关于新形势下加强人民法院执行工作的决定》(2020 年 11 月 28 日,河南省第十三届人民代表大会常务委员会第二十一次会议通过)要求,审查法院是否规范查封、扣押、冻结,是否超标查封、扣押、冻结被执行人的财产。对于违法查封、扣押、冻结的,检察机关要依法行使法律监督权,及时予以纠正。

三 以检察建议监督民事执行

对于黄河流域民事执行案件中的违法情形,检察机关要依法实行监督。一是执行活动监督主要集中在对违法查封、扣押、冻结,违法采取财产调查、控制、处分措施等执行实施行为的监督。① 二是对违法变更、追加被执行人、恢复执行、违法执行和解等的监督。② 三是对违法记录不良信用、违法采取罚款措施等执行制裁的监督。③

从全国层面来看,近年来,最高人民检察院组织开展了两次民事执行检察专项活动。在涉黄河流域的民事执行中,存在超标准查封、扣押、冻结问题。比如,涉案金额为 50 万元,法院会超范围查封,可能查封 100 万元。对于不该扣押的行为,实施了扣押;对于不该冻结的,进行了冻结。

在涉黄河流域的案件执行过程中,检察机关要加大对违法变更、追加被执行人、违法终结、恢复执行、违法执行和解的监督力度。监督不该变更被执行人而变更被执行人、不该追加被执行人而错误追加被执行人、执行时违法终结案件执行、执行过程中违法和解等。

在涉黄河流域案件执行过程中,存在对有些被执行人不该纳入失信黑名单而纳入失信黑名单影响被执行人的生产、生活的。比如,在调研时发现的一起案件,法院将一企业主纳入失信黑名单,造成被执行人不能高消费、不能坐高铁、不能坐飞机等。检察机关判决后,法院没有及时把企业主从黑名单数据库中撤出。后来检察机关化解该争议后,给法院发送检察建议,才把企业主从失信黑名单中撤出。

在涉黄河流域案件执行过程中,发现虚假诉讼线索。河南检察机关紧

① 最高人民检察院第六检察厅编《民事检察工作指导》,中国检察出版社,2023,第 211 页。
② 最高人民检察院第六检察厅编《民事检察工作指导》,中国检察出版社,2023,第 211 页。
③ 最高人民检察院第六检察厅编《民事检察工作指导》,中国检察出版社,2023,第 211 页。

盯虚假诉讼突出领域，依法监督纠正"假官司"677件，同比上升97.4%，涉案金额6.23亿元，追诉犯罪36人，让打"假官司"的人吃上"真官司"。①

四　实质性化解民事案件

有些有争议的民事案件长期得不到解决，使双方当事人都受诉讼之累。河南检察机关尽最大努力去化解有争议的民事案件，解决矛盾纠纷。例如，2016年9月，洛阳Z机械有限公司（以下简称Z公司）与无锡市K环保设备有限公司洛阳分公司（以下简称K公司）签订价值51.8万元的废水废气处理施工合同，由K公司为Z公司安装环保设备。工程完工后，Z公司向K公司支付80%的工程款，后双方因工程质保维修、尾款支付等问题发生纠纷。2018年12月，Z公司以设备不合格为由，将K公司诉至某县人民法院，K公司未出庭应诉，法院做出缺席判决，判决双方解除合同、K公司返还工程款、拆除设备、恢复原状、赔偿损失等。K公司不服一审判决，向洛阳市中级人民法院申请再审，因其未在法定期间上诉被驳回，遂于2021年1月向某县人民检察院申请监督。

河南检察机关通过履职，尽全力去化解民事案件。一是全面深入掌握案情。检察机关通过调阅民事审判卷宗、现场实地查看、听取双方企业负责人意见、咨询环保领域专家等方式，认真核实各项证据，审查法院判决，梳理出全案的问题焦点，确定工作思路。二是围绕焦点组织公开听证。根据《人民检察院民事诉讼监督规则》，检察机关邀请人大代表、政协委员、法学专家、知名律师等听证员围绕"设备合格与否"这一争议焦点进行了公开听证，听证过程中双方当事人对案件事实和判决结果进行了充分的意见表达，听证员现场发表了评议意见，建议尽快彻底解决纠纷，减轻企业负担。三是引导问题实质性化解。办案人员设身处地了解双方诉求，寻找利益平衡点，释法理、讲道理、融情理，最终双方在检察机关的主持下，自愿达成和解协议并如约履行，撤回民事监督申请，从分歧对立走向互谅和解，实现案结事了人和。

---

① 《2024年河南省人民检察院工作报告》，河南省人民检察院网站，2024年1月29日，https://www.henan.gov.cn/zt/2024/857977/index.html。

第四节 运用检察公益诉讼保护黄河公益和民生福祉

检察公益诉讼制度是习近平法治思想在公益保护领域的原创性成果。①河南省检察机关牢记"公共利益代表"的神圣职责,依法、能动履行检察公益诉讼职权,服务保障黄河生态环境和黄河流域高质量发展。

一 深入开展"携手清四乱,保护母亲河"专项活动

针对黄河流域存在的"四乱"(乱占、乱采、乱堆、乱建)问题,最高人民检察院会同水利部开展了"携手清四乱,保护母亲河"专项活动。该活动由河南省人民检察院和黄河水利委员会共同倡议发起,沿黄9省区的检察机关、河长办、河务局联合实施。该专项活动的主要目的是依法集中整治黄河流域"四乱"突出问题。

河南省检察机关在"携手清四乱,保护母亲河"专项活动中,充分发挥公益诉讼检察职权,拆除了黄河河道内大量违法建筑,清理了大量建筑垃圾、生活垃圾、养殖垃圾,遏制了违法乱开采问题,清除了非法乱占河道的现象。如洛阳市老城区人民检察院督促整治垃圾污染行政公益诉讼案件。2010年以来,李某等人在瀍河岸边租赁土地80多亩,收取费用后供他人在租赁的土地上倾倒建筑垃圾和生活垃圾,夏季散发着恶臭,严重污染环境,影响附近居民的生活。随着倾倒垃圾的增多,附近村民的住宅安全也受到威胁。一旦发生滑坡,将堵塞瀍河河道,造成瀍河河水污染,进而影响洛河、黄河水质。2019年4月1日,该院立案调查。2019年6月,老城区人民检察院向区环保局、区国土资源局、区城管局以及洛浦路办事处发送检察建议,要求有关行政机关依法履行管理职责,清除垃圾、恢复土地原貌等。经过检察监督,李某等人共清理违法建筑垃圾20多万立方米、生活垃圾400多吨,复垦土地200多亩,植树2万多株,曾经的垃圾山变成了环境秀丽的休闲游园。再如,三门峡市湖滨区会兴村北,紧邻黄河南岸护堤旁荒沟内有一处存量达1.2万立方米的垃圾山,该垃圾山造成水污染、

---

① 《最高人民检察院工作报告(审议版)》,最高人民检察院网站,2024年3月8日,https://www.spp.gov.cn/spp/tt/202403/t20240308_648074.shtml。

土壤污染、大气污染等，严重影响人民群众生产、生活。检察机关向有关行政机关发出诉前检察建议后，行政机关采取有效措施，彻底清理了垃圾山。同时，种植速杨林 500 多棵、侧柏 3000 余棵，绿化面积 5000 平方米。①在开展"携手清四乱，保护母亲河"专项活动中，河南省检察机关共清理黄河干支流岸边的建筑垃圾、生活垃圾 138.7 万吨，河南省"四乱"问题中非法倾倒垃圾问题得到初步解决。

通过"携手清四乱，保护母亲河"专项行动，河南检察机关办理了一大批有影响的案件。郑州市、洛阳市、开封市、三门峡市、焦作市、济源市、濮阳市等检察机关都积极行动、能动履职，保护了黄河湿地，畅通了黄河河道，规范了有序开采，使黄河流域（河南段）两岸山更青、水更秀、空气更清新、居住更惬意，真正让黄河成为造福人民的幸福河。如郑州铁路运输检察院办理的郑州市惠济区新万国旅游开发公司违法在黄河滩区建设 370.68 亩的儿童游乐公园案。该案经省河长办、郑州市河长办多次交办，法院五次裁定拆除该违法建筑，但是都没有成功。郑州铁路运输检察院依法立案，与省市河长办对接，多次与有关行政机关磋商，制定方案，最终拆除了黄河滩区的这一违法建筑。再如，郑州铁路运输检察院办理的封丘县黄河河道内违建砖厂破坏黄河生态环境案。郑州铁路运输检察院就封丘县 10 家占地面积巨大的违建砖厂严重影响黄河生态环境向封丘县政府发出诉前检察建议。收到诉前检察建议后，封丘县政府组织当地行政机关对违建砖厂进行了拆除，该案被最高人民检察院张雪樵副检察长批示肯定为"不折不扣的硬骨头案件"。

二　运用诉前程序和诉讼程序办理一批有影响力的公益诉讼案件

河南省检察机关在办理行政公益诉讼案件过程中，严格落实"诉前实现公益目的是最佳司法状态"的办案要求，办理黄河流域公益诉讼案件，用最少的司法资源获得最佳的监督效果。河南省检察机关以最严格的手段保护国家公益。如河南省开封市祥符区检察院督促保护黄河湿地行政公益诉讼案，河南省人民检察院郑州铁路运输分院（简称郑州铁检分院）向开封市龙亭区人民政府、开封市城乡一体化示范区管理委员会发出行政公益

---

① 周立主编《河南法治发展报告（2021）》，社会科学文献出版社，2020，第 217 页。

诉讼诉前检察建议，后在龙亭区人民政府的统一协调指挥下，区生态环境局、区农业农村局和柳园口乡等基层政府形成合力，联合执法，拆除违法建筑 4 万平方米，恢复水源地保护区 220 余亩。该案被最高人民检察院评选为典型案例。再如，郑州铁检分院办理的三门峡灵宝市融利实业有限公司、瑞亚牧业有限公司非法养殖破坏黄河湿地国家级自然保护区生态环境案。检察机关根据"因地制宜、保湿养湿、多样模式、长期跟踪"的湿地修复原则，建议采用自然恢复与人工干预相结合的方法，配合灵宝市政府制定《湿地保护修复制度方案》，督促政府科学完成湿地生态保护修复，确保湿地生态修复质量和效果持久。

针对黄河滩区大面积畜禽养殖污染环境问题，河南省检察机关积极履行公益诉讼检察职能，督促行政机关履行管理职责，并协助行政机关向党委、政府汇报，促进乡镇畜禽转型升级，彻底消除黄河滩区污染隐患。比如，孟津区人民检察院督促整治黄河滩区畜禽养殖污染行政公益诉讼案。洛阳市孟津区冶戍养殖区位于黄河河道管理范围和黄河湿地国家级自然保护区，由于缺乏引导，非法占地 133 万平方米，猪、牛、羊等各类畜禽存栏量达 9000 头（只），各类构筑物 3 万平方米。2022 年 9 月，河南省人民检察院将黄委会黄河河务局移送的线索逐级呈交洛阳市孟津区人民检察院。孟津区人民检察院利用无人机航拍固定证据，利用卫星图斑确定非法占地面积，明确地块性质及权属划分，走访当地村民和养殖户，依法查明事实。2022 年 11 月，检察机关向行政机关发出诉前检察建议，建议其依法履行生态环境保护职责和防洪职责，采取有效措施对非法养殖区进行整治，消除该片区对生态环境和河道行洪的影响。截至 2023 年 3 月，非法养殖 3 万平方米妨碍河道行洪的养殖用建筑物、构筑物全部被拆除，清运出各类垃圾 8 万余吨，推动黄河滩区养殖污染问题最快妥善有效解决。

对于检察机关发出的诉前检察建议，督促行政机关履行职责，但有关行政机关依然不履行职责、未全面履行职责或者怠于履行职责的，检察机关将向法院提起行政公益诉讼。绝大部分行政公益诉讼案件可经过诉前程序督促行政机关纠正或履行职责，诉前整改率达 99.1%。[①] 针对一些诉前检

---

① 《最高检通报公益诉讼检察高质效办案情况：去年立案办理公益诉讼案件达 19 万件》，《法治日报》2024 年 2 月 29 日。

察建议解决不了的问题，全国检察机关坚持以"诉"的确认体现司法价值引领，全年共提起行政公益诉讼1276件，同比上升76.7%，有效提升制度的监督刚性。① 河南省检察机关对黄河流域（河南段）提起的行政公益诉讼比例与全国检察机关提起的行政公益诉讼比例相差不大。例如，洛阳铁路运输检察院诉某县自然资源局未全面依法履行职责案。某县某养殖专业合作社违法建设养鸡场总面积9.9亩，造成8.8亩耕地的种植条件严重毁坏，违法建筑面积7.0亩。2022年1月18日，某县自然资源局向该养殖专业合作社下达《责令停止违法行为通知书》《责令改正违法行为通知书》。2019年1月19日，某县检察院向某县自然资源局发送检察建议。3月9日，某县自然资源局委托鉴定后，认为该案构成刑事犯罪并将案件移送公安机关侦查。随后，某县自然资源局中止对该案的调查。12月8日，某县检察院发现该养殖专业合作社既未履行行政复议，也未提起行政诉讼，更未恢复土地原貌。某县自然资源局未向法院申请强制拆除违法建筑。洛阳铁路运输检察院提起行政公益诉讼，要求某县自然资源局全面履行职责。在诉讼过程中，某县自然资源局对该养殖专业合作社做出了相应的行政处罚。洛阳铁路运输检察院改变诉讼请求，将原"全面履行法定职责"变更为"确认原行政行为违法"。后郑州铁路运输法院判决："确认某县自然资源局未全面履行法定职责的行为违法。"再如，洛阳市偃师区人民检察院对偃师区水利局怠于履行职责提起的行政公益诉讼案，以"诉"的形式维护国家利益和社会公共利益。偃师区人民检察院在巡河时发现，伊河南堤安滩段堤防背水坡因道路施工被擅自开挖，毁损严重，于是及时向区水利局发出检察建议，督促施工方及时修复被毁损的防洪河堤，区水利局对检察建议进行了阶段性回复。偃师区人民检察院与区水利局多次沟通，但是损毁堤防问题依然没有启动修复，河道的安全隐患依然存在。偃师区人民检察院经层报河南省人民检察院同意后，向偃师区人民法院依法提起行政公益诉讼，要求判决偃师区水利局延迟履行河道监管职责行为违法；判令被告履行河道监管责任，督促违法行为人修复因违法施工造成的伊河顾县安滩段河堤。在法院审理过程中，破坏的河堤得到了修复，法院遂做出了确认被告偃师

---

① 《最高检通报公益诉讼检察高质效办案情况：去年立案办理公益诉讼案件达19万件》，《法治日报》2024年2月29日。

区水利局违法的判决，有效保护了河道行洪安全，维护了公共利益。

依法开展黄河流域涉文物公益诉讼案件。2021 年 6 月 17 日，河南省人民检察院和河南省文物局联合印发《河南省人民检察院 河南省文物局关于建立文物保护公益诉讼检察工作协作机制的意见》，目的是更好地保护文物，促进行政执法和检察机关法律监督的有机衔接。在未来的文物保护公益诉讼案件中，司法机关不仅要坚持司法谦抑原则和尊重文物行政部门的专业性，更要及时有效地发现并纠正可能造成文物本体及风貌侵害危险的违法行为或苗头，进而更好地发挥公益诉讼在文物保护中的预防作用。① 检察机关针对文物犯罪提起民事公益诉讼。如洛阳市检察院以公益诉讼起诉人身份办理的李某某、张某破坏唐代一级文物海兽葡萄镜民事公益诉讼案。洛阳市人民检察院以公益诉讼起诉人的身份，对违法修复处理文物，造成国家一级文物海兽葡萄镜损害的违法行为人李某某、张某提起诉讼。2023 年 5 月 16 日，洛阳市中级人民法院判决李某某、张某连带支付文物修复保护费用 2.95 万元，并在国家级媒体上赔礼道歉。② 再比如，开封市祥符区人民检察院办理的"镇河犀牛"行政公益诉讼案。河南省黄河流域名胜古迹众多，珍贵遗产遗存丰厚，沉淀了厚重的黄河文化。③ 黄河文化是五千年中华文明的重要组成部分，是我们中华民族的根和魂。河南省开封市检察机关针对黄河文化遗产面临的突出问题，依法履行行政公益诉讼职责，主动与文物保护部门和属地政府共同履职、协同履职，统筹解决"镇河犀牛"保护的人员、资金、管理职责等问题，助力黄河文物遗产保护。以上案件只是河南省检察机关办理涉黄河流域文物、文化遗产保护的个案。河南省三级检察机关针对文物和文化遗产保护存在的突出问题，依法履行公益诉讼检察职责，对于弘扬黄河文化、讲好黄河故事、延续历史的文脉具有重要的意义。

三 开展"回头看"跟进监督解决公益受损问题

河南省检察机关认真开展公益诉讼"回头看"，采取逐案阅卷、现场检

---

① 《中国文物保护的公益诉讼之路》，浙江省文物局网站，2023 年 4 月 23 日，http://wwj.zj.gov.cn/art/2023/4/23/art_1639078_59056785.html。
② 王玲杰主编《河南法治发展报告（2024）》，社会科学文献出版社，2023，第 288 页。
③ 王承哲主编《黄河流域生态保护和高质量发展报告（2023）》，社会科学文献出版社，2022，第 195 页。

查、座谈调研等形式，着力提升办案质效。检察建议后期整改落实是实现监督质效的关键所在。① 在检察建议送达后，要通过现场核实、邀请人大代表、政协委员参观。比如洛阳市老城区人民检察院办理的督促整治瀍河河道生态环境行政公益诉讼案。2020 年 7 月 21 日，洛阳市老城区人民检察院接到河南省人民检察院交办的洛阳市某农业发展有限公司侵占洛阳市老城区前李村瀍河河道种植蔬菜及建设简易工作用房的问题线索后，立即前往涉案地点调查核实、现场勘查、走访有关人员、调取材料等，于 2020 年 7 月 30 日立行政公益诉讼案。经检察机关深入调查，查明洛阳市某农业发展有限公司自 2015 年以来在瀍河河道上建成 16 个长 30 米、宽 6 米的蔬菜大棚，存在较大的防洪安全，汛期会危害周边群众生命财产安全。根据属地管辖的原则，洛阳市老城区人民检察院于 2020 年 7 月 31 日向洛浦街道办事处发送检察建议，建议其依法履行防洪抗洪主体责任，采取有力措施，解决蔬菜大棚侵占河道问题，保障河道行洪安全，并排查辖区内其他类似情形。2020 年 9 月 28 日，洛浦街道办事处书面回复老城区人民检察院已整改完毕。老城区人民检察院现场核实，全部违法建筑 14802 平方米已拆除完毕，清理建筑垃圾 1464 立方米，治理河道 0.5 公里，妨碍行洪安全隐患彻底解决。为了防止乱占河道现象反弹，2021 年 8 月，老城区人民检察院开展"回头看"活动，邀请农业领域专家以及人大代表对整改效果进行现场评估后一致认为，检察机关的检察建议已得到全面落实，行政机关履职到位，现场已变为环境优美的特色游园。通过开展公益诉讼"回头看"，检察机关在督促拆除违法建筑的同时，采取补植复绿方式，确保办理的公益诉讼案件的高质效。

比如，开封市检察机关办理的"镇河犀牛"案件。检察机关在案件办理前调查发现，铁犀牛全身多处遭到刻画和涂污，基座残损；铁犀牛北边两通石碑遭长期的风化侵蚀字迹不清，铁犀亭及周围院墙破败，有坍塌的危险。2019 年 7 月 31 日，检察机关向开封市文化和旅游局发出诉前检察建议，督促其履行管理职责，加大对铁犀牛的保护力度，恢复历史原貌，大力提升黄河文化遗迹的价值。2019 年底，开封市文旅部门和龙亭区政府共同出资 110 余万元，用于完善和修复，并派专人负责管理和维护。2020 年 3

---

① 王承哲主编《河南法治发展报告（2023）》，社会科学文献出版社，2022，第 93 页。

月，检察机关开展"回头看"，实地核查发现，大门整修一新，铁犀牛已修，并加固青石底座，铁犀亭及另外两处凉亭也修缮一新，重新建设院落围墙，栽种树木100余棵，绿化草坪200平方米。通过检察机关提起公益诉讼，现在的"镇河铁犀"已经成为开封一处黄河文化保护宣传的网红打卡地。再如，河南省洛阳市某区人民检察院办理的张某倒卖文物案。2011年，张某在某地摊上以2万元的价格购买青铜剑一把，为提高青铜剑的出售价格，让他人（身份不明）在剑上刻"越王剑"三字。后经鉴定，该古剑为三级文物，张某对文物私自进行修复，其行为对文物的历史价值造成了损坏。专家建议，文物的非法加工，对文物价值造成的损失不可估量，对已成事实的破坏无法复原，只能利用现有的手段清除文物表面的有害物质，控制文物的保存环境，使文物能够更长久地保存。2023年7月25日，某区人民法院做出一审判决："对检察机关提出的诉讼全部予以支持。"判决生效后，张某积极缴纳文物修复保护费用并在媒体上赔礼道歉。根据洛阳市瀍河回族区人民检察院实地调研，近年来，瀍河回族区检察院办理文物和文化遗产保护领域公益诉讼案件10件，其中文化遗址（包括孔子入周问礼碑、北窑遗址等）案件4件，占比40%；可移动文物（包括白光海兽葡萄镜、战国古剑等）案件3件，占比30%；非物质文化遗产（包括平乐郭氏正骨法等）案件3件，占比30%。

针对影响黄河重大水利工程小浪底水库行洪安全的公益诉讼案件，河南省检察机关积极开展"回头看"。2007年以来，河南畛河水产有限公司未经审批，在新安县仓头镇王村小浪底库区边建设一栋三层办公楼，用于水产养殖、渔业捕捞和销售。该楼低于小浪底水库正常蓄水位275米以下，处于法律规定的河道管理范围。直至2023年，该违章建筑一直存在，妨碍小浪底水库防洪，侵占小浪底水库库容。2023年3月30日，新安县人民检察院依法向仓头镇人民政府发出诉前检察建议，建议清除辖区内妨碍河道行洪建筑物王村畛河公司办公楼，并积极履行河长职责，加大巡河力度，保障黄河小浪底河道行洪安全。2023年5月8日，仓头镇人民政府回复检察机关，1400余平方米违章建筑已全部拆除，建筑垃圾清理完毕，河道恢复原貌。6月，检察机关针对该公益诉讼案件开展"回头看"，到王村进行现场核实，发现违法建筑全部拆除，建筑垃圾清理完毕。为了实现黄河流域新安段系统治理，新安县检察院与新安县人民政府共同制定《"府检联动"

工作机制实施方案》，进一步优化政府与检察机关常态化联络沟通协调机制，联合县水利局开展妨碍河道行洪安全专项活动。

四　增加发布典型案例的数量

一个案件胜过一沓文件。习近平总书记说："要让人民群众在每一个案件中感受到公平正义。"① 为了让人民群众感受到公平正义，为了让黄河流域（河南段）高质效发展，河南检察机关必须多办案、办好案、高质效办案。为了让基层检察官更好地办理案件（包括公益诉讼案件），河南检察机关必须加大典型案例、指导性案例的办理力度。为了让基层检察官有案例可参考、可借鉴，河南检察机关制发了多批指导性案例。调研发现，2022年10月至2023年12月，河南省人民检察院共制发27批153个指导性案例。第一批典型案例为服务保障黄河流域生态保护和高质量发展主题，第四批为附条件不起诉案件，第六批为"林长+检察长"主题，第十三批典型案例为世界环境保护检察公益诉讼主题，第十七批为生物资源保护主题，第二十五批为大数据赋能虚假诉讼监督主题。

2024年河南省人民检察院的工作要点提到，要依法惩治第三方环保服务机构弄虚作假。截至2024年5月，河南省检察机关还未发布"河南省检察机关依法惩治第三方环保服务机构弄虚作假犯罪典型案例"。2024年6月7日，最高检发布"检察机关依法惩治第三方环保服务机构弄虚作假典型案例"。河南省检察机关应尽快发布一批依法惩治第三方环保服务机构弄虚作假犯罪典型案例，用以指导基层检察机关办案。

典型案例、指导性案例对基层检察机关办案具有引领、示范作用。河南省检察机关要结合黄河流域生态保护和高质量发展以及经济社会发展实际情况，尽可能多制发各个业务条线的典型案例、指导性案例，用于指导检察办案、司法办案，同时，培育更多全国性、全省性的典型案例、指导性案例。

---

① 中共中央文献研究室编《习近平关于全面依法治国论述摘编》，中央文献出版社，2015，第66页。

第五节　全面深化黄河流域生态保护和高质量发展的行政诉讼监督

行政检察坚持"一手托两家",即一手托法院,监督法院依法审判;另一手托行政机关,监督行政机关依法行政。一些行政争议涉及面广、矛盾复杂,"一判了之"解决不了、解决不好,要在法律框架内寻求群众更满意、政府也支持的最佳方案。[①] 行政检察通过对人民法院行政审判、执行和行政行为的监督,维护法律统一正确实施,维护宪法、法律的权威,维护社会公平正义。[②]

一　河南省检察机关加大行政裁判监督力度

对行政裁判结果的监督,是指通过监督法院裁判诉争纠纷活动,从检察机关的视角审查审判活动和行政行为是否存在违法情形,提出监督意见,进而保障当事人的合法权利。[③] 在行政检察中,对确有错误的行政裁判提出抗诉和再审检察建议是主要工作。河南省检察机关对确有错误的行政生效裁判提出抗诉、再审检察建议54件,同比上升45.9%。[④]

对行政裁判结果的监督,主要有以下几种情况。一是不予立案、驳回起诉确有错误的。[⑤] 在实践中,如果不予立案、驳回起诉确实有错误的,检察机关对这类结案方式要进行监督。比如,法院裁定不予立案、驳回起诉存在程序违法、适用法律错误的,检察机关应依法提出监督意见。二是检察机关依法调查、收集的新证据,足以推翻原判决、裁定的,检察机关可以启动再审程序。三是审判人员认定事实的主要证据不足。审判人员审理案件要做到认定事实的主要证据是充分的,如果认定的事实主要证据不足,那么,这个裁判就可能是错误的裁判。四是法院的生效裁判可能存在适用法

① 《最高人民检察院工作报告(审议版)》,最高人民检察院网站,2024年3月8日,https://www.spp.gov.cn/spp/tt/202403/t20240308_648074.shtml。
② 杨春雷、万春、姜明安主编《行政检察业务》,中国检察出版社,2022,第2页。
③ 杨春雷、万春、姜明安主编《行政检察业务》,中国检察出版社,2022,第34页。
④ 《2024年河南省人民检察院工作报告》,河南省人民检察院网站,2024年1月29日,https://www.henan.gov.cn/zt/2024/857977/index.html。
⑤ 杨春雷、万春、姜明安主编《行政检察业务》,中国检察出版社,2022,第34页。

律错误的，检察机关可以提出再审。五是对程序严重错误，比如应组成合议庭审理，而采用独任制审判的情形；再比如未参加庭审的审判员参与判决、应当回避而没有回避等情形。在司法实践、检察实践中，法院在进行审判时，诉讼中止违反法律规定比较常见。具体的表现形式是以"存在需要向上级法院请示的相关法律适用问题"为由，根据《最高人民法院关于适用〈中华人民共和国行政诉讼法〉的解释》第八十七条第 1 款第 7 项"其他应当中止诉讼的情形"的规定裁定中止诉讼。河南省检察机关针对涉黄河流域的行政案件，要加大对法院不应当中止诉讼而中止诉讼、应当中止诉讼而不中止诉讼、中止诉讼的原因消除后不及时恢复诉讼等行政审判人员的违法行为的监督力度。六是其他需要检察机关监督的情形。比如原裁判遗漏诉讼请求的；再比如审判案件的法官有贪污受贿、徇私舞弊或者枉法裁判行为的。

对于不予立案或驳回起诉的案件，检察机关可以通过再审检察建议对法院进行监督。如果有新的证据，足以推翻原判决、裁定的，检察机关可以通过再审检察建议的方式进行监督。原裁判认定事实的主要证据不足、未经质证或者证据是伪造的，检察机关可以通过再审检察建议进行监督。原裁判违反法律规定的程序可能影响公正审判的，检察机关可以通过再审检察建议进行监督。对于遗漏诉讼请求的，认定困难，检察机关可以通过再审检察建议进行监督。据以做出原判决、裁定的法律文书被撤销或者变更的，检察机关可以通过再审检察建议进行纠正。

人民检察院通过抗诉对法院的生效裁判进行监督。根据《人民检察院行政诉讼监督规则》第九十条"地方各级人民检察院发现同级人民法院已经发生法律效力的判决、裁定具有下列情形之一的，应当提请上一级人民检察院进行抗诉：（一）原判决、裁定适用法律、法规确有错误的；（二）审判人员在审理案件时有贪污受贿、徇私舞弊、枉法裁判行为的"可以看出，检察机关抗诉主要是适用法律错误、审判人员贪污受贿等行为。

二　河南省检察机关深入开展行政非诉执行

行政非诉执行是指行政机关做出行政决定后，行政相对人在法定期限内不申请行政复议或者提起行政诉讼，经催告后仍不履行确定的义务，没有强制执行权的行政机关向法院申请强制执行，人民法院受理、作出裁定和强制执行（包括裁定行政机关强制执行），从而使行政机关的行政决定得以实现的制度。① 行政非诉执行的范围包括两方面。一方面，监督人民法院对行政非诉执行申请的受理、审查、裁决和执行是否存在违法的情形，最主要的监督方式是向法院发送检察建议；另一方面，检察机关在监督人民法院行使非诉执行过程中，发现行政机关存在行为不规范、违法或者制度漏洞等问题，监督行政机关依法行政，最主要的监督方式是向行政机关制发检察建议。涉黄河流域的行政案件较多，领域涉及河道管理、污染环境、污染水体、污染大气，涉及行政罚款的行政案件最多。尤其是行政决定违反比例原则，"小案大罚"问题比较突出。一个小案件、小违法，行政机关罚款数万元，甚至十几万元、二十几万元等。被处罚人认为一个小的违法行为，却被行政机关罚款数万元。根据《中华人民共和国行政复议法》（以下简称《行政复议法》）、《行政诉讼法》的有关规定，被处罚人对行政处罚不服可以申请复议、提起行政诉讼，但是，被处罚人由于法律意识不强，往往既不申请行政复议、不提起行政诉讼，也不履行行政罚款等。没有强制执行权的行政机关就申请法院非诉执行。法院审理后做出准予执行的裁定后，移送法院执行部门来执行。例如，一农民卖农药超标的芹菜获利 14 元被市场监督管理局罚款 10 万元，被处罚人既不申请复议、不提起行政诉讼，也没有履行缴纳罚款的义务。检察机关通过加强非诉执行监督，既监督行政机关依法行政、严格执法，又监督法院依法审判和执行。

又如黄河流域的一起行政处罚案件，一名私营企业主没有采取除尘、除烟措施，被生态环境督查部门发现，对其罚款 3 万元。但是，这名私营企业主对行政机关的罚款决定，既不申请复议②③、不提起行政诉讼④⑤，也不

---

① 杨春雷、万春、姜明安主编《行政检察业务》，中国检察出版社，2022，第 135 页。
② 《行政复议法》第二十条规定：因不可抗力或者其他理由耽误法定申请期限的，申请期限自障碍消除之日继续计算。行政机关做出行政行为时，未告知公民、法人或者其他组织申请行政复议的权利、行政复议机关和申请期限的，申请期限自公民、法人或者其他组织知道或者应当知道申请行政复议的权利、行政复议机关和申请期限之日起计算，但是，自知道或者应当知道行政行为内容之日起最长不得超过一年。
③ 《行政复议法》第二十条规定：公民、法人或者其他组织认为行政行为侵犯其合法权益的，可以自知道或者应当知道该行政行为之日起六十日内提出行政复议申请；但是法律规定的申请期限超过六十日的除外。
④ 《行政诉讼法》第四十六条规定：因不动产提起诉讼的案件自行政行为做出之日起超过二十年，其他案件自行政行为做出之日起超过五年提起诉讼的，人民法院不予受理。
⑤ 《行政诉讼法》第四十六条规定：公民、法人或其他组织直接向人民法院起诉的，应当自知道或者应当知道做出行政行为之日起六个月内提出。法律另有规定的除外。

缴纳罚款。行政机关向法院申请非诉执行，法院审理后裁定准予执行。

再如某市城市管理行政执法局负有对市辖区内房地产开发企业违法建设监督的权力，某区人民检察院调取该执法局近 3 年的执法卷宗，发现该执法局对辖区违法建设的行政处罚积案、陈案达 50 起，处罚金额近 4000 万元。但是，上述近 4000 万元罚款多年来一直处于停止状态，未依法处罚到位。检察机关向该执法局发送检察建议。检察机关通过监督，促使行政机关依法履行职责。①

三 常态化开展行政争议实质性化解

《中共中央关于加强新时代检察机关法律监督工作的意见》明确要求，检察机关"在履行法律监督职责中开展行政争议实质性化解工作，促进案结事了"。2021 年 3 月，最高人民检察院工作报告明确提出，要常态化开展行政争议实质性化解，促进案结事了人和。② 《中华人民共和国人民检察院组织法》③（以下简称《人民检察院组织法》）、《行政诉讼法》④、《人民检察院行政诉讼监督规则》⑤、《人民检察院检察建议工作规定》⑥ 都规定了行政争议实质性化解。河南省检察机关常态化开展行政争议实质性化解，全年化解 965 件行政争议，其中争议 10 年以上的有 16 件。⑦ 检察机关在办理案件过程中发现行政争议持续时间长，有的数年，有的长达 10 多年，有的甚至 20 多年，争议、矛盾、纠纷长时间不能解决，有的当事人长时间上访，严重影响了当地的社会稳定以及有关当事人的生产生活。如李某诉某乡政府、王某、赵某土地承包经营权登记纠纷监督案。王某、赵某在 20 世纪 80

---

① 最高检民事行政检察厅：《民事行政检察精品案例选（第 2 辑）》，中国检察出版社，2016，第 500 页。
② 参见 2021 年最高人民检察院工作报告。
③ 《人民检察院组织法》第二条规定：人民检察院是国家法律监督机关。
④ 《行政诉讼法》第一条规定：为保证人民法院公正、及时审理行政案件，解决行政争议，保护公民、法人和其他组织的合法权益，监督行政机关依法行使职权，根据宪法，制定本法。
⑤ 《人民检察院行政诉讼监督规则》第二条规定：推动行政争议实质性化解，保障国家法律的统一正确实施。
⑥ 《人民检察院检察建议工作规定》第二条规定：检察建议是人民检察院依法履行法律监督职责，参与社会治理，维护司法公正，促进依法行政，预防和减少违法犯罪，保护国家利益和社会公共利益，维护个人和组织合法权益，保障法律统一正确实施的重要方式。
⑦ 《2024 年河南省人民检察院工作报告》，河南省人民检察院网站，2024 年 1 月 29 日，https://www.henan.gov.cn/zt/2024/857977/index.html。

年代初实行农村土地联产承包责任制时，将其家庭承包的 2.2 亩耕地交由他人耕种，后转手由李某耕种。2006 年，王某、赵某向村组和李某索要该地未果。李某于 2007 年 9 月找到村组会计田某，由田某提供《土地承包经营权证书》，并在发包处签名，且村支书赵某在《土地承包合同》上加盖村委会公章。该土地承包证书中承包土地面积包含存在争议的 2.2 亩耕地。之后，双方争议不断，当事人双方多次到省、市、县上访。2016 年 4 月，王某到某县人民法院提起诉讼，请求撤销某乡政府、村委会给李某颁发的《土地承包经营权证书》。某县人民法院 2016 年 9 月撤销某乡政府颁发给李某的《土地承包经营权证书》。李某不服，上诉至某中级人民法院，某中级人民法院裁定驳回上诉，维持原判。李某不服二审判决，向河南省高院申诉。后李某向某检察机关申请监督。某检察机关在审查后认为，二审法院的行政判决事实清楚，适用法律正确，不存在法律规定的监督事项，于 2019 年 4 月 2 日做出不支持监督申请决定书。该案虽然不存在监督申请，但是检察机关发现某乡政府在办理土地承包经营权时存在问题，针对存在的问题检察机关向某乡政府发出检察建议，建议某乡政府对承包的土地重新做出具体行政行为，加强对村委会相关工作的督促指导，及时解决土地承包中的历史遗留问题，做好对农村土地特别是耕地的有效保护和合理利用。2019 年 9 月，在某乡政府的主导下，双方当事人达成和解协议，签署承诺协议书，并在现场进行土地丈量、打桩，制作测绘图，长达 13 年的矛盾纠纷得以解决。再如，一申请人因为 2.2 亩土地被同村 5 户村民占用，并办理了土地使用证、房产证，先后提请民事、行政诉讼，跨越 22 年，历经 22 次庭审仍未解决。在周口市人民检察院、河南省人民检察院的接续监督抗诉下，促成当事人和解，实现案结、事了、政通、人和。①

在涉黄河流域行政案件中开展行政争议实质性化解，一是要重视调查核实权的行使。对于争议的焦点，检察官要走出办公室，"走出卷宗"，走进现场，走近当事人，依法行使调查核实权，收集证据、固定证据，解决争议焦点，做好释法说理，做好沟通协调。比如在一起污染环境的行政处罚案件中，检察机关去生态环境部门调取行政执法材料、走访当事人、询

① 《2024 年河南省人民检察院工作报告》，河南省人民检察院网站，2024 年 1 月 29 日，https://www.henan.gov.cn/zt/2024/857977/index.html。

问有关人员，最终化解一起环境污染行政处罚 5 万元的案件。二是要运用好检察听证。公开听证是指人民检察院对符合条件的行政检察案件，组织召开听证会，就事实认定、法律适用和案件处理等问题听取听证员和其他参加人意见的案件审查活动。① 通过检察听证，解开当事人的心结、法结，促进和谐。在办理行政争议案件过程中，检察机关要邀请人大代表、政协委员、人民监督员、法学专家、老党员、律师等作为听证员，让听证员帮助释法说理，助力行政争议实质性化解。在一起欠缴 100 万元社保金的行政案件中，检察机关依法行使调查核实权，并邀请人大代表、政协委员、法学专家等作为听证员，就有关的事实、证据、争议焦点等进行听证，帮助检察机关化解行政争议。

第六节　践行恢复性司法理念，助力黄河流域社会治理效能提升

检察机关以习近平法治思想和习近平生态文明思想为指导，牢固树立新发展理念和践行恢复性司法理念，依法、一体、能动、综合、全面履职，助力黄河流域社会治理效能明显提升，让黄河真正成为一条造福人民的幸福河。

一　积极实践"刑事打击+公益诉讼+警示教育+生态修复"模式

在黄河流域生态保护和高质量发展过程中，对于高发、多发的非法捕捞水产品犯罪、非法狩猎犯罪、滥伐林木犯罪、盗伐林木犯罪等，根据罪刑法定原则、罪刑相适应原则、法律面前人人平等原则，根据犯罪构成四要件，依法对被告人定罪处罚。在办案过程中，积极实践"刑事打击（刑事处罚）+公益诉讼（刑事附带民事公益诉讼）+警示教育（谁司法、谁普法）+生态修复（恢复性司法）"模式。

根据河南省 Z 市铁路运输两级法院 432 件案件样本，在环境资源犯罪中，超过 90% 的犯罪是刑罚为两年以下有期徒刑和以单处罚金为主的轻型犯罪。2020 年 9 月 1 日至 2021 年 12 月 31 日，Z 市铁路运输两级法院共审

---

① 杨春雷、万春、姜明安主编《行政检察业务》，中国检察出版社，2022，第 26 页。

结刑事案件 426 件，其中一审 424 件、二审 2 件。涉黄河流域（河南段）环境资源刑事案件中，单处罚金（个人）的为 63%，单处罚金（单位）的为 1%，处拘役的为 9%，一年以下有期徒刑的为 13%，处一年以上三年以下（含 1 年）有期徒刑的为 11%，处三年以上有期徒刑的为 3%。① 从上面的数据可以看出，检察机关在办理涉黄河流域环境资源犯罪案件过程中，由于大多是被判处两年以下有期徒刑的案件，基于当前涉黄河流域（河南段）环境资源犯罪的刑事犯罪结构，建议采用刑事案件繁简分流机制办理涉黄河流域环境资源犯罪案件。2019 年 1 月，习近平总书记强调，要深化诉讼制度改革，推进案件繁简分流。② 对于可能判处两年以下有期徒刑的环境资源犯罪案件，建议由简案组办理。对于判处两年以下有期徒刑的环境资源犯罪，检察机关采用刑事案件繁简分流机制，有助于贯彻落实习近平总书记关于刑事案件繁简分流的指示精神；有助于满足人民群众对民主、法治、公平、正义、安全、环境效率等方面的需求；有助于化解刑事案件"案多人少"的矛盾；有助于推进社会治理体系和治理能力现代化；有助于依法充分保障诉讼参与人的各项权利。

在办理涉黄河流域环境资源刑事案件中，河南省检察机关根据案件事实、证据、情节，依法严厉打击涉黄河流域（河南段）的刑事犯罪。在我国的法律体系中，有刑事打击，有民事侵权，还有行政处罚。对于涉黄河流域环境资源犯罪的，如果犯罪事实清楚，证据确实充分，达到起诉标准的，检察机关要依法提起公诉，移送法院审判。法院根据个案的具体情况，依法对犯罪嫌疑人判处有期徒刑、拘役、单处罚金等刑罚。在依法提起公诉的同时，对于损害国家利益和社会公共利益的，由检察机关依法提起刑事附带民事公益诉讼；造成土壤污染的，依法对土壤进行修复；造成水体污染的，依法治理污染；破坏树木、林木的，依法补植树木；非法捕捞水产品，破坏水生态的，依法向黄河干支流增殖放流。比如洛阳市偃师区人民检察院在办理非法捕捞案件时，向伊洛河增殖放流 2 万余斤鱼苗。再比如针对失火罪造成的林木死亡案件，某县检察机关与县农业农村局、县林业

---

① 李晨晨：《黄河流域环境资源刑事犯罪及其治理——以 H 省 Z 市铁路运输两级法院 432 件案件样本为例》，第四届"黄河流域生态保护和高质量发展法治保障论坛"。
② 《习近平出席中央政法工作会议并发表重要讲话》，新华网，2019 年 1 月 16 日，http://www.xinhuanet.com/politics/leaders/2019-01/16/c_1123999899.htm。

局等联合建立公益诉讼生态基地。县检察机关联合县林业局等设立红腹锦鸡和红豆杉保护基地，并监督犯罪嫌疑人、被告人补植复绿。比如在调研时获悉，某区人民检察院建立生态林补植法治宣传教育基地。对于盗伐、滥伐林木的，在追究被告人刑事责任的同时，在生态补植林法治宣传教育基地补植树木、林木，确保生态平衡。

为了有效预防犯罪，根据个案的具体情况，根据"谁执法、谁普法""谁司法、谁普法"的要求，检察机关在办理非法捕捞水产品案件、非法狩猎案件、污染环境案件时，检察机关与法院沟通协商，把庭审开在案件高发区。通过有效的庭审，教育他人，提高参与庭审人员的法律素质。通过普法，教育引导其他人，不要非法捕捞、非法狩猎、污染环境等。比如把庭审放在水产公司、社区、学校、案发地等，让人民群众增强法律意识，共同维护国家利益和社会公共利益。比如洛阳市某区人民检察院充分利用"林长+检察长"机制，在办理非法捕捞、非法狩猎等案件过程中，邀请检察官助理、公益诉讼检察官参与办案，并把庭审设在农户家里，收到较好的法律效果、社会效果、政治效果。

河南省检察机关在办理涉黄河流域犯罪案件时，依托侦查监督与协作配合办公室，及时掌握有关野生动植物领域刑事案件的立案动态，充分利用提前介入、案件指导，办好刑事附带民事公益诉讼案件。针对办理案件中发现的管理漏洞或者机制不通畅问题，检察机关公开向有关职能部门送达检察建议，以检察"小建议"消除社会的"大隐患"。比如，某县人民检察院在办理红腹锦鸡、野生画眉鸟、野生红豆杉等野生动植物资源保护案件时，向有关职能部门发送检察建议12份，推动健全机制，堵塞漏洞7处。在办理案件过程中，一是让犯罪嫌疑人、被告人结合自身犯罪的情况，以身说法，用身边事教育身边人。二是高标准建立警示教育基地，设置多个展区，运用高科技手段参与普法，让人民群众、机关干部参观警示教育基地，用沉浸式教育的方式，充分发挥警示教育的作用，增强人民群众的守法意识，教育身边的人向善向好向优。

二　教育引导当事人自觉履行生态修复义务

根据宽严相济的刑事司法政策和认罪认罚从宽制度，该宽则宽、当严则严，教育引导当事人自觉履行生态修复义务。如果犯罪嫌疑人、被告人积极认罪认罚、积极退赃、积极赔偿损失等，可对其从轻、减轻处罚，甚至免予刑事处罚。

根据宽严相济的刑事司法政策，犯罪嫌疑人、被告人在诉讼的任何阶段都可以认罪认罚。当然，在检察环节，犯罪嫌疑人、被告人也可以认罪认罚。比如某犯罪嫌疑人、被告人因非法捕捞水产品罪被移送审查起诉，犯罪嫌疑人、被告人认罪认罚，检察机关可以根据犯罪嫌疑人、被告人的认罚情况，依法提出从轻、减轻刑罚的量刑建议，告知犯罪嫌疑人、被告人认罪认罚的后果。法院判决后，被告人及时增殖流放鱼苗，维护水生态平衡。又如河南省清丰县检察院诉宋某某等13人非法捕捞水产品刑事附带民事公益诉讼案件。检察机关在让被告人受到从轻处罚的同时，让其在相关的水域增殖鱼苗，维护了相关水域的生态平衡。认罪认罚可以提高办案效率，也有利于解决案多人少的矛盾。在被告人得到从轻处罚的同时，也让其自觉履行生态修复义务，实现多赢的效果。

三 努力打造"检察+综治"诉源治理新格局

在办理黄河流域环境资源刑事案件的过程中，将恢复性司法与社区矫正相结合，针对盗伐林木犯罪，判令犯罪嫌疑人对林木进行补种或者看护；针对污染黄河犯罪，判令犯罪嫌疑人出资对排放的污染物进行无害化处置，减少污染水体的扩散；针对非法捕捞犯罪，判令犯罪嫌疑人在相关部门指导下放养鱼类等生物。该行为目的主要体现在让犯罪嫌疑人、被告人参与到被破坏的生态环境的修复中，或者以支付修复金为刑事处罚手段或者补充的刑罚方法。[①] 河南省检察机关依法发挥能动性，将恢复性司法理念融入黄河治理之中，创造性履职，为大局服务，切实解决司法实务中的难题，既让破坏黄河流域的罪犯受到刑事惩罚，又能最大限度地帮助当事人、企业发展，保护黄河生态环境。比如濮阳市人民检察院诉巨野锦晨精细化工有限公司、河南精众生物科技有限公司非法倾倒工业废水致金堤河环境污染民事公益诉讼一案，检察机关树立双赢、多赢、共赢的理念，创造性地提出："如果两公司通过技术改造升级，能对生产过程中的废水进行达标处

---

① 吕忠梅等：《中国环境司法发展报告（2021年）》，法律出版社，2022，第43页。

理，那么，其技术改造费用可以折抵部分生态环境损害赔偿。"① 2020 年 6 月 5 日，濮阳市人民检察院践行恢复性司法理念，与两被告达成调解协议，既解决了企业的难题，帮助企业发展，又提高了企业治理环境的能力。检察机关"既要依法办案，更要促进公司、带动行业步入合规经营正轨，实现双赢多赢共赢。考验的是司法智慧，体现的是责任担当"②。这才是司法机关高质效办好每一个案件的具体体现。

河南省检察机关落实"河长+检察长"机制。河南省三级检察机关深入落实"河长+检察长"制度，将河长办下发文件所涉及的每一条河流责任落实到人，明确河道检察长职责。河南省检察机关三级检察长定期巡河，督促开展工作，对于巡河过程中发现的问题，及时整改落实。如洛阳市偃师区人民检察院检察长在对洛河东寺庄河道进行巡查中，发现一处河道内采砂现场系土地平整项目施工方现场，但施工方私自开采河砂 1000 余立方米的行为，未向有关部门报告，未经批准，属于私采河砂行为。偃师区人民检察院检察长问明情况后立即予以制止，并根据有关法律规定，要求施工方立即纠正违法行为，将开挖的河砂进行回填，恢复原状，切实保护好洛河的生态环境。

河南省检察机关探索"田长+检察长"机制，依法保护耕地安全。为了确保粮食安全，严守耕地红线，河南省检察机关充分发挥公益诉讼检察职能，深化"自然资源行政+公益诉讼检察"，与河南省自然资源厅联合发布《关于建立自然资源行政执法与检察公益诉讼协作机制的意见》，凝聚自然资源法治保护合力，探索实施"田长+检察长"机制，形成更加有力的自然资源保护新格局。如洛阳市涧西区人民检察院在王湾社区开展"检察官进社区"活动时，发现一家超大型物流公司（年销售额 80 多亿元）侵占 6600 多平方米耕地，并对其进行了水泥硬化。涧西区人民检察院发现这一破坏耕地的线索后，迅速进行现场勘查，无人机取证，到涧西区自然资源和规划局调取土地性质的证据资料，询问了有关当事人，及时立案。随后，涧西区人民检察院向涧西区自然资源和规划局发送诉前检察建议，要求涧西区自然资源和规划局、有关办事处履行土地管理职责，及时清除违法建筑，

---

① 《濮阳市人民检察院诉山东巨野锦晨精细化工有限公司等环境民事公益诉讼案》，河南省高级人民法院官网，https：//www.hncourt.gov.cn/public/detail.php？id=182003，2020 年 8 月 20 日。

② 王丽丽：《不能让任何一个企业仅因涉案而垮掉》，《人民法院报》2024 年 6 月 7 日。

恢复土地原貌。在涧西区人民检察院的现场监督下，涧西区相关行政机关和办事处及时拆除违章建筑，清除建筑垃圾，恢复土地原貌。

增殖放流，修复被破坏的水生态环境。河南省检察机关严厉打击非法捕捞水产品犯罪。针对非法捕捞水产品罪，河南省检察机关在严厉打击刑事犯罪的同时，启动刑事附带民事公益诉讼，会同省农业农村部门依法追究犯罪嫌疑人河道生态的修复责任。如洛阳市偃师区人民检察院在严厉打击非法捕捞水产品犯罪的同时，依法提起刑事附带民事公益诉讼，维护国家利益和社会公共利益。近年来，已经向伊洛河增殖放流各类鱼苗2万余斤，实现了惩治犯罪与修复生态、纠正违法与源头治理的有机统一。

"亮剑"严重破坏黄河流域生态环境犯罪行为，依法适用惩罚性赔偿金。针对严重破坏环境的违法犯罪行为，河南省检察机关保持依法严厉打击犯罪和惩罚性赔偿并举的高压态势。如某县检察院诉王某等6人污染环境刑事附带民事公益诉讼案件，犯罪嫌疑人为谋取非法利益，在未取得有关垃圾堆放、处置资质的情况下，组织他人在河道护坡旁非法倾倒大量生活垃圾、建筑垃圾，形成巨大的垃圾山，严重破坏土壤生态环境、地上植被等。河南省检察机关依法提起刑事附带民事公益诉讼，对惩罚性赔偿进行科学论证，让犯罪嫌疑人在承担刑事责任的同时，承担惩罚性赔偿责任，有效发挥了震慑作用。

建立公益诉讼区域协作机制，解决跨地域公益诉讼案件。为了解决黄河流域不同地域执法标准不统一的问题，凝聚执法司法合力，提升办案的效果，河南省检察机关与山东省检察机关等建立跨区域公益诉讼合作机制，破解公益诉讼难题。比如在最高人民检察院的指导下，河南省检察机关与山东省检察机关立足公益诉讼检察职能，建立区域公益诉讼合作机制，同时，与河务部门、水务部门密切配合，多方联动，督促整治跨省浮桥浮舟妨碍黄河行洪安全行政公益诉讼案件。案涉的9组浮舟（每组浮舟长33米、宽36米，重约380吨，严重侵占河道，妨碍行洪安全）及1艘拖轮全部切割并清理完毕，河道恢复了原貌，为维护黄河安澜做出了积极的贡献。再如三门峡市人民检察院牵头豫陕4市建立洛河流域检察协作机制，以跨区域检察协作强化系统治理、源头治理。

河南省检察机关坚持以习近平新时代中国特色社会主义思想、习近平生态文明思想和习近平法治思想为指导，深入、全面、准确贯彻习近平总书记视察河南的重要讲话精神，锚定"两个确保"、实施"十大战略"，建立专业化的公益诉讼办案团队①，制定《关于水行政执法与检察公益诉讼协作机制的实施细则》的办案规定、指引，依法、能动、一体、综合履行刑事、民事、行政、公益诉讼四大检察权，服务保障黄河流域生态保护和高质量发展，确保黄河安澜，真正让黄河成为造福人民的幸福河。

① 针对河南省检察机关有影响的公益诉讼大要案较少、河南省人民检察机关办案人员较少、基层检察院人才缺乏锻炼的问题，河南省人民检察院在办案较为成熟、经验相对丰富、案例培育成效较为突出的领域建立8个办案团队，采取"省院领办＋市分院主办＋全省公益诉讼业务骨干参与"的模式。

第五章　司法审判实践：筑牢佑护"母亲河"的最后屏障

司法是守护黄河"母亲河"的最后一道防线。黄河流域生态保护和高质量发展战略实施以来，河南省各级司法机关认真学习贯彻习近平总书记关于黄河流域生态保护和高质量发展的一系列重要讲话精神，充分发挥司法审判职能，践行司法为民理念，积极探索构建流域环境资源审判专门化司法机制，优化司法资源配置，强化司法协作、府院协调联动，促进纠纷多元化解，依托智慧法院建设，加强流域信息交流，全面推进流域司法体系和司法能力现代化，不断加强河南省黄河流域生态环境司法保护与修复，以高质量司法服务有力保障河南省黄河流域高质量发展，奋力推动"河畅、水清、岸绿、景美、人和"的美好愿景在黄河流域（河南段）成为现实。

第一节　坚持人民至上，不断强化黄河流域司法服务与保障

"江山就是人民，人民就是江山"[①]，习近平总书记提出的这一重要论述深刻揭示了中国共产党的执政宗旨以及司法为民的核心理念。从井冈山革命根据地时期的初步形成到中华人民共和国成立后的深化发展，再到改革开放至今的创新发展，中国司法在不断改革变迁中始终贯穿司法为民的核心理念。在深入贯彻落实习近平总书记关于黄河流域生态保护和高质量发展系列重要讲话精神的进程中，河南省各级司法机关始终坚持人民主体地位，坚持人民至上，以实干实绩践行"人民至上"理念，高效精准回应人民群众的信任和期待，以实际行动不断提升人民群众幸福感、获得感、安全感。

---

① 《关于以人民为中心重要论述综述》，《人民日报》2021 年 6 月 28 日。

一　坚持改革创新，以高质量司法服务守护黄河"母亲河"

（一）打造线上线下一体化便民诉讼服务渠道

按照河南省政法系统提出的"让群众网上立案更方便"等便民利民服务要求，河南省审判系统创新推出多项便民举措，努力做到"让信息多跑路、让群众少跑腿"。河南省高级人民法院为郑州铁路运输中级法院开通"涉黄河流域案件标识功能"，助力黄河环境资源案件办理提质增效。实行河南省内黄河环境资源案件集中管辖后，为方便当事人立案、诉讼和执行，当事人可以到集中管辖法院现场立案，也可以通过登录河南法院诉讼网、移动微法院等线上平台向集中管辖法院提交起诉材料，还可以到就近地方法院提交起诉材料，由接待法院负责审核，并协助当事人办理立案事务。集中管辖法院可根据当事人的意愿选择网上开庭或线下开庭。网上开庭通过河南法院诉讼网上庭审平台，实现当事人足不出户即可开庭。线下开庭采取巡回审判机制，一般到被告人羁押地开庭审理，也可以到涉黄河流域环境资源案件发生地、当事人所在地或其他方便群众的地点开庭审理。法官在案件审理过程中对"涉黄河流域环境资源案件"标记有异议的，也可再次判断后修改标记，实现精准管理。根据案件办理过程中的准确标记，系统可实时查询"涉黄河流域环境资源案件"办理情况，多维度统计分析，深入剖析黄河流域环境资源案件特性，为助力黄河流域发展法治化提供决策依据。此外，金水区、项城市等地基层人民法院增设"智能云柜"，实现当事人与法官之间任意时间交接材料；焦作市中级人民法院完善网上立案容缺受理机制，加快推动跨层级、跨区域协作立案等便民立案机制，开设"绿色通道"，对老幼病残孕等弱势群体优先立案等。截至2019年9月，河南省内的中级法院、基层法院及人民法庭均可通过互联网立案、在线提交立案材料、缴纳诉讼费用等，在征求当事人同意的情况下可以选择网上开庭，逐步形成涵盖全阶段、全业务的一站式纠纷解决系统，极大地方便群众诉讼，节省时间，真正体现人民司法为人民的宗旨。

（二）打造巡回法庭审判机制

巡回法庭审判机制的构建是司法资源下沉的有力举措，亦是对最高人民法院呼吁各地区法院推动"枫桥经验"的有力回应,在矛盾纠纷化解、社会治理现代化、法治建设目标的实现等方面贡献了积极力量。巡回法庭审判是就地解决纠纷、就地开庭、快速结案的创新方式,为群众提供"家门口"的司法服务,切实做到让"法官多跑腿、群众少走路"。黄河流经河南省11个地市51个县区,横跨700多公里。为更好地维护流域生态环境,河南省高院经最高人民法院批准,将省内涉黄河流域生态环境案件集中到郑州铁路运输两级法院管辖,但也出现当事人不方便应诉、诉讼成本高等问题。为了减轻群众诉累,提高审判效率,郑州铁路运输中级法院决定在管辖地设立巡回审判法庭,在方便当事人诉讼的同时也有利于查清案件事实。截至2021年6月,郑州铁路运输中级法院分别在台前县、兰考县、封丘县、惠济县、武陟县、济源市、温县设置了郑州铁路运输中级法院黄河流域第一至第七巡回审判法庭,更好地彰显了司法为民理念。

此外,为进一步延伸智慧审判职能,河南省各级法院系统启用"车载法庭",处理地理位置偏远地区发生的各类矛盾纠纷。将审理案件需要的各项软硬件设施整合在汽车上,打造出"移动"法庭,集诉讼服务、巡回审判、法治宣传、执行指挥四大功能于一体,更好地践行为民宗旨,夯实河南省黄河流域生态保护和高质量发展的司法基础。

(三) 强化诉调对接,便捷群众诉讼

为深入推进黄河流域生态保护和高质量发展重大国家战略,积极探索改善纠纷诉源治理和多元化解工作,河南省各级法院系统多措并举。一方面,河南省高级人民法院印发《关于加强和规范诉前调解工作的意见》、郑州铁路运输中级法院与濮阳市政协签订《关于加强诉源治理建立诉调对接机制的实施办法(试行)》、金水区人民法院制定《"粜顺人和"多元解纷机制暨诉调联动实施细则》等,规定了联席会议、同堂培训、协调联动、诉调对接机制等方面的内容,为诉调机制运行提供了依据。另一方面,坚持构建全方位、精准化的诉调对接机制。当前案件在进入诉讼程序之前会先进行调解,在河南省高级人民法院的指导下各地中级人民法院和基层人民法院借鉴基层社会诉源治理经验,推进法院调解平台融入社会、乡村等矛盾源头发生地,更好地提升类型化纠纷诉调对接的适配度。为推动诉调机制更加专业、服务更加精准,河南省高级人民法院与河南省市场监督管

理局、人力资源和社会保障厅等 11 个部门建立对接机制，为劳动纠纷、知识产权纠纷、金融纠纷等案件提供专业意见，丰富解纷资源"菜单库"。各级司法审判机关结合本地具体情况，创设出富有地域特色的调解工作室。如郑州市、开封市、焦作市等地法院创建"封调禹顺""和顺中原""宋付振工作室""郭大姐调解室""冬香好妈妈"等知名调解品牌。① 五年来，河南省法院通过多元解纷机制累计诉前化解纠纷 111.7 万件，为人民群众节省大量时间、精力和金钱成本，② 不断夯实司法为民根基，提升人民幸福感和获得感，助力河南黄河保护治理工作高质量开展。

二　打击有碍河道安全行为，守护黄河安澜

习近平总书记在山东省济南市主持召开深入推动黄河流域生态保护和高质量发展座谈会时强调，"水安全是黄河流域最大的'灰犀牛'"，"水安全是生存的基础性问题，要高度重视水安全风险，不能觉得水危机还很遥远"③。洪水直接威胁黄河两岸人民群众的生命财产安全，所以，深入推进黄河流域生态保护和高质量发展首先要保障黄河水安全。

河南省各级法院心系人民群众，紧盯黄河防汛安全，助力守护黄河安澜。针对在黄河河道管理范围内建设阻碍行洪的建筑物、构筑物，从事非法采砂行为等影响防汛安全的不法行为，河南省各级法院始终坚持用最严格制度、最严密法治强力打击。如在姚某强非法盗采黄河支流河砂刑事公诉案中，被告人姚某强在未取得采砂许可证的情况下，雇用刘某某、胡某某等人（均另案处理）采用水泵、采砂船抽沙等手段，在河南省灵宝市西闫乡沙河（黄河支流）河道非法采砂，并对外进行销售，累计销售金额达 398 万元。该案涉及的非法开采河道砂石资源是最为常见的涉河违法行为类型之一。此类行为不仅破坏黄河生态环境，更是直接破坏河道面貌，影响河流水势稳定、河道行洪通畅，具有严重危害性。《黄河保护法》《河南省黄河防汛条例》均明确禁止在黄河流域禁采区和禁采期进行河道采砂活动。

① 岳明、郭琦：《我省五年诉前解纷 111.7 万件》，《河南法制报》2023 年 1 月 21 日。
② 《河南高院发布五年来现代化诉讼服务体系建设成果及〈河南法院诉讼服务标准化建设指南〉》，河南省高级人民法院网站，2023 年 1 月 11 日，https://new.qq.com/rain/a/20230111A06LHQ00.html。
③ 习近平：《在黄河流域生态保护和高质量发展座谈会上的讲话》，《求是》2019 年第 20 期。

为了对犯罪人员依法予以严惩，郑州铁路运输法院坚决贯彻最严法治观，一审判处姚某强有期徒刑三年，并处罚金三万元人民币，充分彰显了审判机关通过最严格司法保护黄河安澜的坚定决心和鲜明态度，同时对潜在相关犯罪形成有力震慑，为守护黄河安澜树起了一面司法先锋旗帜。2022—2023 年郑州铁路运输两级法院共计审理非法开采黄河河砂类非法采矿案 88 件，① 严厉打击了非法采砂、盗伐林木类违法犯罪行为，并依法支持有关部门开展河道违建拆除、防洪设施保护、水源涵养湿地治理、鱼塘整治、滩区迁建等防洪减灾、水土保持综合治理工作，助推黄河流域河道及湿地功能恢复，切实保障黄河长久安澜，维护黄河沿岸人民群众生命财产安全。

三　发挥职能优势，筑牢黄河生态保护法治屏障

（一）严厉惩治环境资源犯罪

黄河流域是河南省重要的农业经济区域，生态环境相对脆弱，水污染、土壤污染以及水土流失等问题对该区域农业高质量发展构成严重威胁。运用司法审判手段严惩污染破坏黄河"母亲河"犯罪行为是审判机关守护黄河"母亲河"生态环境的基本手段。

据统计，仅《黄河保护法》实施以来，河南省各级审判机关就已累计审结涉黄河流域环境资源刑事一审案件 457 件，判刑 1036 人，坚持用最严格制度、最严密法治惩治犯罪，让犯罪者痛到不敢再犯；累计审结涉黄河流域环境资源民事一审案件 55 件，其中生态环境损害案件 6 件，赔偿金额 1.3 亿元，全面落实损害担责、全面赔偿救济原则；秉持"监督就是支持，支持就是监督"的审判理念，审结涉黄河流域环境资源行政一审案件 272 件；依法支持环保组织和检察机关提起环境公益诉讼，审结环境资源公益诉讼案件 14 件。② 如李某定污染环境案是河南省各级法院发挥审判职能保护黄河"母亲河"生态环境的一起典型案例。在该案中，被告人李某定在

---

① 《河南省内黄河流域生态环境司法保护白皮书（2023 年度）》，郑州铁路运输中级法院网站，2024 年 4 月 15 日，https://ztzy.hncourt.gov.cn/public/detail.php?id=6185。

② 《河南高院召开黄河保护法实施一周年座谈会并发布黄河司法保护典型案例》，河南省高级人民法院网站，2024 年 4 月 1 日，https://www.360kuai.com/pc/97df35540d00da224?cota=3&kuai_so=1&tj_url=so_vip&sign=360_57c3bbd1&refer_scene=so_1。

荥阳市王村镇王村土地上非法遗弃堆放危险废物铝灰 1800 余吨，严重污染环境，环境损害价值量化（公私财产损失）约为 37929801.5 元。《黄河保护法》第七十九条第二款对加强黄河流域固体废物污染环境防治做出明确规定。固体废弃物特别是数量较大的危险废弃物，如不依法妥善处置，会对生态环境和人体健康造成严重危害。郑州铁路运输法院一审认为，该案情节严重，李某定触犯污染环境罪，依法判处有期徒刑三年，并处罚金三万元人民币。该案中，郑州铁路运输法院坚持最严法治观，贯彻落实宽严相济刑事政策，对被告人李某定非法遗弃堆放危险废弃物判处实刑并处罚金，是人民法院服务保障黄河流域生态保护和高质量发展的生动实践，对有效提升黄河流域人民群众获得感和幸福感具有积极作用。

（二）发挥公益诉讼审判职能

河南省各级法院积极贯彻实施公益诉讼法律制度，充分发挥公益诉讼对生态环境的预防性、恢复性保护功能，切实保障河南省黄河流域生态修复与环境保护。如河南省人民检察院郑州铁路运输分院诉赵某等四人土壤污染责任纠纷案就是一起较为典型的民事公益诉讼案件。该案中，当事人赵某等四人在未办理营业执照和环境影响评价审批手续、未配套建设废水处理设施的情况下，将总锌浓度超出排放限值数倍的电镀清洗废液就地倾倒，使得一定范围内土壤受到污染。在此种情形下，受案法院坚持"环境有价、损害担责"原则，全程跟踪督导，促使当事人在案件审理过程中主动完成环境修复，有效提高了生态环境修复效率，该案因此得以成功调解。此举不仅有效降低了生态环境修复成本，减轻了当事人负担，还促进了当事人及时尽早修复生态环境，避免土壤污染下渗迁移引发地下水污染等后果，最大限度地减轻环境污染对社会公共利益的危害，实现了"办理一案，恢复一片绿水青山"的法律效果、社会效果和生态效果，彰显了人民法院贯彻恢复性司法理念和全面追责原则，切实保障了环境公共利益的责任担当。

区别于环境民事公益诉讼，环境行政公益诉讼旨在督促行政主体积极履行生态环境保护治理职责，在某种程度上对修复生态、保护环境有着不可替代的作用。在郑州铁路运输检察院（简称郑铁检察院）诉郑州市自然资源和规划局惠济分局行政公益诉讼案中，由于被告人杨某卫不具备土地复垦能力，郑铁检察院告知郑州市自然资源和规划局惠济分局相关判决情况，要求其尽快组织土地复垦，但在后续跟进监督中发现涉案土地仍未复垦。郑铁检察院遂向郑州市自然资源和规划局惠济分局发出行政公益诉讼检察建议，要求其履行土地复垦监督管理职责。郑州市自然资源和规划局惠济分局收到检察建议后，未回复检察建议，亦未依法组织土地复垦工作。郑铁检察院据此认为郑州市自然资源和规划局惠济分局未履行法定职责，依法提起行政公益诉讼。鉴于本案开庭前，郑州市自然资源和规划局惠济分局已履行组织复垦职责，郑州铁路运输法院判决确认郑州市自然资源和规划局惠济分局未依法履行土地复垦监督管理职责的行为违法。耕地作为重要的自然资源，是粮食生产的命根子，是中华民族永续发展的根基。切实保护黄河中下游地区耕地，是夯实粮食安全根基、牢牢守住 18 亿亩耕地红线的基本要求。《黄河保护法》对地方政府加强黄河流域土壤生态环境保护，防止新增土壤污染，因地制宜分类推进土壤污染风险管控与修复有明确规定。自然资源部门作为耕地保护管理的主管机关，肩负着守牢耕地保护红线的重担，对破坏耕地、非粮化等违法行为要坚决制止和处理，确保整改拆除到位、恢复耕种到位。该案不仅有力促进了各级自然资源部门依法履职，进一步增强了保护耕地的红线意识、底线意识，也充分彰显了审判机关守护耕地安全和粮食安全的责任担当，同时有效发挥了行政公益诉讼功能，以恢复性司法理念推动黄河生态环境治理工作高效开展。

四 以司法之力保护弘扬黄河文化

黄河文化是中华民族的根和魂，是中华文明的重要组成部分。文物古迹、文化遗产等作为黄河文化、红色文化的重要载体被列入《黄河保护法》中，明确流域内各类文化遗产保护的必要性与可行性，通过立法的方式来实现保护和弘扬黄河文化的目的。河南省各级人民法院不断发挥司法审判作用，推动黄河文化系统保护，助力黄河文化惠民利民。为落实保护传承弘扬黄河文化的国家战略目标，河南省各级人民法院站在"两个结合"的政治高度，坚持能动履职，充分发挥审判职能，对破坏黄河流域文物古迹、自然遗迹等违法犯罪行为加以严厉惩治，发挥司法最大功能保护省内黄河文化，以实际行动切实弘扬黄河文化、延续中华文明历史文脉。2018 年以来，河南省人民法院共审结涉黄河文化遗产保护刑事一审案件 940 件,[①] 成功追缴若干文物，实现全链条打击文物犯罪，筑牢文化保护底线。如户某军、李某强等人在殷墟遗址保护区内进行盗掘，严重破坏了殷墟遗址的商代文化层，对文物本体完整性造成了不可逆的破坏，成为当地历史文化传承和自然人文环境中永久的"伤疤"。安阳市殷都区法院依法审理后对行为人做出 15 年刑期的判决。该判决书不仅能够对不法行为产生警示作用，而且可以为公众保护文化遗迹起到良好引领作用，营造全民保护黄河文化的法治氛围。此外，为形成保护黄河文化和生态环境的合力，安阳市中级人民法院联合殷墟管委会挂牌成立殷墟世界文化遗产司法保护基地，与安阳市人民检察院等多家单位会签《关于建立殷墟保护行政与司法联动公益诉讼协作机制的意见》，多层次、多方位保护黄河文化遗产。洛阳市中级人民法院、市人民检察院联合市文物局出台了《关于文物保护协作机制的意见》，在二里头夏都遗址博物馆建立黄河文化司法保护基地，通过"执法+司法+基地"模式，综合运用刑事惩治犯罪、行政监督预防、民事定纷止争、基地宣教警示等功能，实现法治力量对黄河文化的全面、集中和精准护航。同时，河南省司法厅系统盘点河南省传统法律文化资源，建立法治人物、法治遗存、法治典籍、红色法治文化四个数据库，打造可视化普法图谱；不断推动"河南黄河法治文化带"提档升级，先后命名 2 批 43 个示范基地，初步形成"两横两纵"法治文化阵地。通过加强司法职能与文物、文化保护的有效衔接，河南省以司法之力为保护好黄河文化遗产、讲好河南黄河文化故事，营造了良好的文物保护氛围，引导全社会更好地树立起保护黄河文化的理念。

围绕服务保障黄河流域生态保护和高质量发展这一主题，河南省各级法院以实际行动深入践行司法为民理念，发挥司法审判职能作用，落实最严格制度、最严密法治，不断改革创新，持续助力黄河实现"持久水安全、优质水资源、宜居水环境、健康水生态、先进水文化、科学水管理"，用心服务保障国家大局，切实增进普惠民生福祉。

---

① 《九地一心共护万里黄河安澜》,《人民法院报》2024 年 6 月 4 日。

第二节　贯彻新发展理念，建立健全环资审判专门化体系

随着"江河战略"进入法治化发展阶段，作为维护生态环境最后一道防线的司法，理应践行绿色、能动的司法理念，从审判机构、审判程序等入手，不断提升环资审判专门化水平，从而更好地服务黄河流域生态保护，为高质量发展夯实绿色底色。

一　牢固树立新时代环资审判理念

（一）践行能动司法理念

能动司法是指超出法律表面文字的含义，凭借法官的能力、智慧，在法的本义、精神、原则下实现立法者的意图。它强调司法机关在法律适用和司法解决纠纷过程中应主动出击、积极作为，以更好地实现司法公正、效率和便民的目标。生态环境纠纷不同于一般的民事诉讼，需要审判机关适当延伸审判职能，主动在法律裁量范围之内寻找保护环境的最佳处理方法，使司法裁判"文本法"的适用符合人民群众感受的"内心法"，要坚持法律的正义与社会朴素正义的"最大公约数"。司法审判机关积极践行能动司法理念，主动加入生态文明建设进程中，实现以司法服务社会、服务人民以及厚植党的执政基础等目标。河南省各级人民法院不断顺应生态环境保护要求，坚持现代化能动司法理念，在妥善审理每一起环资案件的同时，从智慧诉讼、巡回审判、纠纷化解、创新裁判、司法建议、法治宣传等方面积极延伸审判职能，推进环境资源审判高质量发展，不断提升生态环境司法治理效能。据统计，2023 年郑州铁路运输两级法院民事、行政案件远程立案率达 83.05%，电子送达覆盖率达 100%，[①] 大大推动了智慧审判进程，采用网上立案、电子阅卷、视频开庭等模式，打造线上线下一体化便民诉讼服务渠道；共计发送环境资源司法建议 31 件，[②] 通过高质量司法建议

---

①　《河南省内黄河流域生态环境司法保护白皮书（2023 年度）》，郑州铁路运输中级法院网站，2024 年 4 月 15 日，https://ztzy.hncourt.gov.cn/public/detail.php?id=6185。

②　《河南省内黄河流域生态环境司法保护白皮书（2023 年度）》，郑州铁路运输中级法院网站，2024 年 4 月 15 日，https://ztzy.hncourt.gov.cn/public/detail.php?id=6185。

加大生态环保治理司法监督力度，助推黄河流域生态环境治理水平不断提升；建立环境资源司法与行政执法的协调联动、信息共享、法律政策疑难复杂问题会商机制，稳妥处理环境资源行政案件，推动行政争议实质化解，全年郑州铁路运输两级法院共计审结77件环境资源行政案件。[1] 为满足人民群众对美好生活和宜居环境的需求，河南省各级人民法院坚持能动司法，不断探索源头治理的新模式，努力将纠纷和矛盾从源头化解、实质性化解。

（二）贯彻绿色发展理念

随着生态环境保护不断深入，环境政策与环境立法随之转变，从而影响环境资源案件审判理念朝着"保护优先、生态修复为主"的方向发展。把绿色发展理念贯彻于司法审判全过程，把"绿水青山就是金山银山"的理念体现在环境司法政策中，逐步深植恢复性司法理念，不断夯实环境资源案件审判的绿色底色。河南省各级人民法院紧紧围绕"美丽河南"建设，切实践行绿色发展，稳步推进审判专门化建设，以公益诉讼、典型案件为突破口，狠抓审判执行第一要务，为努力推进生态文明建设、增进人民福祉、建设美丽河南、实现黄河流域生态保护和高质量发展提供了有力司法保障。2018年，为落实人与自然和谐共生、山水林田湖草沙系统保护等理念，河南省高级人民法院出台《关于充分发挥审判职能作用服务全省生态文明建设和绿色发展的指导性意见》，为河南省司法审判践行绿色发展理念提供依据。此外，近年来郑州铁路运输两级法院充分发挥司法智慧，推动裁判执行方式创新，探索合理的环境恢复责任形式。2023年，郑州铁路运输两级法院在补植复绿、增殖放流、环保禁止令、公益捐赠等方面进行有益探索，全年共计增殖放流鱼苗1万余尾，补植复绿5000余棵，实现了惩罚、教育、修复效果的多重统一。

（三）树立系统保护理念

山水林田湖草沙作为生态系统不可分割的自然要素，决定了其需要一体化、整体性保护。河南省司法审判机关坚持尊重生态环境自然属性，遵

---

[1] 《河南省内黄河流域生态环境司法保护白皮书（2023年度）》，郑州铁路运输中级法院网站，2024年4月15日，https://ztzy.hncourt.gov.cn/public/detail.php?id=6185。

循全局观念，提升司法保护措施与自然环境的协同性。在司法审判过程中，河南省各级法院坚持惩治犯罪和保护环境并重，督促涉案企业主动采取环保整改、技术改造、制度合规等措施，在实现对违法犯罪人员进行惩罚的同时又可以实现对环境的保护治理。近年来，郑州铁路运输两级法院充分发挥生态环境修复基地职能作用，积极探索"恢复性司法实践+社会化综合治理"机制。2021年6月3日，在焦作市武陟县新中国第一个大型引黄自流灌溉工程人民胜利渠渠首、黄河流域生态环境司法保护基地正式揭牌；同年，黄河流域生态环境司法保护基地在濮阳县渠村法治文化广场揭牌。截至2024年3月，河南省共建立了2个黄河流域生态环境司法保护基地、1个生物多样性保护基地，并在生物多样性保护基地所在的国有延津林场财政账户下设了生态损害赔偿金科目，为涉林木刑事附带民事公益诉讼案件替代性修复提供场地和途径，保障恢复性司法裁判有效落实。

（四）落实最严法治理念

司法审判工作从严格执法、公正司法等方面依法审理环境资源案件，坚持对环境资源违法和犯罪行为全要素、全环节、全链条惩治与预防，让生态环境保护法律法规真正成为"长出牙齿"的严规铁律。[①]《中华人民共和国环境保护法》颁布实施以来，河南各级法院始终坚持落实环境司法保护职责。尤其是郑州铁路运输两级法院，用最严格制度、最严密法治惩治犯罪，2022—2023年共审结涉黄河环境资源刑事一审案件2829件，判刑1740人；涉黄河环境资源民事案件103件，其中生态损害赔偿9件，赔偿金额1.3亿元；涉黄河环境资源行政案件825件、环境公益诉讼17件；同时，依法支持与监督行政机关履行职责，先后向水利、生态环境等行政机关发送《环境资源案件季度通报》5次、司法建议31次。[②]

（五）注重协同治理理念

"协同治理"源于德国学者赫尔曼·哈肯开创的"协调合作之学"的协

---

① 《深入贯彻习近平生态文明思想和习近平法治思想 全力推进环境资源审判工作高质量发展》，《人民法院报》2023年10月22日。

② 《河南高院召开黄河保护法实施一周年座谈会并发布黄河司法保护典型案例》，河南省高级人民法院网站，2024年4月1日，https://www.360kuai.com/pc/97df35540d00da224?cota=3&kuai_so=1&tj_url=so_vip&sign=360_57c3bbd1&refer_scene=so_1。

同学，契合党的二十大以来环境议题强势凸显的时代背景和区域环境问题治理的特殊之处。司法审判坚持协同治理理念是回应纷繁复杂环境治理的实践需求，是实现统一环境治理目标的必然选择。在环境司法领域，司法审判机关发挥审判职能与其他机关加强沟通协调，促进立法、司法、执法、守法相衔接，形成环境协同治理的大格局。积极践行协同治理理念，在统一裁判规则、统一执法尺度等范围内对环境开展修复，追究损害责任，进行法治宣传等，实现环境资源保护执法、司法与源头治理双赢多赢共赢。为实现黄河流域生态环境统一保护和治理，河南省高级人民法院印发了《河南省高级人民法院府院联动工作规则》，将领导小组办公室设在行政庭，对省人民法院各相关部门的主要职责、工作制度、宣传报道制度、督办工作制度、文件管理制度等均做出了详细规定；为进一步切实解决"执行难"问题，合力构建全流程联同联动机制，形成"大执行"工作格局。在继续深化党委领导下府院联动机制的同时，不断推进河南省黄河流域生态环境纠纷的实质性化解。

二　推进环境资源审判专门机构建设

（一）全国环境司法专门化发展历程

为了应对数量激增、规模浩大的环境风险及附带的环境纠纷，同时考虑到环境案件在诉讼主体、诉讼时效、举证责任、判决执行等方面有别于普通诉讼程序，环境司法专门化作为司法制度局部失灵的一种"技术补丁"在中国的司法实践中应运而生。[①] 环境司法专门化萌芽的标志为 2017 年贵州省成立了全国首个环境资源审判庭，随后 2014 年 7 月最高人民法院环境资源审判庭成立，正式拉开了环境资源审判专门化的系统改革序幕。[②] 经过近 20 年的地方探索和近 10 年的全国系统推进，我国已经实现了环境资源审判专门机构对重点区域和流域全覆盖，全方位服务和保障生态环境。[③] 近年

---

① 黄锡生：《我国环境司法专门化的实践困境与现实出路》，《人民法治》2018 年第 4 期。
② 肖爱、汤世豪：《流域生态环境司法专门化：根基、守成与发展》，《南京工业大学学报》（社会科学版）2024 年第 1 期。
③ 《最高法发布〈中国环境资源审判（2022）〉》，最高人民法院网站，2023 年 6 月 5 日，https://www.court.gov.cn/zixun/xiangqin/402422.html。

来，全国各级法院逐步建立专门的环境审判机构和专业审判团队，用来满足生态系统的整体性、传导性和环境要素的流动性特征。截至 2023 年，全国已有 30 个高级法院及兵团分院成立环境资源审判庭，南京市、兰州市、昆明市、郑州市、长春市等中级法院专设环境资源法庭，包括基层法院共有环境资源专门审判机构、组织 2813 个。① 环境资源审判专门机构在一定程度上突破了普通法院采用传统模式存在的局限性，以其专业性和针对性更加有效地处理和打击环境违法行为，充分保护受害者的合法权益。

（二）河南省环境资源审判专门机构设立探索

1. 环境法庭分散管辖时期

第一次全国法院环境资源审判工作会议对环境司法专门化做了官方诠释，即指环境审判机构、环境审判机制、环境审判程序、环境审判理论和环境审判团队"五位一体"的专门化。环境审判机构作为环境司法专门化发展的关键环节，是提升司法专门化水平、实现司法体制改革的"牛鼻子"。河南省各级法院根据省法院党委的部署，积极开展环境审判专门化建设。2014 年，郑州市中牟县人民法院成立了河南省第一个环境资源审判庭，开始全省环境审判专门化试点工作。2016 年，河南省高级人民法院环境资源审判庭宣布成立，这标志着该庭将持续加强对环境资源领域行政不作为案件的审理，督促执法机关依法行政。截至 2016 年底，除具有独立设编的环境资源审判庭外，郑州市、洛阳市、新乡市、鹤壁市、信阳市、周口市、商丘市、许昌市 8 个中院，郑州市中牟县，洛阳市涧西区、孟津区、新安县，新乡市原阳县等 19 个基层法院设立了独立编制的环境资源审判庭，其他法院也逐步根据辖区具体情况成立 61 个专门审判环境资源案件的合议庭及巡回合议庭。自此，河南省三级法院环境审判组织体系初步形成。

2. 铁路运输法院统一管辖时期

建设环境资源审判专门机构是适应环境资源审判复合性、专业性特点的必然要求，有利于准确把握案件规律，统一法律适用，统筹协同、有机

---

① 《中国环境资源审判背后的"绿色密码"……》，中华人民共和国最高人民法院网站，2023 年 10 月 22 日，https://www.court.gov.cn/zixun/xiangqing/415542.html。

衔接刑事、民事、行政三大责任，全方位保护生态环境。[①] 为契合流域管理、做好流域司法保障工作，更好地服务保障黄河流域生态保护和高质量发展，经最高人民法院批准，河南省高级人民法院决定自2020年9月1日起由郑州铁路运输法院、洛阳铁路运输法院，分段管辖省内黄河流域环境资源案件，郑州铁路运输中级法院负责环境资源二审案件。出于统一裁判规则及审判专业化发展的目的，河南省环境资源审判工作进入铁路运输法院统一管辖时期。2022年，为适应司法体制改革需要，经最高人民法院批准，省高院撤销了洛阳铁路运输法院，在郑州铁路运输中级法院内成立郑州环境资源审判庭。原本由洛阳铁路运输法院受理的黄河流域环境资源案件转移到郑州铁路运输法院管辖，由郑州环境资源审判庭管辖河南省内淮河干流、南水北调工程沿线区域内的全部环境资源案件。自此，覆盖全省的跨行政区划"18+1+1"环境资源审判体系得以构建，河南省内黄河流域环境资源案件也进一步集中到铁路运输法院管辖。由郑州铁路运输法院受理省内黄河流域全部环境资源案件，专业审判团队集中审理环境纠纷，有效避免了同案不同判情况的发生，有利于加强法律适用规则研究，努力实现政治效果、法律效果、社会效果和生态效果的有机统一。

三 创新实施环境资源案件集中管辖机制

（一）实施环境资源案件集中管辖的必要性

实施环境资源案件集中管辖有其时代必然性，尤其是黄河流域生态保护和高质量发展重大国家战略实施以来。一是响应中央政策和司法改革的需要。2014年12月，中央全面深化改革领导小组会议审议通过的《设立跨行政区划人民法院、人民检察院试点方案》，确定了"设立跨行政区域法院，跨行政区域法院对跨区域的民商事、行政和环境资源案件行使集中管辖权"。探索环境资源案件集中管辖，是在新的历史时期贯彻落实习近平生态文明思想和党的二十大精神，以及中共中央办公厅、国务院办公厅《关于构建现代环境治理体系的指导意见》等要求的生动实践，是落实最高人民法院关于探索建立与行政区划适当分离的环境资源案件管辖制度，设立以流域等生态系统或以生

---

① 张晨：《全国已设立环境资源审判专门机构或组织2426个》，《法治日报》2022年9月21日。

态功能区为单位的跨行政区划环境资源审判专门机构的具体措施，也是优化司法职权配置、完善审判组织体系、深化司法体制改革的实际需要。

二是满足环境资源审判专业化、现代化的要求。环境资源法学作为一门交叉学科，决定了环境资源案件涉及法学和环境学等多学科知识，具有公法私法融合性、公益私益交织性等突出特点，传统的司法理念、司法能力和司法框架等难以有效应对。因此，从专业化建设、专业化审判以及专业化组织等方面入手，坚持提升环境资源案件审判专门化水平，是做好环境资源审判工作的前提和重要保障。实践中，环境资源案件数量相对较少且比较分散，传统的案件管辖模式不利于审判经验的积累和专业化审判能力的提升。通过开展环境资源案件集中管辖，将环境资源案件集中起来由固定的审判组织专门审理，有利于统一审判理念、法律适用、裁判尺度，形成集聚优势，扩大审判影响，提升司法权威，培养专家法官，推动实现环境资源审判工作能力水平现代化。

三是加强整体性保护和系统性治理的必然要求。习近平总书记在全国生态环境保护大会上强调，要坚持系统观念，抓住主要矛盾和矛盾的主要方面，对突出的生态环境问题采取有力措施。党的二十大报告也强调，要坚持山水林田湖草沙一体化保护和系统治理。生态环境治理是一项复杂的系统工程，要不断强化环境资源审判工作的系统性、整体性、协同性，注重统筹兼顾、协同推进。在遵循生态系统的完整性、环境介质的流动性和自然资源的公共性等特点的基础上，建立与行政区划适当分离的环境资源案件集中管辖制度，有利于发挥环境资源审判的专业性、高效性、统一性优势，开展生态环境系统治理和流域区域统筹协调，切实解决现有流域区域法院存在的裁判标准不统一、保护区域"孤岛化"等问题，也是实现环境资源审判司法公正、避免诉讼"主客场"问题的现实需要。

（二）从点到面探索实施集中管辖

河南省探索建立集中管辖机制的试点工作始于2016年。2016年河南省高级人民法院环境资源审判庭成立，集中管辖全省范围内环境资源案件。为了更好地顺应公益诉讼发展，2018年郑州市中院决定在郑州市区基层法院开展行政公益诉讼案件集中管辖试点工作，将黄河流经的巩义市，荥阳市，郑州市惠济区、金水区、中牟县的行政公益诉讼一审案件集中由中牟县人民法院管辖。这是河南省对集中管辖机制的有益探索。2020 年为深入发挥司法审判职能，服务保障黄河流域生态保护和高质量发展，省高院将省内涉黄河流域环境资源案件进一步集中管辖，由郑州铁路运输中级法院管辖三门峡、洛阳、焦作、郑州、开封、新乡、濮阳、安阳、鹤壁 9 市及济源产城融合示范区黄河流域范围内应当由中级人民法院管辖的环境资源一审案件，以及对郑州铁路运输法院、洛阳铁路运输法院管辖的一审案件上诉或抗诉的环境资源案件；由郑州铁路运输法院管辖郑州、开封、新乡、濮阳、安阳、鹤壁 6 市黄河流域范围内应当由基层人民法院管辖的环境资源一审案件，以及上述范围内的黄河河务部门申请执行的非诉行政案件；由洛阳铁路运输法院管辖三门峡、洛阳、焦作 3 市及济源产城融合示范区黄河流域范围内应当由基层人民法院管辖的环境资源一审案件，以及上述范围内（三门峡市除外）的黄河河务部门申请执行的非诉行政案件。2021 年，河南省高级人民法院再次将省内涉黄河流域环境资源案件进行集中管辖，将洛阳铁路运输法院管辖的黄河流域范围内三门峡、洛阳、焦作 3 市及济源产城融合示范区应当由基层人民法院管辖的环境资源一审案件，以及上述范围内（三门峡市除外）的黄河河务部门申请执行的非诉行政案件交由郑州铁路运输法院管辖，① 撤销洛阳铁路运输法院。2022 年，经最高人民法院批准，河南省环境资源案件全部由郑州铁路运输两级法院管辖，自此集中管辖工作正式扩展到全省范围。此外，河南省高级人民法院还制定《环境民事公益诉讼工作指引》《生态环境损害赔偿案件工作指引》，从案件管辖、立案、合议庭组成、审判、证据认定、裁判方式、环境修复等全方位加强指导；印发《关于明确环境资源案件集中管辖工作职责的通知》，进一步厘清河南省高级人民法院环境资源审判庭、郑州铁路运输中级法院、18 个集中管辖基层法院和非集中管辖中级、基层法院的工作职责；建立结对联系制度，一对一指导 18 个集中管辖基层法院创新打造司法保护环境绿色品牌，郑州黄河、淅川南水北调水源地等生态环境司法保护品牌效应不断彰显。

近年来，郑州铁路运输两级法院始终牢固树立最严格制度、最严密法治的底线意识，正确把握黄河流域生态保护和高质量发展协同共生的辩证关系，充分发挥环境资源审判的职能作用，有效保护河南省内黄河流域生态环境和自然

---

① 周立主编《河南法治发展报告（2021）》，社会科学文献出版社，2020，第 8 页。

资源安全,推动经济绿色低碳转型。2023 年,郑州铁路运输两级法院受理黄河流域环境资源案件 795 件（含旧存 35 件）,审结 784 件,结案率为 98.62%。[①]

(三) 进一步推进环境资源审判集中管辖改革

为进一步推进环境资源审判集中管辖改革,河南省法院系统持续深化相关改革。一方面,加强集中管辖法院之间的协调联动。郑州铁路运输中级法院到南乐、西峡等县（区）基层法院等就环境资源案件集中管辖实施情况进行调研,并召开环境资源审判工作座谈会,研讨环资审判、调研案例等方面的情况。郑州铁路运输中级法院环境资源审判庭与西峡县人民法院签订《环资审判调研案例工作共建协议》,明确共建典型案例培育、重大调研课题联动、调研成果转化、总结提升等机制。该协议是集中管辖法院之间关于加强调研案例工作的一次有益探索,是深化河南省法院系统环境资源审判集中管辖改革的创新举措,有利于充分发挥共建单位自身优势,实现环境资源审判实践与理论的融合发展,形成更高质量的调研案例成果,推动环境资源审判工作高质量发展,扩大河南省环境资源审判影响力。另一方面,推动集中管辖法院与非集中管辖法院的沟通协作和良性互动,调动非集中管辖法院协同配合集中管辖法院在跨域诉讼服务、案件审理保障、争议事项化解、部门沟通协调等方面的积极性,推动环境资源案件在集中管辖法院的集聚与诉源治理、纠纷实质性化解等在非集中管辖法院的延伸相结合。如郑州铁路运输中级法院到南阳市方城县、三门峡市、新乡市等地开展巡回审判活动,增进与地方法院的沟通协作,推动纠纷实质性化解;先后与许昌中院、平顶山中院、驻马店中院、南阳中院开展环境资源案件集中管辖座谈会,加强与非集中管辖法院在跨域立案、巡回审判、异地送达、协助执行、信访化解等方面的协调对接,形成生态环境保护长效机制。

四 完善案件归口审理机制

(一) 从"二合一"到"三合一"的审判机制

环境资源案件因与自然环境、自然资源、自然科学和技术相关,具有

---

① 《河南省内黄河流域生态环境司法保护白皮书（2023 年度）》,郑州铁路运输中级法院网站,2024 年 4 月 15 日,https://ztzy.hncourt.gov.cn/public/detail.php?id=6185。

公益性、复合性、专业性、恢复性、职权性，往往牵涉地方经济利益，案件受干扰大，故将涉及刑事审判、民事审判、行政审判和非诉执行等专业领域环境资源案件统一归口于一个审判庭审理，既是环境司法专门化改革的重要成果，也有利于贯彻绿色发展理念、统一裁判尺度、形成集聚优势、扩大审判影响、提升司法权威。2016 年，河南省高级人民法院环境资源审判庭（简称环资庭）成立，将全省法院涉及环境资源类的民事、行政案件实行统一归口管理、统一指导。2021 年，最高人民法院出台《环境资源案件类型与统计规范（试行）》后，河南省各级法院认真梳理五大类典型环境资源案件，出台《环境资源刑事案件罪名及民事行政案件案由（试行）》，现已嵌入审判流程系统，加强了全省法院典型环资案件的归口管理。同时，为加大生态环境司法保护力度，统一环境资源审判理念、裁判标准，河南省各级法院在 2020 年 9 月将环境资源刑事案件交由环资庭审理，在民事、行政案件"二合一"的基础上实行环境资源案件"三合一"。相比较"二合一"，"三合一"的审理模式更适合环境资源案件审判的专业化和现代化要求。最高人民法院《关于全面加强环境资源审判工作为推进生态文明建设提供有力司法保障的意见》指出："积极探索环境资源刑事、民事、行政案件归口审理。结合各地实际，积极探索环境资源刑事、民事、行政案件由环境资源专门审判机构归口审理，优化审判资源，实现环境资源案件的专业化审判。"可见，"三合一"的审理模式实现了由环境审判机构对管辖区内的所有环境案件集中管辖，对环境刑事、民事和行政案件实行一体化审理，有利于避免发生同案不同判现象，确立统一司法适用标准，实现司法资源的高效利用。①

（二）"三审合一"审判机制取得实效

环境案件由于其本身的特殊性，纠纷中民事、行政、刑事法律责任具有高度复合性与关联性，环境"三审合一"模式在实现司法资源配置的优化、降低投入成本、提升法律适用度上都能产生巨大效能。② 自河南省各级

---

① 都仲秋：《环境司法"三审合一"的构建与完善》，《北京城市学院学报》2020 年第 5 期。
② 汪明亮、李灿：《环境案件"三审合一"模式的实践考察与完善进路》，《河北法学》2022 年第 3 期。

法院采用环境资源民事、行政、刑事案件合一审判以来，包括沿黄地区在内的省内各地环境资源案件审判质效得到明显提升。

一是提升流域污染防治水平。加大对污染环境类民事、刑事、行政案件的审理力度，依法严惩偷排废水，倾倒、处置危险废弃物等突出犯罪，助力打好黄河流域污染防治攻坚战。2023年郑州铁路运输两级法院审理污染环境类刑事案件66件、民事案件5件、行政案件61件。郑州铁路运输中级法院审理的某化工有限公司、吴某庆、肖某光等污染环境案，被告人违法将危险化工废液交给没有处置资质的个人处理，导致具有腐蚀性、浸出毒性的危险废液被违法排放到污水井内，污染周边环境。郑州铁路运输中级法院依法判处被告单位罚金50万元，判处3名被告人两年至四年六个月不等的有期徒刑，处罚金并追缴违法所得，体现对污染环境类犯罪从严惩处的司法理念。

二是加强生物多样性保护。全链条打击非法捕捞水产品、危害野生动植物等违法犯罪，加强生物多样性及生态系统的司法保护。2023年郑州铁路运输两级法院共计审理非法捕捞水产品案件84件，非法狩猎案件96件，危害珍贵、濒危野生动物案件20件，危害国家重点保护植物案件19件，盗伐、滥伐林木案件87件。2023年8月，郑州铁路运输法院与郑州铁路运输检察院、延津县人民检察院、公安局、自然资源局、国有延津林场联合下发了《关于建立协作机制推动黄河流域生物多样性保护的意见》，并在国有延津林场设立了省内第一个生物多样性保护基地。同年12月，召开黄河流域生物多样性保护（延津）协作机制第一次联席会议，成立黄河流域生物多样性保护跨区划协作延津基地领导小组及办公室。

三是推动水资源节约集约利用。严格贯彻落实《黄河保护法》关于取水许可、用水计量、取用水总量控制的制度，强化黄河流域水资源保护，推进水资源节约集约利用。郑州铁路运输法院在审查巩义黄河河务局申请强制执行某水务公司案中，认为某水务公司超出取水许可指标，超计划取用水，违反了《黄河水量调度条例》和《黄河保护法》的规定，裁定准予强制执行巩义黄河河务局做出的行政处罚决定。此外，严厉打击盗采、滥采黄河河砂行为，保障黄河水砂协调，守护黄河长久安澜。2023年，郑州铁路运输两级法院共计审理非法开采黄河河砂类非法采矿案56件，有力彰显了坚持严格司法，保护黄河安澜、保障沿黄人民群众生活生产秩序的初心和决心，也有利于引导社会公众加强水资源节约保护及合理开发利用，推动黄河流域绿色发展。

（三）探索建立"四审合一"审判机制

环境资源"四审合一"集中办理是指将原来的涉环境资源刑事、民事、行政和执行案件分别由刑庭、民庭、行政庭、执行局办理的模式，转变为"四审合一"集中由环境资源法庭办理的模式。为积极推进河南省环境资源审判机制向更高层次迈进、落实环境判决、尽快修复受损生态环境，淅川县人民法院、西峡县人民法院探索实行环境资源刑事审判、民事审判、行政审判和案件执行"四审合一"的工作模式。选配经民庭、刑庭、执行局等多岗位锻炼且专业性较强的法官组建环资审判合议庭，强化诉前、诉中、诉后主动服务对接，严把普法教育、定罪量刑、"缓管免"适用、刑罚执行和生态修复五道关口，建立环境资源案件生态修复、回访等机制，推动重心、人员、机制向审判一线发力，促进惩治犯罪、赔偿损失和修复环境协调统一，形成"保护、打击、预防、修复、联动"五位一体生态司法格局。此举为"四审合一"审判机制在包括沿黄地区在内的全省范围内推行积累了重要经验，不仅是能动司法理念、践行恢复性司法的具体体现，而且将审判职能延伸到生态执行环节，能够确保环境资源案件判决落实到位，有力提升了司法审判效能。

五　创新生态修复责任承担方式

环境公益诉讼不同于普通诉讼，其侵害的客体是社会公共利益而非特定人的私益，故传统诉讼中规定的赔礼道歉、赔偿财产损失等民事责任无法有效地修复受损的生态环境。为恢复生态环境服务功能，落实公益诉讼判决执行效果，河南省各级法院积极创设新的责任承担方式，助力黄河流域生态保护修复效果提档升级。

（一）补植复绿

所谓的补植复绿是指森林失火，盗伐、滥伐等毁坏林木的刑事案件发生后，通过对受损的林地采取植苗补种等造林补救的措施，使遭受损害林地的植被得到最及时、最有效恢复的措施。为了使行政相对人或者侵权人更好地履行补植义务，国家在《中华人民共和国森林法》（以下简称《森林法》）的基础上出台了《国家林业和草原局关于制定恢复植被和林业生产条件、树木补种标准的指导意见》，就适用范围、恢复植被和林业生产标准等内容做了规定。为严格执行《森林法》和上级部门关于被毁林木恢复种植相关文件精神，河南省林业局于 2021 年出台了《河南省恢复植被和林业生产条件、树木补种标准（试行）》，详细地列举了恢复林业、植被的工序和质量标准，树木补种标准，恢复期限等，给法院审判环境案件提供了依据，也为判断侵权人判决履行情况提供了判断标准。如南召县人民法院审理南召县检察院诉刘某武滥伐林木案中，为第一时间修复受损的生态环境，经该院协商，刘某武与林业部门签订了《危害环境案件生态补偿考察协议》。按照约定，刘某武补种了树木 10013 棵，成活率达到 93.4%，复原山林 15 亩。经南召县人民检察院与法院、林业、环保等相关单位联合验收，刘某武完成了协议约定的补种任务，从而认定其履行完毕判决内容。类似的情况也多出现在关于河南省黄河生态保护修复的案件之中。

（二）以劳代偿

以劳代偿主要是通过劳务的方式来代替履行支付生态损害赔偿金的责任，属于承担生态损害赔偿责任的一种方式。其作为司法机关积极践行能动司法的具体表现形式，在惩治违法行为人的同时也督促其积极履行生态修复的义务，实现双赢。但以劳代偿责任承担方式的适用以当事人无法偿还生态环境修复金为前提，作为对生态环境进行替代性的修复方式，是践行恢复性生态环境司法理念的生动体现。以劳代偿与补植复绿都是让侵权责任人付出一定的劳动，但区别于补植复绿以受损的生态环境通过复植可以得到恢复为适用前提，而以劳代偿的适用范围是受损环境已无法修复的问题，故在司法实践中补植复绿优先适用。如 2023 年 4 月，罗某等 4 人因非法捕捞水产品被新野县检察院提起刑事附带民事公益诉讼，新野县人民法院以非法捕捞水产品罪分别判处罗某等人有期徒刑八个月，缓刑一年，共同赔偿渔业资源损失费 2.5 万余元。在该案执行监督工作中，办案检察官通过实地走访了解到，罗某等人常年处于无业状态，家人身患重病，经济困难，实在无力缴纳渔业资源损失费。新野县人民检察院在南阳市人民检察院支持下，决定引入以劳代偿的替代性修复方式办理该案。该案以劳代偿方式包括罗某等 4 人以 50% 的赔偿金增殖放流一部分原种鱼苗，剩余赔偿由 4 名赔偿义务人所在村委会及相关行政主管单位监督其完成相应劳务，如担任环保志愿者，参与河道垃圾清理、护河宣传教育等工作。该判决不仅体现了司法的人性化，更能够使侵权责任人参与环境保护，为创新黄河流域生态保护修复方式提供了有益探索。

（三）认购碳汇

碳汇是利用生态系统实现"负排放"的方式，是植物利用光合作用吸收大气中的二氧化碳，实现降低温室气体在空气中含量的过程。认购碳汇作为替代性修复生态环境的责任承担方式是环境司法中逐渐兴起的一种新的修复举措。它是指生态修复责任主体由于不能履行生态修复责任而自愿通过碳交易机构购买碳汇，由其他个人或机构实施固碳增汇工程的一种手段。简言之，认购碳汇类似捐钱植树。[①] 相比于补植复绿，认购碳汇不要求当地修复，也不要求恢复同种林木，更不要求实时采取修复措施，而只需恢复相同的碳汇量。如在福建省、江苏省等地，该新型的判决方式已经在法院判决中体现，最典型的为福建省顺昌县的"一元碳汇"项目。案件中被告人吴某辉滥伐林木的行为造成了林地固碳释氧、涵养水源、保育土壤、积累营养物质等生态功能的损失。顺昌县人民法院办案中融入生态修复性司法理念，以"生态司法+碳汇"为切入点，通过引导被告人自愿向"一元碳汇"项目中有碳汇"富余"的林农或村集体购买碳汇的方式，对被其破坏的生态环境进行"原态+替代"修复。该案是全国首例通过认购碳汇的模式对受损生态环境进行修复的案件，是促进实现"双碳"目标的生动实践。推动认购碳汇这一责任承担方式的逐渐普及，对河南黄河生态修复、绿色发展具有深远意义。

（四）增殖放流

增殖放流指的是采用人工方式向江河、湖库、海洋投放水生生物的卵、幼体或成体的行为。增殖放流活动有利于修复渔业资源、改善天然水域，修复对水生生物资源造成的损害，还有助于进一步保障水生生物多样性，

---

① 杨帆：《"双碳"目标下"认购碳汇"的司法适用研究》，《学术探索》2023 年第 7 期。

促进渔业种群资源恢复和渔业可持续发展。在濮阳市清丰县人民法院审理县人民检察院诉刘某非法捕捞水产品刑事附带民事公益诉讼案件中，法院认为，刘某在禁渔期非法捕捞水产品，破坏生态系统，已达到刑事处罚标准，被判处拘役三个月，缓刑三个月执行；同时要求刘某承担增殖放流 97 公斤原种鱼苗的生态修复责任。清丰县人民法院创设的"刑事处罚+增殖放流"的生态环境责任承担方式，是践行恢复性司法理念的重要举措，不仅有力震慑了非法捕捞水产品等损害生态环境的违法行为，使受损的生态环境资源得到及时有效修复，也体现了坚持惩罚犯罪与修复环境并重，以实际行动强化黄河流域生态司法协同保护，为推进生态文明建设和绿色发展提供司法服务与保障，有利于检察机关督促侵权行为人将生态环境保护和修复落实到位。

六　成立生态环境司法保护基地

生态环境司法保护基地是实现人与自然和谐共生、保护生态环境的中国方案。建立生态环境司法保护基地是能动司法理念的具象化体现，其将承担起补植复绿、保护环境等多项恢复性司法功能，并以实际案例对可能破坏生态环境的人起到教育警示作用，面向群众进行普法宣传。郑州铁路运输法院在武陟县成立人民胜利渠渠首黄河流域生态环境司法保护基地，在濮阳县渠村法治文化广场成立黄河流域生态环境司法保护基地，在国有延津林场设立生物多样性保护基地；河南省高级人民法院、郑州铁路运输中级法院和三门峡市中级人民法院联合成立小秦岭生态环境修复和司法保护基地；新郑市人民法院成立新郑市生态环境司法保护示范基地和具茨山生态环境修复实践基地；洛阳市中级人民法院在新安县建立了生态环境修复基地，标志着洛阳市环资审判工作在运用恢复性司法方面取得了新的进展；武陟县人民法院联合焦作市中级人民法院在覃怀公园设立了焦作市环境资源生态修复基地；濮阳市县两级法院共建立了 6 个环境司法保护基地、4 个黄河流域生态环境司法保护基地，其中河南省台前县将军渡黄河生态环境司法保护基地作为首个跨省域司法保护基地，在全国率先开启黄河流域生态环境司法保护跨省域协作模式；三门峡市中级人民法院、卢氏县人民法院在狮子坪乡玉皇山国家森林公园揭牌成立玉皇山生态环境司法保护基地。截至 2023 年，全省法院联合设立了 18 个生态修复基地，其中在黄河沿岸设立 4 个生态环境司法保护基地、12 个生态环境修复基地。

此外，为更好地落实黄河流域公益诉讼判决，按照省林长办公室《关于设立生态修复基地和宣传教育基地的通知》要求，省检察院、省林长办公室联合设立包括新密市雪花山森林运动公园、龙亭区柳园口乡黄河生态修复提升工程、孟津黄河湿地国家级自然保护区、伊川伊河国家湿地公园、汝州市北汝河南岸、内黄县林场、淇河国家湿地公园、国有原阳林场、封丘县新乡黄河湿地鸟类国家级自然保护区、国有焦作林场（焦作市森林公园）等在内的"林长+检察长"生态修复基地，为侵权人履行异地补绿、以劳代偿等生态责任提供条件，同时还在各地设立"林长+检察长"生态司法宣传教育基地，真正实现了全省地辖市全覆盖。生态修复基地的建立是探索生态恢复性司法的重要举措，为有效挽回生态破坏所造成的损失，使受损森林资源和野生动物资源及时得到修复打下基础，实现打击和保护的双重目标。真正实现"办理一个案件、恢复一片青山、保护一类物种、教育一批群众"的法治效应。

七 提升审判队伍专业化水平

一是培养环境资源专业法官。河南省高级人民法院开展全省法院环境资源审判培训班，努力更新审判理念，提升裁判能力，提升环境资源审判业务水平；定期组织法官论坛，邀请资深法官开展业务交流，围绕环境资源案件审判争议焦点，在责任认定、法律适用等方面进行统一把握，提升案件质效；与郑州大学、河南科技大学等高校交流合作，夯实审判队伍的理论基础，不断提升审判队伍理论和实际相结合的能力，培养适应归口审理模式需求的专业化审判团队。二是借助"外脑"支持。河南省高级人民法院下发通知建立人民陪审员专家库、咨询专家库、技术调查官库，聘请环境资源专业领域的专家学者，借助专家学者和技术人员的智识推动案件事实查明和专业技术问题认定，为法官裁判案件提供专业技术帮助，不断提升环境资源审判水平。各地法院探索建立诉调对接办公室、法官工作站等多种工作机制，邀请专业机构、社会公益组织、人民调解员、代表委员参与环资案件审理。

八 完善相关配套制度

一是积极适用环境禁止令。环境禁止令是在生态环境侵权案件中，为及时制止被申请人正在实施或者即将实施的污染环境、破坏生态行为，避免申请人合法权益或者生态环境受到难以弥补的损害而向法院申请，请求法院禁止其做出相关行为的一种行为保全措施。2016 年，中牟县人民法院在中牟县环保局的申请下发出了全省第一个环境保护禁止令，责令违法企业立即停止生产经营活动。截至 2023 年 4 月，全省法院共发布环境禁止令315 件，及时地制止了环境侵权行为的发生，有效维护了环境公共利益。如买某强等 6 人对外排放超过国家标准三倍的废水，直接危害黄河流域水生态环境，被依法判处刑罚的同时对其宣告环境禁止令，禁止其在一定时间内从事与排污相关的活动，有效避免生态环境损害情况的发生。二是落实惩罚性赔偿制度。惩罚性赔偿制度作为生态环境领域的创新举措，在实践中仍处于探索阶段。惩罚性赔偿制度无疑在一定程度上加大了违法处罚力度，提高了不法分子的违法成本，并在很大程度上促进良法善治在推进河南黄河流域生态保护和高质量发展过程中发挥应有的功效。

第三节　适应现实需求，全方位完善黄河流域司法保护机制

习近平总书记在黄河流域生态保护和高质量发展座谈会上的讲话中指出，当前黄河流域存在的问题，表象在黄河，根子在流域。[①] 黄河流域的司法服务与保障，同样不能"单打独斗""九龙分治"。在服务保障黄河保护治理实践过程中，河南省各级法院紧紧围绕黄河流域生态保护和高质量发展实际需求，依托新阶段司法改革成果，严格践行流域司法保护的系统性与协同性要求，结合其在环境资源、知识产权等领域的审判专门化建设经验，努力构建全方位流域司法服务保障机制，以高质量司法审判服务有力保障河南省黄河流域生态保护和高质量发展。

一　建立高效司法协作机制

（一）积极推动省际司法协作

为更好地服务黄河流域生态保护和高质量发展，河南省内司法系统不断探索与省外司法协作，共筑流域治理新格局。在最高人民法院的主导下，

---

① 习近平：《在黄河流域生态保护和高质量发展座谈会上的讲话》，《求是》2019 年第 20 期。

河南省高级人民法院与沿黄9省区高级人民法院签订司法协作框架协议，建立黄河流域间的协调联动机制，打破过去"九龙治水，各管一段"的困境，形成"流域一体，统一施治"的崭新局面；签署《秦岭沿线七省（市）高级人民法院生态环境司法保护协作框架协议》并发布《秦岭宣言》，共同加强法治经验总结和宣传，强化水流域生态环境法治保护的预防效果和社会效应。为高效解决河南省黄河流域省际环境资源纠纷、充分凝聚保护黄河"母亲河"合力，郑州铁路运输中级法院积极担当作为，联系协调山西省运城市中级人民法院和陕西省渭南市中级人民法院，三方联合签署了覆盖豫、陕、晋三省交界部分黄河流域的《晋陕豫黄河金三角区域环境资源审判协作框架协议》，共同推动构建黄河流域（晋陕豫黄河金三角区域）环境资源审判协作机制，携手保护黄河金三角区域生态环境。

（二）不断完善省内司法协作

为推进黄河流域矛盾纠纷化解常态化、长效化，河南省高级人民法院系统建立内部联动机制，包括案件移送、联动协助、信息资源共享等内容；建立外部协作机制，加强与公安、检察院、环保、水利、国土、农林业等部门的联席会议、信息交流、立案移送、案件互通、联合调查取证等工作，用严格制度、严密机制保护河南黄河流域生态环境。

为加强公检法协同保障，河南省高级人民法院与河南省人民检察院、公安厅、司法厅会签《关于实行省内黄河流域环境资源刑事案件集中管辖的规定》《关于实行省内黄河流域环境资源检察公益诉讼案件集中管辖的规定》，出台《关于全省法院环境资源案件集中管辖的规定》，持续完善公检法司协调配合机制，有效形成协同治理合力；同时，指导郑州铁路运输法院与洛阳铁路运输检察院、三门峡市公安局森林公安分局、三门峡市生态环境局，围绕河南省内黄河流域三门峡段共同签署《关于加强刑事诉讼与生态环境损害赔偿制度双向衔接的实施意见》。该意见是全国首个司法机关和行政机关针对刑事诉讼与生态环境损害赔偿制度双向衔接问题签订的协作协议，在深入推进黄河流域生态保护和高质量发展的当今具有重要意义。

此外，作为河南省内黄河流域环境资源案件集中管辖法院，郑州铁路运输中级法院先后与许昌市中级人民法院、平顶山市中级人民法院、驻马店市中级人民法院、南阳市中级人民法院一同召开环境资源案件集中管辖座谈会，加强与非集中管辖法院在跨域立案、巡回审判、异地送达、协助执行、信访化解等方面的协调对接，同时总结个案协作经验，推动长效机制建设，形成黄河流域生态保护和高质量发展审判一体化工作机制。

二 强化府院联动合作

为有效深化府院联动，提升司法服务保障河南黄河保护治理工作效能，河南省各级法院系统采取了有力举措。河南省高级人民法院专门成立了以院长为组长的府院联动工作领导小组，负责领导全河南省高级人民法院府院联动工作的相关事宜，印发了《河南省高级人民法院府院联动工作规则》（豫高法〔2022〕350 号），将领导小组办公室设在行政庭，对河南省高级人民法院各相关部门的主要职责、工作制度、宣传报道制度、督办工作制度、文件管理制度等均做出了详细规定。各地政府和法院迅速行动，召开府院联席会议，建立府院联席工作机制。截至 2022 年底，在省政府的示范带动下，全省 18 个地市和全部县（市、区）均召开了府院联席会议，建立了府院联动工作机制，对照省府院联动会议十项任务清单，列出台账，全省府院联动工作格局已经形成。其中，洛阳市建立起市县乡三级全覆盖的府院联动机制，成立以市政府主要领导为组长的府院联动工作领导小组，并印发《洛阳市常态化府院联动机制实施方案》；开封市成立了以市长为召集人的市级联席会议制度，建立了"15345"府院联动推进工作体系和工作机制，高标、高质、高效推动黄河流域问题解决；浚县法院探索建立"府院+1（N）"的工作方法，牢固树立"监督就是支持，支持就是监督"的理念，主动与政府部门沟通，促进行政争议案件诉源治理和实质性化解，全面助力黄河流域生态保护和高质量发展，切实做到双赢多赢共赢。

河南省高级人民法院与省政府建立府院联动机制，将优化营商环境、推进乡村振兴等纳入府院联动大盘，共同做好纠纷诉源治理、规范涉企执法、提高服务质效等工作，助力黄河流域高质量发展。郑州铁路运输中级人民法院加强与税务、检察、公安等部门联系，建立健全破产司法税务协作机制、破产企业财产解封沟通协调机制，制定下发《关于企业破产程序涉税（费）问题处理的意见》《关于防范和打击利用破产程序逃废债行为若干问题的意见》等文件，妥善处理企业破产问题；同时与郑州市大数据管理局合作，开发利用中原智慧破产管理平台，实现办理破产的智能化、网络化、无纸化，提升破产工作信息化应用水平。鹤壁市法院对接行政机关、行业协会、专业性调解组织等社会力量，发挥府院联动工作机制优势，凝聚处置合力，化解纠纷。在助力乡村振兴方面，河南省高级人民法院出台《为推进乡村振兴战略提供司法服务的意见》，推出"法官+驻村"、定点帮扶等模式，将法官从在庭内"坐堂问诊"转变为到田间地头"巡诊把脉"，延伸司法审判职能。各基层法院不断创新特色模式，如汝阳县人民法院建立"三农"法庭，发放"三农"法庭便民联系卡，为农户提供精准司法需求；西峡、巩义、安阳、灵宝等地人民法院均推出"车载法庭"审判模式，把司法服务扩展到人民群众的身边。建立常态化府院联动工作机制是发挥河南省人民政府、河南省高级人民法院各自职能优势，形成执法和司法良性互动、效能叠加，维护公平正义、优化发展环境的有力抓手，也为推进黄河流域生态保护和高质量发展提供坚实法治保障。

三　完善案例指导机制

案例指导机制是司法机关通过总结实践经验，使裁判规则内容科学化的过程。案例指导机制把已经被验证的知识、经验等凝聚在内，为审判活动的正当性提供合理性标准。河南省高级人民法院遵循最高法办理指导案件文件精神，努力打造河南省黄河精品案件，提高审判工作质效。自 2014 年起，河南省高级人民法院开始不定期公布一些典型案例，截至 2024 年 5 月通过官方网站、"豫法阳光"公众号共发布 4875 件典型案例，阅读量达 1137 万次，① 发布的典型案例涉及与黄河流域生态保护和高质量发展直接相关的环境资源、知识产权保护等多个领域，真正通过办理精品案件的方式解释黄河保护治理相关法律、指导相关法律法规准确高效适用，使判决更易为人接受也更易执行，有力增强了河南省黄河保护治理工作质效。

在生态保护方面，自从黄河流域环境资源案件集中管辖以后，河南省各级法院更加重视对环境资源典型案例的总结和发布，努力让典型案例成

① 《运用典型案例 促推法治进步》，河南省高级人民法院官网，2024 年 1 月 29 日，https://www.hncourt.gov.cn/public/index.php?LocationID=0200000000。

为向群众宣传习近平生态文明思想、习近平法治思想及流域治理法律法规的重要载体。2019—2022年，河南省高级人民法院发布6批52件典型案例，各中级法院、基层法院发布典型案例200余件。① 2023年郑州铁路运输中级法院发布黄河流域生态环境司法保护典型案例6件，入选河南省高级人民法院环境资源审判各类案例12件，包括黄河生态环境保护典型案例7件、全国生态日典型案例4件、涉林木环境资源典型案例1件。② 典型案例是鲜活的教材，更是生动的法治。黄河流域高质量发展涉及方方面面，河南省高级人民法院应继续扩大典型案例的类型范围，不断打造不同类型的精品案例，为黄河流域生态保护和高质量发展提供全方位司法服务。

优化营商环境在长远意义上决定着黄河流域沿线地区发展的活力后劲，也影响着全流域高质量发展的"生命之线"。为营造开放透明、公平公正的市场环境，河南省高级人民法院通过"豫法阳光"发布了服务保障建设全国统一大市场行政诉讼典型案例、破产审判典型案例等，通过以案释法的方式来维护市场公平，防止出现市场垄断，建设公平竞争的经济市场；发布2023年度知识产权司法保护典型案例，其中案例涉及涉外知识产权、地理标志产品保护、打击不正当竞争、维护市场秩序等多个领域，彰显了人民法院保护创新、开放包容的自信和决心，同时以典型案例加强宣传教育，促进诚实守信，维护公平的竞争环境。

此外，为深入推进河南省黄河流域高质量发展，河南省各级法院系统发力知识产权创新保护，以司法之力推动形成符合高质量发展要求的富有地域特色、具有较强竞争力的经济发展体系。结合包括沿黄地区在内的河南省大部分地区多为传统农业区这一实际，河南省高级人民法院提出14项具体措施，聚焦具有自主知识产权的重大农业科技成果以及植物新品种等新质生产要素，持续加大保护支持力度，努力服务保障"中原农谷"建设。

四 优化智慧法院建设

党的十八大以来，河南省各级法院系统全面推进智慧法院建设，运用

---

① 周立主编《河南法治发展报告（2021）》，社会科学文献出版社，2021，第237页。
② 《河南省内黄河流域生态环境司法保护白皮书（2023年度）》，郑州铁路运输中级法院网站，2024年4月15日，https://ztzy.hncourt.gov.cn/public/detail.php?id=6185。

信息化手段推进审判体系和审判能力现代化。为深入优化改善司法审判工作，河南省各级法院系统积极推行线上诉讼，不断提升网上办案、电子阅卷等线上体验，有效减轻当事人诉累；同时，利用线上平台对接推进执行案件跨部门协同办理，不断提高审判执行工作效率。河南省高级人民法院更是瞄准服务黄河流域生态保护和高质量发展的大局，强化全省统筹、注重创新融合、突出应用质效，围绕"智审、智执、智服、智管"全方位打造河南特色智慧法院体系，不断提升为黄河流域高质量发展服务的能力。

（一）智慧审判，提升审判质效

要为河南省深入推进黄河流域生态保护和高质量发展提供优质、高效、便捷的司法服务保障，河南省各级法院系统需要不断加强智慧审判建设。长期以来，河南省各级法院系统坚持以服务所有法官、覆盖所有案件、打通所有流程为目标，持续发力法官线上办案系统打造，在为法官提供优质线上办案服务的同时，积极推动审判辅助智能化。目前，全省法院系统至少已建成700多个科技法庭，全面覆盖沿黄各地区法院。通过这种科技法庭，电子数据等类型证据可以直接显示展示，庭审录音录像、庭审语音自动识别等需求得以轻松满足，远程审判水到渠成。粗略统计，科技法庭的投入使用使得庭审时长平均缩短了约30%。人工智能、大数据、区块链等前沿技术被广泛应用到审判实践中。在科技的加持下，法律文书智能纠错甚至是直接辅助生成成为现实；同一类型的案件可以快速分解与整合，要素式智能审判得以实现；当法官做出的裁判可能偏离一定标准时及时进行风险提示和预警，法院审判工作的品质和效率均得到前所未有的提升。

同时，为提高案件繁简分流效率，河南省法院系统上线繁简分流系统。在立案登记阶段，系统实时将案件信息同步转化为繁简分流要素并智能打分，提高立案法官甄别繁简效率。郑州市中级人民法院作为全国案件繁简分流的试点法院，依托大数据技术，探索建立"人工识别+智能化辅助"繁简识别机制，提升案件繁简识别精准度。郑铁法院创设简繁案件"五化"精准识别法（即立案审查专业化、调裁分流实质化、裁审分流精准化、简繁转换便捷化、审执对接系统化），建立分层递进、衔接配套的"简繁"识别机制。截至2023年6月，智能繁简分流技术在办理流域案件上已实现自动识别、分类抓取，设置足额冻结、行为执行、被执行人2年内有3个及以上终本案件等简案标准，推动繁简分流精细化、智慧化管理，极大地缩短了案件审理周期。此外，河南省高级人民法院充分运用科技手段，研发"人工智能法官助理"，实现全流程、全链条要素式审理，有效缓解案多人少的矛盾，避免"类案不同判"。

（二）智慧执行，高效兑现权益

黄河流域案件多涉及生态修复、水资源分配矛盾等问题。为确保流域诉讼案件执行高效落实，河南省高级人民法院执行指挥中心以统一管理、统一协调、统一指挥为原则，高位谋划并建立起全省执行案件流程信息管理系统，并以此为基础构建科学高效的全省法院执行工作管理体系。通过执行案件流程信息管理系统，省内各级各地人民法院可以实现执行办案全过程留痕、全流程公开、全链条监督。在最高人民法院与公安部、中国银行保险监督管理委员会等16个行业主管部门以及近4000家银行业金融机构实现信息联网的基础上，河南省高级人民法院进一步联系对接省自然资源厅、住房和城乡建设厅等相关单位，对执行涉及的各种形式的财产实现全面覆盖、一网可查，让胜诉方的各项合法权益可以尽快实现。为方便全省执行案件管理，各法院均已成立卷宗管理中心，通过建立"信息化、集约化、规范化、高效化"的管理机制，进一步提高了卷宗的规范化管理，加强了案件执行的节点监管，形成了便捷高效、精准监管的案件管理模式，为执行工作提质增效奠定了坚实基础。卷宗管理中心成立后，让选择性执行、消极执行、不规范执行等"顽疾"可视可控，实现从"卷随人走"的传统模式转变为分段集约、专员专责。

（三）智慧管理，规范审判执行

为强化全省诉讼特别是涉及黄河流域案件审判执行环节全流程监管，实现"立案上网、全程在网、结案出网、痕迹留网"，全省法院特别是郑州铁路运输两级法院坚持以信息技术赋能审判管理和服务决策工作；河南省高级人民法院打破人民法院调解平台与审判流程管理系统的"孤岛"状态，推动实现两大平台衔接融合，使案件在进入审判程序之前，可以通过调解方式化解纠纷，有效解决了立案环节出现的"调节阀""蓄水池"等问题；通过一些智能化的举措使得院长、庭长可以依法有效地监督管理民事、行政等各种类型的案件，避免可能的违法违规干预；打破信访案件管理系统与审判流程管理系统的分离状态，实现双向互联，接访人员可以实时查阅信访问题涉及的原审卷宗，获悉信访问题前因后果，准确及时地对当事人进行释明和疏导，从而有力提升信访化解工作效果；利用"法信智推系统"，智能梳理整合同类案件，并导出类案报告，为法官裁判提供合理的类案参考和规范的量刑建议。2023 年以来，该监管平台共标注案件 14714 件，三级法院院庭长办理案件 345496 件，占审理总数的 52.64%。诉讼案件法定期限内结案率达 99.74%，主要审判效率指标稳居全国前列。[①]

五　健全公众参与机制

坚持专业审判与公众参与相结合。邀请各行各业的群众走进法庭旁听庭审，在河南省高级人民法院已成为常态。为提升法治教育、助力高质量审判，河南省法院庭审中注重邀请人大代表和政协委员，街道社区（行政村）基层工作人员和基层群众，企事业单位管理人员、普通工人、外来务工人员，大中专院校、中小学师生，基层党政军机关、民主党派、人民团体、社会团体有关人员，专家学者、专业技术人员，媒体工作者 7 类人群，从而促进司法公正，提升司法公信。如信阳市中级人民法院邀请有关部门、专家学者、企业代表齐聚一堂，召开"信阳毛尖"品牌建设与保护研讨会，分析"信阳毛尖"品牌建设与保护方面的需求与期待，发挥司法保护知识产权主导作用。郑州市知识产权法院聘请技术调查官，设立律师调解室，在辅助法官解决技术难题的同时弥补了当事人知识产权法律知识的欠缺，维护了当事人的合法权益，缩短了办案周期，促进了法律关系明晰。在重大复杂环境案件中郑铁法院邀请专家为审判人员提供技术咨询，在庭审中引入专家辅助人制度，让专家辅助人、人民陪审员在诉讼活动中有效发挥查明事实、鉴定评估等作用，依法保障公众对环境司法的知情权、参与权、监督权。叶县人民法院任店法庭、信阳市平桥区人民法院邀请人大代表、政协委员走进法院，参与庭审全过程，主动接受监督，提升审判质效。注重公众参与庭审活动，不仅是普法宣传的重要方式，也有助于提升公众法律意识，对普及法治教育、提升法治意识、促进黄河流域法治建设具有重要意义。

---

① 《河南："智慧法院"跑出诉讼"加速度"》，河南省高级人民法院网站，2023 年 7 月 15 日，https://www.hncourt.gov.cn/public/detail.php?id=195842。

六　扎实推进黄河流域生态补偿机制

（一）推进省际横向生态保护补偿机制

为加强黄河生态保护和环境治理，河南省主动与上下游省份开展了多轮磋商谈判，山东省人民政府、河南省人民政府签订了《黄河流域（豫鲁段）横向生态保护补偿协议》。鲁豫两省约定以黄河干流跨省界断面的水质年均值和3项关键污染物的年均浓度值是否达到相关标准来确定能否兑现生态补偿资金。最终山东省作为受益方，兑现河南省生态补偿资金1.26亿元。作为黄河流域横向生态补偿的首次探索，该协议具有很强的示范引领作用。2024年，新一轮的《黄河流域（豫鲁段）横向生态保护补偿协议》补偿期限延续至2025年，将水质年均值调整为月均值，增加总氮指标，水质考核更加精准，标准也更高，将更加有力地保障黄河流域水质稳步改善，促进"绿水青山"向"金山银山"加速转化，为全国生态保护补偿工作提供示范。同时，河南省积极探索豫晋陕三省横向生态补偿机制，充分吸收借鉴黄河流域（豫鲁段）横向生态补偿成功经验，继续沿用"水质基本补偿+水质变化补偿"的总体框架，持续推进三省间尽快签订补偿协议。

（二）探索省内横向生态保护补偿机制

河南省财政厅、河南省生态环境厅、河南省水利厅、河南省林业局联合印发《河南省建立黄河流域横向生态补偿机制实施方案》，明确各级政府主体责任，统筹安排引导资金1亿元，对开展生态补偿机制建设成效突出的市（县）进行奖励，鼓励地方早建机制、多建机制，积极参与、支持黄河流域生态保护和高质量发展。河南省财政厅、河南省生态环境厅印发《关于建立河南省黄河流域横向生态补偿机制的实施细则》，进一步明确了补偿基准、补偿方式、补偿额度、水质监测的基本要求以及完成时限。该实施细则确定省内黄河流域横向生态补偿实施范围为伊洛河、沁河、蟒河、天然文岩渠和金堤河等黄河主要一级支流，涉及郑州市、洛阳市、安阳市、新乡市、焦作市、濮阳市、三门峡市7个省辖市和济源示范区；要求上下游各市根据实际情况自主确定水质基本补偿标准，原则上每年不低于500万元。截至2023年底，金堤河沿线的长垣市、滑县、濮阳县，伊洛河沿线的三门峡市、洛阳市、郑州市，蟒沁河沿线的济源示范区、焦作市，均已签订协议，建立横向生态补偿协议。

值得注意的是，《生态保护补偿条例》于 2024 年 6 月 1 日起施行。生态保护补偿是生态文明制度建设的重要组成部分。生态环境部认真贯彻落实党中央、国务院决策部署，积极开展各项工作。例如，启动全国温室气体自愿减排交易市场；制定发布首批造林碳汇等四项方法学；创新发展生态环境导向的开发模式；打通生态环境治理与城市绿色发展协同推进路径。作为黄河流域的重要省份，河南省将以《生态保护补偿条例》的实施为契机，积极扩大生态保护补偿的适用范围，与更多省份建立生态保护补偿机制，同时积极鼓励省内不同地区之间建立健全生态保护补偿机制。

七 加强黄河流域信息协同共享

只有实现流域信息的协同共享，才能推动流域统筹协调机制的充分发挥。为提升黄河流域（河南段）协同化、智能化治理水平，河南省政府办公厅印发《河南省以数据有序共享服务黄河流域（河南段）生态保护和高质量发展试点实施方案》，该实施方案聚焦赋能黄河防洪保安全体系构建、提升水利管理智慧化水平、提升洪水灾害防御气象服务能力、推进郑州市防汛监测预警应急指挥智慧化、推进自然资源调查监测和生态修复、推进林草湿荒生态综合监测、推进非天然地震监控精准化、加强生态环境要素综合监管 8 个应用场景，以数据共享服务黄河流域（河南段）生态保护和高质量发展。按照国家、水利部和数字孪生黄河共建共享相关技术要求，黄河水利委员会河南黄河河务局已经初步建成 "全域智能感知、高速互联互通、统一共享平台、智慧业务应用" 的数字孪生体系，给黄河装上了 "智慧大脑"；深化数字孪生技术和黄河保护治理业务融合，持续优化完善河南黄河智慧应用体系（1 个四预一体化平台、1 个河务通 App 以及 N 项业务应用），打破时间、空间和系统之间的壁垒，实现多条线和多系统共享应用，共同构成河南省黄河智慧应用体系，加速推进防汛、建管、水调等业务的数字化转型。"五级四线" 全覆盖建设，监测感知点位布局不断优化，扁平化的新型感知网络贯通大河，贯通气象、水文、雨情、水情等信息成为河南黄河监测数据汇聚的重要载体。

河南省高级人民法院、郑州铁路运输两级法院、河南黄河河务部门不断加强黄河流域治理协作,通过信息共享互通、服务云化、云边端协同,共享流域生态环境保护信息,进一步提高流域管理科学化水平。郑州铁路运输中级法院和河南黄河河务局通过设立法官工作室等举措与建立联络员制度、联席会商以及信息互通等机制,逐步构建起常态化沟通协调体系。河南省水利厅、河南黄河河务局推行"河长+""河务+"工作制,强化与司法机关之间的信息共享、办案协作、联合宣传、联合培训等,实现水行政执法与司法相互配合,切实解决黄河流域存在的水事违法突出问题,协同推进黄河保护。河南省高级人民法院、河南黄河河务局建立协作培训机制,联合开展黄河流域水行政执法与司法一体化培训,互邀工作领域专家讲授黄河保护治理相关法律法规与理论知识,相互熟悉专业工作领域,提升黄河河务部门执法人员行政执法能力以及应诉技巧,帮助法官了解黄河保护治理工作实际。此外,河南省高级人民法院、郑州铁路运输中级法院、河南省生态环境厅等部门通过新闻发布会等方式,向社会不定期公布流域自然资源保护状况、生态监测结果等相关信息,充分利用互联网实现信息共享,促进黄河流域生态保护和高质量发展。

八 进一步优化基层公共法律服务体系

为助力河南黄河保护治理工作深入推进,不断扩大公共法律服务覆盖面,持续优化营商环境,河南省司法厅印发《河南省公共法律服务实体平台服务规范》,规范市、县、乡、村四级法律服务体系建设,提升全省公共法律服务实体平台服务供给能力和保障能力。河南省司法厅通过与行政机关、专业团队、社会组织等联合,初步打造包含司法机关、律师事务所、公共服务站的服务模式,组织专业服务团队定期进企业、进社区提供法律服务,不断提升基层公众法律意识。特别是沿黄市区,如开封市创建"四个一"公共法律服务机制,在沿黄县区开展法治培训服务,助力乡村振兴;焦作市司法局制定《焦作市公共法律服务平台运行管理办法》《焦作市公共法律服务中心市级示范点评定办法》,促进全市公共法律服务实体平台提质增效;济源市建立涵盖全市范围的公共法律服务工作室,设置轮班制度,安排律师、人民调解员、法律援助联络员定时定点开展普法服务,真正把法律服务送到群众家门口。通过优化全省公共法律服务供给,在不断优化营商环境的同时也提升基层法治化水平,为法治护航黄河流域生态保护和高质量发展贡献法律服务力量。

第六章 "两法"衔接：织密补强守护 "母亲河"的法治之网

延绵不断的黄河为中华儿女孕育了璀璨夺目的华夏文明，沿黄9省区必须肩负起保护与治理黄河的重要使命，不断推进黄河流域生态保护和高质量发展重大国家战略扎实落地。河南省坚决扛好黄河重大国家战略的重要责任，自觉加强黄河生态环境保护，推动经济社会高质量发展。近年来，河南致力于优化黄河流域（河南段）执法、司法衔接体系建设，不断提升执法、司法现代化治理能力，凝聚力量为守护"母亲河"织密补强河南"两法"衔接之网。

第一节 "两法"衔接的机理契合流域治理的需求

党的十八大以来，随着全面依法治国的持续推进，"两法"衔接工作机制受到充分重视，尤其注重"两法"衔接机制在生态环境保护、食品安全等重要民生领域发挥执法司法的合力保护作用。"两法"衔接是指行政执法与刑事司法衔接，包括正向衔接与反向衔接、实体衔接与程序衔接。黄河流域生态保护和高质量发展背景下的"两法"衔接指的是行政执法部门在执法过程中，发现涉黄河流域犯罪案件或犯罪线索后，依法向刑事司法机关移送，发挥司法功能惩处犯罪的工作机制。行政执法是贯彻落实现行法律法规强制性规范的主要方式，刑事司法机关在违法行为定性、证据收集、制裁力度等方面具备职能优势，为了提升行政执法效能，防止出现行政处罚力度与违法程度不匹配的情形，需要通过刑事处罚措施对严重违法行为予以制裁。"两法"衔接机制有利于督促黄河流域相关行政执法机关严格执法，有助于通过司法保障措施与行政执法发挥保护合力，为黄河流域生态保护和高质量发展织密法治之网。

首先，有效实现黄河流域行政犯罪案件向刑事司法机关及时移送，避免"以罚代刑"现象。黄河流域"两法"衔接机制涉及行政执法机关、刑事司法机关等多个部门，针对黄河流域复杂案件处理各自明确分工职责。"两法"衔接机制的良性运行离不开行政执法与刑事司法之间的动态平衡关系，有效改善传统行政犯罪处理中刑事司法权弱于行政执法权的情况。行政执法环节作为涉流域行政犯罪的必经程序，通过"两法"衔接机制以及有效的检察监督机制，从根本上克服黄河流域治理中"有案不移、有案难移、以罚代刑"等传统执法、司法衔接难题，督促行政执法机关将其在执法活动中所发现的犯罪线索、犯罪证据、犯罪嫌疑人基本情况等案件信息，依照"两法"衔接有关规定①移送给相应的刑事司法机关，由刑事司法机关依法开展刑事公诉活动并决定是否追究犯罪嫌疑人刑事责任，从而实现黄河流域内行政执法与刑事司法的有效衔接。检察监督是黄河流域"两法"衔接机制运行的重要保障机制，该机制的良性运转将为流域内检察监督机制提供规范和程序保障，实现对流域内行政犯罪的案件移送监督和刑事立案监督，为行政执法活动提供有力的外部监督机制，有效约束和规范行政机关在处理涉黄河流域案件的权力行使，为黄河流域治理提供行政执法与刑事司法有效有序有为的良性衔接运行机制。

其次，释放行政执法与刑事司法在黄河流域治理中的技术优势，通过"两法"衔接形成"母亲河"保护合力，促进黄河流域生态保护与经济社会高质量发展的有机统一。以习近平总书记关于黄河流域生态保护和高质量发展的重要讲话精神及重要指示批示为根本遵循，黄河流域（河南段）不断推动执法司法联动机制创新，充分发挥行政执法机关的案件前置过滤和刑事司法机关的公诉职能等优势，通过行刑部门优势资源整合，有效打击黄河流域破坏生态环境和社会经济秩序犯罪，为黄河流域生态保护与经济社会高质量发展提供良好的法治环境。具体而言，相较于其他案件线索来源方式，行政执法机关所发现和移送的犯罪线索和材料更具有权威性、可信性、可用性，由行政执法机关移送犯罪线索和证据能够有效减轻司法机

---

① 例如，2011年中共中央办公厅、国务院办公厅印发《关于加强行政执法与刑事司法衔接工作的意见》，2020年国务院修订《行政执法机关移送涉嫌犯罪案件的规定》，2021年最高人民检察院发布《关于推进行政执法与刑事司法衔接工作的规定》，2016年公安部发布《公安机关受理行政执法机关移送涉嫌犯罪案件规定》等。

关的侦查工作量，有针对性地开展后续刑事追诉活动，提高黄河流域内犯罪案件的执法与司法效率，及时恢复黄河流域生态环境和经济发展秩序。河南省行政机关与司法机关立足于黄河战略需求，充分发挥"河长+检察长"联合工作机制优势，探索发展"河长+"创新机制，加强行政执法机关与司法机关的密切联系与办案协作，例如河南省水利厅、省公安厅、省检察院、省法院等部门间建立有效衔接工作机制，建立良性衔接和联动配合案件信息共享机制、案件线索移送机制等配套机制。充分发挥检察机关诉前检察建议优势，对流域内行政执法机关的不处罚、不移送等情况及时发出检察建议，形成"执法+司法"联动优势合力，优化"母亲河"执法、司法一体化协同保障机制。

最后，契合新时代黄河流域生态保护和高质量发展的国家战略要求，发挥法治在黄河流域治理中的积极作用。作为黄河流域中下游的重要省份之一，河南省应发挥好法治环境建设、生态文明建设、经济社会建设对黄河流域生态保护和高质量发展承担的助推器和压舱石作用。党的十八大以来，习近平总书记高度重视黄河流域的生态文明建设和经济社会发展，更是将黄河流域生态保护和高质量发展上升为国家重大战略。近年来，习近平总书记先后在郑州市、济南市主持召开座谈会并发表事关黄河流域的重要讲话，对黄河上中下游多个省份开展了考察工作，就黄河流域生态环境保护做出了多个重要指示批示。要全面落实好习近平总书记关于黄河流域的重要指示批示，有效发挥行政执法部门与司法机关的法治保障作用，以"两法"衔接机制织密"母亲河"大保护大治理之网。2023年《黄河保护法》的出台更是标志着守护"母亲河"安澜的征程又迈出了坚实的法治化步伐，并明确规定要不断推进行政执法机关与司法机关协同配合，鼓励行政机关与司法机关为黄河流域生态环境保护提供法律保障。这条规定为黄河流域"两法"衔接机制运行提供了立法保障和行刑部门联动平台，以严密的执法、司法联动保护网助推黄河流域重大国家战略扎实落地。

第二节　河南省黄河流域"两法"衔接的实践展开

河南省始终坚持贯彻落实习近平生态文明思想和法治思想，围绕黄河流域"两法"衔接开展丰富的法治实践活动，从不断构建"两法"衔接的规范体系、完善"两法"衔接的实施体系、优化"两法"衔接的监督体系、强化"两法"衔接的保障体系着手，为维持黄河健康安澜持续发挥执法、司法合力。

一 构建"两法"衔接的规范体系

习近平生态文明思想和习近平法治思想为落实黄河流域生态保护和高质量发展重大国家战略提供了根本思想指引。河南省坚持整体主义方法、协同治理方法和底线思维方法，立足于既有的黄河流域（河南段）法治实践，不断加强"两法"衔接机制的顶层设计，统筹、适时推进"两法"衔接规范性文件出台，为黄河流域"两法"衔接机制提供规范指引。

（一）黄河流域"两法"衔接规范体系的指导理念

习近平生态文明思想和习近平法治思想为有效治理黄河流域提供了理论方案。它借鉴了中华传统文化智慧和国际理论经验，为黄河流域生态保护和高质量发展提供了新理念、新方法、新方案。习近平总书记在 2023 年召开的全国生态环境保护大会上强调，"要始终坚持用最严格制度最严密法治保护生态环境"①。加强黄河流域"两法"衔接规范体系建设，不仅是全面推进严格执法和公正司法的应有之义，而且是卓有成效落实"黄河战略"的必然要求。

习近平总书记关于黄河流域的重要讲话强调要牢固树立"一盘棋"思想，注重黄河流域保护和治理的系统性、整体性、协同性。② 习近平生态文明思想和习近平法治思想中的整体主义方法、协同治理方法和底线思维方法，更是创造性地发展了黄河流域治理方法论，为黄河流域"两法"衔接规范体系建设提供了重要方法论指引。

第一，基于整体主义方法统筹推进黄河流域"两法"衔接规范体系建设。面对日益复杂的生态环境和经济社会发展中的新变化、新问题，应当采取系统性、协调性、联动性的整体主义思维来加强黄河流域生态环境和经济社会发展领域的法治顶层设计，促进立法、执法、司法和守法之间的

---

① 《习近平在全国生态环境保护大会上强调 全面推进美丽中国建设 加快推进人与自然和谐共生的现代化》，新华网，2023 年 7 月 18 日，http://www.news.cn/politics/2023-07/18/c_1129756336.htm。

② 习近平：《在黄河流域生态保护和高质量发展座谈会上的讲话》，《求是》2019 年第 20 期。

必要衔接。对应黄河流域"两法"衔接机制，从不同角度类型化衔接机制，具体可分为正向衔接与反向衔接、实体衔接与程序衔接。对于行政执法机关移送的案件，刑事司法机关认为依法不应当追究刑事责任或者免予刑事处罚的，可反向衔接移送至应给予行政处罚的行政机关。在整体主义方法论指导下，黄河流域"两法"衔接规范体系顶层设计应包含类型化衔接机制，明确规定正向、反向衔接机制中案件移送、证据移送及转化规则，实现实体规范与程序规范的有机衔接。

第二，综合运用协同治理方法，理顺黄河流域"两法"衔接规范体系中的治理主体间关系。黄河流域内生态环境与经济社会发展治理具有复杂性、艰巨性，需要行政机关、司法机关等多个治理主体共同参与保护与治理，形成不同治理主体之间的协同配合机制。从黄河流域的治理主体来看，除了有关"两法"衔接的行政执法主体与刑事司法主体，广义上还应包含监察机关、社会公众等协同治理主体，丰富黄河流域"两法"衔接机制的监督主体和监督方式。从黄河流域的治理规则来看，更应体现"两法"衔接规范体系间的协同性，即"面对法律内部有学科、法律部门有分工的实际，统筹考虑各种法律领域间的规范协调、制度协同"[①]，使得黄河流域治理的现实需求与"两法"衔接规范体系之间相适应。此外，要推动构建流域各地在水生态环境保护中跨区域协同决策、协同执法、协同司法、执法与司法相衔接的协同治理体系，加强不同治理主体之间的信息交互共享机制建设，全面提升黄河流域保护和治理的法治效能。

第三，基于底线思维方法强化黄河流域"两法"衔接规范体系中的监督机制。黄河流域生态保护和高质量发展要谋长远、站全局、得善治，就必须加强对"两法"衔接规范体系的"刚性"约束，以最严法律制度规范执法行为与司法行为，严惩破坏黄河流域生态环境和经济社会发展的违法行为和犯罪行为，更要以严厉的监督机制为兜底来规范行刑部门间衔接机制运行。通过丰富监督主体、完善监督方式、加大监督力度等途径，让"两法"衔接监督机制更及时、更有力度，以底线思维绘制监督机制的刚性底色，从而更好地服务生态保护和高质量发展两大主题，实现黄河流域保护与治理的长远性、系统性、战略性。

---

① 吕忠梅：《习近平新时代中国特色社会主义生态法治思想研究》，《江汉论坛》2018 年第 1 期。

（二）"两法"衔接守护"母亲河"的规范体系建设

黄河流域"两法"衔接规范体系的建设既要遵守现有围绕流域治理法律法规的有关制度和理念，还需要积极借鉴黄河流域现有地方立法成果及经验总结，更要对同类立法如长江流域关于"两法"衔接机制的规范体系予以分析比较，汲取有益经验。

1. 国家层面的规范性文件

2023年4月起实施的《黄河保护法》第105条规定，国家加强黄河流域司法保障建设，组织开展黄河流域司法协作，推进行政执法机关与司法机关协同配合。这条规定为黄河流域"两法"衔接机制运行提供了规范遵循，也为行政执法机关与司法机关开展业务协作提供了实践平台。除此之外，最高人民法院、最高人民检察院、公安部与水利部、自然资源部等职能部门统筹出台一系列规范性文件，关注共同发挥黄河流域执法、司法保护与行刑合力治理职能，为服务保障黄河流域生态保护和高质量发展重大国家战略提供了制度保障。

坚持将习近平生态文明思想和习近平法治思想作为"两法"衔接工作的思想指引，充分发挥执法、司法职能优势，服务于黄河流域国家战略，以行刑部门业务协作创新机制推进黄河流域大保护、大治理。2021年11月11日，最高人民检察院发布了《关于充分发挥检察职能服务保障黄河流域生态保护和高质量发展的意见》，要加强检察机关与河长办成员单位、水利等部门的业务协作配合，常态化、规范化开展黄河流域联合专项行动。为坚决落实党中央决策部署、保护黄河流域自然资源、推进高质量发展，2022年6月，生态环境部、国家发展改革委、自然资源部、水利部联合印发了《黄河流域生态环境保护规划》，并提出要健全生态环境法治体系，推进流域执法司法联动，建立健全生态保护行政执法部门与司法部门的信息共享机制、案情通报与移送制度，加强生态环境保护检察公益诉讼与行政处罚、生态环境损害赔偿等制度的衔接畅通。2023年6月，最高人民法院发布《关于贯彻实施〈中华人民共和国黄河保护法〉的意见》，该意见指出要推进司法功能多元化，以能动司法持续守护"母亲河"安澜。通过推进黄河流域司法协作常态化，畅通内外高效协同机制建设，积极建立行政机关与司法机关协同合作关系，促使各类业务协作创新机制有效落实，完善黄河流域生态环境多元化主体共治格局。2023 年 7 月 6 日，《自然资源部、公安部关于加强协作配合强化自然资源领域行刑衔接工作的意见》进一步加强自然资源主管部门与公安机关在自然资源犯罪案件中的业务协作配合，细化案件移送程序规则，健全执法司法工作衔接机制，为协同治理各类自然资源类犯罪提供了操作性指引。

2. 河南省级层面的规范性文件

2021 年，中共中央、国务院印发了《法治中国建设实施规划（2020-2025 年）》，该规划提出要健全行政执法和刑事司法衔接机制，全面推进"两法"衔接信息平台建设和应用。该规划的出台有助于更好地发挥"两法"衔接机制对生态环境保护和经济社会高质量发展的法治保障作用，为河南省服务黄河流域生态保护和高质量发展国家战略指明了"两法"衔接规范体系的部署方向。

（1）生态保护与治理领域。为更好地服务黄河流域生态保护与治理工作、贯彻落实《关于深入开展河湖"清四乱"行动的决定》、有效解决黄河流域生态环境领域的突出治理问题、维护黄河流域正常水事秩序，2020 年 7 月 20 日，河南省水利厅、河南省公安厅联合印发了《黄河流域专项执法行动实施方案》，进一步强化水行政执法与刑事司法衔接机制，规范案件办理，有效打击了黄河流域内违法水事行为、遏制黄河流域治理乱象、建立健全黄河流域监管长效机制，为黄河流域生态保护和高质量发展提供了强有力的保障。在"河长+检察长"依法治河模式基础上，2023 年 1 月 29 日，《河南省人民检察院、河南省水利厅关于水行政执法与检察公益诉讼协作机制的实施细则》发布，不断深化黄河流域保护与治理中行政执法与检察公益诉讼的联动协作，同时对疑难案件商讨研究、线索移交、开展专项行动、调查取证、案情通报等方面做出细则性规定，充分发挥检察机关对流域内违法行为的有效监督与法治保障作用。在准确把握司法权边界的前提下，积极推进司法机关与公安、检察、行政执法等机关协调联动机制建设，努力构建现代化生态环境综合治理体系。2023 年，郑铁法院每季度向流域内公检法及行政机关通报黄河流域环境资源审判情况，督促相关部门了解流域内生态环境发展动态，及时关注环保治理重点难点。郑铁法院与开封市联合执法协作领导小组发布《关于加强黄河流域开封段水行政执法与司法协作的意见》，郑铁法院与黄河流域（温县段）水行政联合执法协作机制领导小组签署了《黄河流域(温县段)水行政联合执法协作协议》,进一步完善涉水行政执法与刑事司法业务协作机制。郑铁中院作为郑州市黄河流域水行政执法与刑事司法联席会议制度的初始成员单位,将进一步推动郑州市行政执法与刑事司法协调联动机制的建立。

(2)经济社会高质量发展领域。为更好地服务于黄河流域经济高质量发展、完善全省安全生产行政执法与刑事司法衔接工作机制、依法惩治安全生产领域违法犯罪行为、解决好黄河流域高质量发展中事关安全生产方面的突出问题,2022年4月25日,河南省安委会办公室、河南省应急厅、河南省公安厅、河南省高级人民法院、河南省人民检察院联合制定《河南省安全生产行政执法与刑事司法衔接工作实施办法》,通过建立"两法"衔接机制有效促进应急、公安、检察、法院等部门紧密配合,致力于协同惩治黄河流域(河南段)安全生产领域违法犯罪行为。2022年7月8日,为推动最高人民检察院"八号检察建议"和《河南省贯彻落实国务院安委会全面加强安全生产"十五条硬措施"的实施意见》相关工作要求落到实处,共同促进省内安全生产社会治理,河南省人民检察院、河南省应急管理厅联合印发了《关于加强协作配合共同促进安全生产社会治理的意见》,旨在依法惩治安全生产领域违法犯罪行为,明确规定督促全省各级检察机关与同级应急管理部门建立良性互动长效机制,打造推进安全生产社会治理的"行政+检察"河南模式。为进一步解决经济社会发展中出现的新情况、新问题,针对市场监管领域行政执法实践面临的突出治理问题,常态化打击黄河流域破坏经济社会发展犯罪。2023年,河南省市场监管局持续开展专项执法行动,共查处违反市场监管规定的违法案件61530起,涉案金额约4亿余元,其中将涉罪线索或材料移送给公安机关的案件269件,实现了黄河流域破坏经济秩序案件由行政执法机关向刑事司法机关的有效移送、查处。2024年1月,河南省市场监管局联合省食安办、省公安厅、省检察院、省法院等部门出台了关于《河南省市场监管行政执法与刑事司法衔接工作暂行规定》,为惩治破坏市场经济秩序的犯罪提供了明确的衔接依据,规定了行刑各部门的职责边界,明确了涉案线索移送程序机制、联席会议制度、案件双向咨询制度、疑难案件督导督办机制等。该规定的出台,建立健全了黄河流域(河南段)市场监管"两法"衔接机制,对严厉打击黄河流域食品安全等事关民生领域的违法犯罪行为、建立合法合规的食品安全生产秩序等具有重要意义。

3. 河南市县层面的规范性文件

为探索建立黄河流域生态环境治理与司法保护长效机制，三门峡市人民检察院与市环保局、国土局、水利局、林业和园林局、黄河河务局会签了《关于加强公益诉讼工作协作配合意见》，明确建立公益诉讼协作配合机制、联席会议制度、执法信息共享和案件线索移送制度；与市法院、市公安局联合签署了《关于加强公益诉讼工作协作配合的实施办法》，就公益诉讼案件线索移送、审判管辖、审理程序、证明标准、执行监督等达成共识；与市纪委监委会签了《关于加强公益诉讼工作协作配合的实施办法》，建立了破坏生态环境公益诉讼案件线索和生态环境监管执法中违法违纪线索双向移送机制，全面形成了工作合力。

2023 年 8 月 12 日，淅川县人民法院、县检察院、县农业农村局和县水产服务中心会签了《关于实行行刑衔接保护水产资源及建立水生态修复机制的工作方案》。作为全省首个涉水行刑衔接机制与水生态修复机制的实施方案，明确了审判机关、检察机关、行政机关、生态环境部门等在生态环境保护类案件中的职责，建立健全了日常联络、强化行刑衔接、多形式修复生态、设立生态修复账户等制度，为四部门联合开展生态环境领域执法司法活动提供了强有力的组织保障和制度保障。

2023 年，西平县人民检察院与驻马店市生态环境局西平分局、西平县自然资源局召开行政执法与刑事司法衔接工作联席会议，针对存在的问题及原因梳理、签发会议纪要，并与西平县公安局和驻马店市生态环境局西平分局会签了《环境保护行政执法与刑事司法衔接工作办法》，逐步建立健全行刑衔接各环节制度机制，保障不起诉案件行刑衔接畅通规范。积极组织不起诉案件的公开审查听证工作，并督促相关行政部门对不起诉人做出行政处罚。在依法做出不起诉决定并发出检察意见书后，积极跟进行政立案、处罚全过程，并要求行政机关在行政处罚执行完毕后及时反馈，保证行政机关高效执法。通过加强检察机关与行政执法机关衔接配合，积极构建检察监督与行政执法衔接机制，实现行政权与司法权良性双向互动，共同促进严格执法、公正司法，推进行刑衔接工作走深走实。

为更好地探索行政执法与刑事司法有效衔接新路径、规范推进行刑反向衔接工作、实现检察资源聚合提升，平顶山市郏县人民检察院与县公安局、林业局、自然资源局、农业农村局等多部门会签了《关于加强检察机关与行政执法机关反向衔接配合的意见（试行）》，要求每季度对森林执法、司法情况进行通报，研讨疑难复杂案件、工作开展难题，既采用调查核实、磋商会谈、公开送达检察意见书等方式办理个案，又以运行大数据监督模型、建立机制的方式实现类案监督，以司法力量守护"生态绿"。

持续优化"两法"双向衔接机制，守护"母亲河"水清河畅。河南省"小作坊"类污染环境案多发，被告人承担刑事责任后，往往不配合继续承担生态损害赔偿责任，进而陷入"罪犯犯罪、群众受害、政府埋单"的困境。2024 年 5 月 29 日，郑州铁路运输法院与洛阳铁路运输检察院、三门峡市公安局森林公安分局、三门峡市生态环境局主要负责人会签了省内黄河流域（三门峡段）《关于加强刑事诉讼与生态环境损害赔偿制度双向衔接的实施意见》。此实施意见是全国第一个关于司法机关与行政机关专门就刑事司法与生态环境损害赔偿诉讼双向衔接问题而形成的协作协议，彰显了河南省持续把制度优势转化为治理效能，为黄河流域生态保护和高质量发展提供更有力的法治保障。

二 完善"两法"衔接的实施体系

《黄河保护法》施行一年来，河南省水利行政执法部门与司法部门协同发力共护"母亲河"，通过水行政执法与司法衔接形成黄河流域监督合力，对打击黄河流域水事违法犯罪行为起到强有力的震慑作用。良好的执法司法衔接机制是守护黄河流域长久发展的最好防线，河南省地方执法、司法部门通过建立健全刑事司法向水行政执法反向衔接、府检联动工作机制、"河长+"联动工作机制、"行政执法+公益诉讼"协作机制、执法司法长效保护机制等，筑牢黄河流域生态保护和高质量发展的法治保护屏障。在刑事司法方面，河南省检察机关坚持业务协作机制建设，截至 2024 年 4 月，黄河流域沿线累计设立检察工作室 39 个、巡回法庭 37 个、黄河派出所 46 个，完成 7 个水行政联合执法协作平台建设试点。[①] 在行政执法方面，河南

---

① 《〈黄河保护法〉施行一周年 黄河保护治理取得实效 依法守护黄河安澜还需如何发力?》，黄河流域生态保护和高质量发展官方网站，2024 年 6 月 3 日，http://hh.hnr.cn/hhsylbt/article/1/1780062817420378113。

省水行政执法机关组织开展联合专项执法行动，例如河湖保护与治理、水资源利用规制等专项行动，加大了对黄河流域水事违法案件立案查处力度。

（一）诉前检察建议推动"两法"双向衔接

2023年最高人民检察院工作报告提出，"要把诉前实现维护公益目的作为最佳司法状态"，针对公益损害具体事项，检察机关要积极与相关职能部门进行磋商、促请主动履职，以发出诉前检察建议的方式督促责任落实。在黄河流域生态保护与治理中，诉前检察建议更是发挥着督促行政执法机关全面履职、有效维护黄河流域内国家利益和公共利益等关键性作用，营造黄河流域人与自然和谐发展的良性循环关系。

1. 诉前检察建议守护"母亲河"青山绿水

公益诉讼检察制度是生态文明建设的重要制度安排，在修复"母亲河"生态环境、督促纠正违法利用土地等方面，诉前检察建议发挥了执法司法部门之间的有效衔接作用。近年来，郑州市检察机关致力于生态环境和资源保护领域充分发挥公益诉讼职能，共办理相关案件1108件，发出诉前检察建议书756份，占办理公益诉讼案件总办案量的约70%，其中多个案例被评为最高检、省级以上典型案例。通过向行政机关或违法行为人发出诉前检察建议书，郑州市检察机关共督导督促收回和复垦非法利用耕地1000余亩，并及时向违法行为人和单位追偿修复生态、治理环境所产生的费用。

为深入推动黄河流域生态保护和高质量发展，郑州市人民检察院在郑州黄河河务局设立郑州市人民检察院驻郑州黄河河务局检察室，在沿黄各区县检察院成立黄河流域专项办案团队，形成共同抓好黄河大保护、协同推进大治理的工作格局。在服务黄河流域经济社会高质量发展方面，郑州市检察机关以"调研报告+检察建议"的形式查处、解决水资源被破坏问题，不断创新执法司法工作协作机制。2023年，郑州市检察机关与水利部门开展联合专项行动，旨在摸清、查处黄河滩区违法开采地下水等突出问题。前期通过执法司法部门业务协作，共同开展地下水开采情况调查活动，检察机关根据调查情况做出"检察建议"，双方共同商定解决办法，落实黄河流域水资源保护与治理举措，以联合办案的方式提升黄河流域水资源管理质效。同时，在不断完善"河湖长+检察长"机制、"林长+检察长"机制的基础上，郑州市检察院先后同7个行政机关会签工作文件，建立公益诉讼工作协作机制,共同开展公益诉讼工作。郑州市两级检察机关利用"益心为公"检察云平台,平台志愿者积极提供线索、参与检察听证、跟踪办案活动,已初步构建起多方参与、共治共享公益司法保护的新模式。检察机关还致力于不断提升检察公益诉讼法律监督刚性,以"诉"的手段强化监督效果。

2. 不起诉案件反向衔接机制

由行政机关移送刑事司法机关的案件,经侦查、起诉等公诉程序后发现不需要承担刑事责任或者予以免除刑事处罚的,刑事司法机关需要将案件反向移送至行政机关,由其对违法行为人做出相应的行政处罚。不起诉反向衔接机制对于打破刑事司法与行政执法之间的壁垒发挥着重要作用。河南省平顶山市郏县是国家园林县城,县域范围内遗留了不少宝贵的传统村落,近年来,郏县人民检察院充分发挥检察力量守护千年古县生态文明的根脉。依托"府检联动"机制办理滥伐林木类案件,避免了"应罚未罚""不刑不罚"不当情形的发生,推动建立健全行刑反向衔接的线索移送、异议处理、信息共享和通报等多项长效长治机制。目前,郏县人民检察院获取不起诉且无行政处罚记录各类案件线索 50 余条,并就 3 件森林资源保护领域行刑反向衔接案件向县林业局发出检察意见书,有效挽回了传统村落的林木损失。2023 年灵宝市人民检察院探索建立不起诉案件行刑反向衔接工作机制,进一步强化检察机关法律监督工作,统一案件移送、不起诉案件移送审查意见等文书模板,明确移送线索的具体流程、内容及所附材料清单等,畅通内部线索移交渠道,由行政检察办案团队牵头、刑事检察部门配合,对 2021 年 7 月以来办理的 179 件不起诉案件进行全面梳理后,向行政执法机关制发检察意见书,建立反向衔接案件台账,并及时依法开展法律监督工作。

3. 跨省域公益诉讼诉前检察建议

由于流域的自然流动性,流域事项管理往往涉及多个行政区划,尤其是在省际交叉管理情形下,需要司法机关发出检察建议,并组织协调跨省域执法司法部门达成业务协作合意,通过打破行政壁垒举措解决执法管理难度大、难以发挥司法职能的疑难问题。河南省濮阳市与山东省菏泽市交界处的东明黄河大桥下堆积上千吨浮舟,严重影响附近居民生产生活活动及河道行洪安全,但受历史遗留问题影响,跨区域执法难度大。2022 年,为进一步推动执法、司法合力服务黄河重大战略，河南省人民检察院与河南黄河河务局就加强业务协作达成一致意见。针对浮舟堆积跨区域执法难问题，河南黄河河务局依据协作意见，向山东省人民检察院移送公益诉讼案件线索，由郑州铁检分院负责履行公益诉讼诉前调查职能，防止出现职能混同或互相推诿现象。决定由郑州铁检分院负责诉前检察工作，是由于目前河南省黄河流域案件实行集中管辖制，刑事、民事、行政、公益诉讼起诉、支持生态环境损害赔偿案件和黄河河务局申请执行的非诉行政监督案件均由郑铁检分院一体化管辖。经过诉前详细调查，郑州铁检分院根据管理职责向濮阳市发出公益诉讼诉前检察建议书，影响跨省域黄河流域行洪安全的浮舟被安全移除。由郑州铁检分院集中管辖以及负责发送诉前检察建议书，有助于打破区域壁垒、执法司法壁垒，提升黄河流域跨省域、跨部门执法司法疑难问题的办案质效。

（二）建立府院、府检联动工作机制

河南省法检两院不断加强能动履职，与省政府建立府院联动机制，定期召开联席会议，共同做好环境资源案件诉源治理、矛盾化解、生态修复等工作。河南省高级人民法院与河南省人民检察院定期召开法检两院年度工作会商会议，在集中管辖、检察公益诉讼等方面凝聚共识；与省林长办一同在全省推行"林长+法院院长"工作机制；河南省高级人民法院、省人民检察院与省水利厅、省公安厅、省司法厅等组织开展河湖安全保护专项执法行动；与省生态环境厅、省水利厅等单位联合开展第三方环保服务机构弄虚作假问题专项整治、河湖安全保护等活动。河南省高级人民法院、郑铁两级法院在开封市、三门峡市、济源市、焦作市、郑州市等地，结合区域生态环境资源特点，联合河南黄河河务局等沿线行政机关，通过召开座谈会、开展增殖放流、现场宣传等形式进行水流域生态环境保护普法宣传。

为有效推动《黄河保护法》的贯彻实施，根据最高人民检察院、河南省人民检察院的部署要求，2023年6月，焦作市人民检察院联合焦作市水利局、河务局共同开展黄河流域水资源保护专项行动，旨在充分发挥水行政执法与检察公益诉讼协作机制作用，并通过召开联席会议，共同商定了《焦作市开展黄河流域水资源保护专项行动实施方案》，针对黄河流域水资源管理保护方面的突出问题开展集中整治行动，不断促进黄河水资源节约集约利用，更好地服务保障黄河流域生态保护和高质量发展国家战略。

近年来，焦作市人民检察院深化府检联动机制，做实行刑双向衔接，充分发挥检察建议诉源治理作用。在办理一起跨区域行刑反向衔接行政检察监督案件过程中，针对涉案野生植物保管难、移交难、处置难的行政执法司法难点，推动成立河南省首家植物收容救护中心，扎实做好监督办案"后半篇文章"，以司法之力守护生物多样性之美。通过构建常态化府院联动机制，政府与法院、检察院开展常态化沟通对接、工作协调，能有效提升法治河南、平安河南的建设水平，更好地促进政府依法行政、严格公正司法、社会公平正义，为黄河流域经济社会高质量发展营造良好法治环境。

（三） 创新发展"河长+"联动工作机制

黄河安澜与人民群众生产生活安全感、经济社会高质量发展息息相关，依托"河长+"创新协作机制，河长制成员单位与检察机关、审判机关等司法部门加强黄河流域治理事项的联系沟通，通过业务协作实现协同治理，共同发挥各自的职能优势为黄河保护与治理做出积极贡献。作为河长制的丰富实践举措之一，"河长+检察长"机制充分发挥了水行政执法与检察监督的协同作用，成为维护黄河流域生态环境安全和经济生产安全的重要机制保障。近年来，最高检与水利部注重职能发挥、业务协作、密切沟通，不断创新协同工作机制，"河长+检察长""水行政执法+公益诉讼"等行政执法与检察监督相协同的机制取得明显成效，执法司法效能进一步提升，惩治了一大批威胁黄河流域生态环境安全的水事违法人员，为黄河流域长久安澜贡献执法司法协同履职方案。水行政执法部门自觉加强与检察机关之间关于黄河事务的沟通配合，检察机关加强黄河流域水事监督，双方致力于有效发挥"水行政执法+公益诉讼"的协作效能，通过严格执法与检察监督的职能发挥，携手共护黄河流域水安全。

为推进生态环境保护常态化、长效化，河南省检察机关建立内部联动机制，包括案件线索移送、联动协助、信息资源共享等内容；建立外部协作机制，加强与公安、法院、环保、水利、国土、农林业等部门的联席会商、信息交流、线索移送、案件通报、联合调查等，重点推进生态领域行政执法与刑事司法"两法"衔接，用严格制度、严密机制保护黄河流域生态环境。河南省检察机关落实"高质效办好每一个公益诉讼案件"的要求，加强与河长办及相关行政部门的合作与联动，在河长制的基础上创新出"河长+警长""河长+检察长"等联动工作机制，在河道治理中变被动为主动，发挥检察机关在破解流域水生态环境保护难题方面的职能优势，为黄河流域公益诉讼新模式提供了制度支撑和实践经验。自 2018 年以来，河南积极开展守护"母亲河"联合执法司法专项行动，河南省各级人民检察院加强与水利部黄河水利委员会、河长办等水行政执法部门协作配合，积极发挥检察监督作用和公益诉讼职能，通过综合运用刑事公诉、民事与行政公益诉讼及检察监督力量，为河长制赋予综合型法治效能，进一步发挥"河长+"创新机制在黄河流域河道治理和生态修复方面的治理合力。

1. "河长+检察长"联动工作机制

"河长+检察长"机制建设工作深受最高人民检察院重视，且已被纳入河南省"十四五"规划之中。自 2020 年起，该机制建设就作为河南省重大改革事项被有效推行，河南省改革办与省检察院、河长办联合出台了《"河长+检察长"机制改革方案》，为河长制的有效实施提供了规范指引。

新乡市根据《"河长+检察长"机制改革方案》要求，积极整合两级检察机关联动办案力量，推动市县乡村四级河长联动，开展对黄河流域重点领域治理与保护的联合专项行动，充分发挥司法力量与行政力量的协同办案质效，集中解决了关于黄河流域非法采砂、非法侵占防洪设施等突出问题，实现了"1+1>2"的河湖保护与治理效果。开封市检察机关与河长制办公室更是进一步加强协作配合，建立"河长+检察长"联动工作机制，推动行政执法和检察监督有效衔接，认真落实信息共享、线索移送、联合专项行动、联席会议等协作机制，开展"携手清四乱，保护母亲河"、妨碍河道行洪问题整治、饮用水水源地保护、城市黑臭水体整治等专项监督活动，实现双赢多赢共赢的政治效果、法律效果和社会效果。

2. 检警携手形成黄河生态保护与治理合力

在《黄河保护法》施行一周年之际，洛阳铁路运输检察院黄河流域生态保护检警协作三门峡工作站在三门峡市黄河公园挂牌成立。检警协作对于打击涉黄河流域生态环境犯罪具有强有力的支撑作用，形成黄河流域生态安全的治理合力。此次挂牌成立的黄河流域生态保护检警协作三门峡工作站是跨区域司法协作平台，旨在打造黄河流域生态保护和高质量发展的前沿阵地、高质效办好每一个案件的实践基地、典型经验和典型案件的培育基地。检警双方将通过加强日常巡查和法治宣传，完善提前介入侦查机制、联席会议制度、线索移送和信息共享机制，持续深化检警协作配合，更好地守护黄河流域秀美安澜。自负责集中管辖省内黄河流域环境资源刑事案件以来，洛阳铁路运输检察院携手公安机关高质量办理了一批案件，为黄河流域生态保护和高质量发展贡献了河南铁路检察院的有力法治担当。检警双方将工作站设立于三门峡黄河生态廊道边，将法律服务送到沿黄群众身边，有助于进一步营造爱护黄河、保护黄河、守护黄河的浓厚氛围。

3. "河长+""林长+"创新联动工作机制

2020年，洛阳市人民检察院与洛阳市河长办会签了《关于建立"河长+检察长+警长"联动工作机制服务河湖管理保护工作的实施意见》，推动"河长+检察长"工作的长足发展，并将该项工作逐步推向全国。2022年，洛阳市人民检察院与洛阳市林长办制定了《洛阳市全面推行"林长+检察长"制工作方案》，在林草湿生态资源保护方面构建起协作配合机制。同时，洛阳市检察机关还与相关行政机关合作，从行政机关聘请专业人士担任特邀检察官助理，有效提升公益诉讼保护生态环境方面的专业化水平，助力黄河流域水生态和林业生态保护。除此之外，洛阳市各基层检察机关也积极组织了形式多样、内容丰富的保护黄河主题活动，在全社会努力营造全力守护黄河、依法保护黄河的浓厚氛围。

惠北泄水渠承担着开封市泄洪排涝的重要功能，是开封市水生态保护工作的重要一环。为了尽快督促清理河道障碍，开封市龙亭区人民检察院通过执法诉前检察建议、圆桌会议、释法说理多种举措达成合意，并持续深化监督效果，联合区农业农村局召开座谈会，推动建立健全维护辖区流域水安全的长效治理机制；与区河长办成立工作专班，建立日常辖区河道巡查工作机制，对沿河周边乱建、围垦、乱种等行为发现一起、清除一起，切实保障河势稳定和行洪安全；积极督促交通、住建、水利、生态和农业农村等部门建立信息共享、实时跟进、定期盘点等机制，形成共抓河道行洪安全、共护群众安宁的工作合力。

为推深做实"林长+"工作机制、进一步加强司法机关和林业行政执法机关的工作衔接、严厉打击破坏森林资源的违法犯罪行为、切实保护林草资源安全，2024年5月17日，郑州铁路运输检察院与封丘县公安局、封丘县自然资源局联合召开专题会议，即黄河流域非法狩猎类轻微犯罪治理座谈会，对林业案件行刑衔接工作开展业务交流活动。郑州铁路运输检察院、封丘县公安局、封丘县自然资源局充分利用"林长+警长""林长+检察长"工作机制，畅通信息共享，加强行刑衔接工作会商，积极探索生态资源保护的新模式、新方法，强化林草湿等生态资源的协同保护合力，推动行刑衔接机制工作深入开展，不断加大案件查处力度，对影响广泛、案情复杂的林业行政案件，提前介入并开展联合调查，更加有效地查处涉林犯罪行为，切实保护封丘森林资源。

（四）探索检察公益诉讼与水行政执法协作机制

近年来，河南省立足于推进全面依法治省、建设更高水平法治河南战略要求。河南省检察院充分发挥公益诉讼和检察监督职能，加强与黄河流域治理相关职能部门的沟通协作，推动跨省、跨部门、跨领域深度融合协作，支持水行政执法部门依法严格履职，积极探索"水行政执法+公益诉讼"协作机制建设，发挥公益诉讼治理效能在黄河治理与保护中的法治保障作用。

河南省检察机关积极加强与黄委会、河长办、生态环境厅等行政执法机关的沟通协调，在法律政策理解适用、案件线索移送、证据移送、技术咨询等方面增进协作配合，推进建立黄河流域"两法"衔接机制。充分发挥"河长+"机制创新优势，形成多主体参与治理、跨部门协作的河湖治理保护新格局，推动执法司法协作机制走深走实。加强检察机关内部联络与业务合作，与沿黄9省区的检察机关联合会签跨省公益诉讼协作机制文件。通过黄河流域公益诉讼集中管辖机制加强不同案件类型业务衔接配合，推动民事、行政、刑事案件与检察监督职能一体化融合发展。2023年，河南省水利厅联合省高院、省检察院、省公安厅、省司法厅等机关共同开展河湖安全保护专项执法行动，共排查黄河流域水事违法问题线索275个，其中移送刑事司法机关立案案件93起。河南省人民检察院持续优化"水行政执法+公益诉讼"法治保障模式，与河南省自然资源厅联合签署《行政执法与检察公益诉讼协作意见》，拓展公益诉讼保护"母亲河"的广度与深度，集中力量开展耕地保护、矿山整治等一系列专项行动。

开封市检察机关自觉践行"绿水青山就是金山银山"理念，有力服务黄河流域生态优先、绿色发展。以"零容忍"的态度，坚决依法惩治各类破坏黄河流域环境资源犯罪，如尉氏县人民检察院办理的督促治理沙化土地行政公益诉讼案、祥符区人民检察院办理的督促保护黄河湿地行政公益诉讼案等案件，针对解决黄河流域生态环境保护治理突出问题，精准制发检察建议，持续推动源头治理、系统治理，在黄河生态治理方面取得良好成效。开封市检察机关坚持依法惩治侵犯黄河流域生态犯罪，构建行政执法与刑事司法、公益诉讼相衔接的生态保护大格局，促进最大限度修复被损害的生态环境。

结合开封地貌特色，2023 年 2 月 15 日，开封市人民检察院出台《关于黄河（开封段）保护"五点一线"联动体工作办法（试行）》，根据沿黄县区水文情势科学定位，选取示范区水稻乡、龙亭区柳园口乡、顺河区土柏岗乡、祥符区袁坊乡、兰考县东坝头镇五个基层法律监督联系点作为支撑，建立黄河（开封段）保护"五点一线"联动体。立足公益诉讼检察职能，推进"四大检察"协调发展，促进黄河流域生态环境整体保护、系统修复、综合治理；通过强化联合协作办案机制，加强与河务、水利、自然资源等行政机关及法院多领域合作，共同做好"行政执法+检察监督+司法审判"的黄河保护工作，在法治轨道上助推黄河流域生态保护和高质量发展。

（五）建立生产安全领域行刑衔接长效机制

为落实最高检"八号检察建议"，新野县检察院牵头积极召开 2023 年度行刑衔接工作座谈会，座谈会主题围绕行政执法和刑事司法协作联动机制，旨在严厉查处、打击一批严重破坏社会主义市场经济秩序、妨害社会管理秩序等涉嫌犯罪行为，积极推动行政执法与刑事司法有效衔接。行刑部门充分立足自身职责，加大安全生产领域执法司法保护力度，做到严格依法行政、公正司法，帮助企业增强安全生产意识，守牢安全生产底线。探索建立生产安全领域行刑衔接长效机制，进一步畅通行刑衔接渠道，合力促进行政执法和刑事司法有效衔接，从源头上防范化解重大风险。三门峡市严格落实河长、库长责任以及属地责任、行业责任，强化业务协作、沟通对接，注重执法、司法部门衔接机制建设，加强生产安全行刑衔接机制建设，有效建立健全黄河保护与治理长效机制，以法治力量捍卫黄河流域生产安全、护航经济社会高质量发展。

三 优化"两法"衔接的监督体系

近年来，河南省人民检察院紧盯黄河流域生态环境与经济社会发展的重点领域，在检察监督与水行政执法协作、综合运用多种手段加强黄河生态监督以及助力黄河水源地治理等方面充分彰显守护"母亲河"的检察力量。同时，河南省纪委监委为推动黄河治理与保护各项工作落实到位，有序开展清单式专项监督，精准压紧压实党委和政府、相关职能部门责任，沿黄9个省辖市和济源示范区的党委和政府、相关职能部门对照《黄河保护法》《黄河流域生态保护和高质量发展规划纲要》《河南省黄河流域生态保护和高质量发展规划》等，围绕黄河战略专项监督内容，建立责任清单和重点事项清单，[①] 加大专项监督力度，为黄河流域生态保护和高质量发展重大国家战略落实落地提供检察监督与专项监督强大合力。

（一）以检察监督之力，守住"母亲河"长久安澜法治底线

河南省检察机关坚持发挥能动司法检察职能，不断提升黄河流域（河南段）检察监督质效，加大对黄河流域内国家利益和公共利益的法治保障力度，从更高站位、更多维度、更宽领域筑牢黄河流域生态保护的检察屏障。在检察监督实践中，河南省检察机关着力于保障黄河河砂安全、推进水资源节约集约利用、支持黄河流域水生态环境保护修复工作、助力黄河水源地治理，以检察监督之力牢牢守住黄河流域生态安全和生产安全底线。

1. 检察监督与水行政执法协同治理河道非法采砂

黄河流域非法采砂问题历时久、难治理，河南省各级检察机关高度重视用检察监督等法治手段治理威胁黄河河道安全的突出问题。在2021年9月起开展的为期一年的河南省河道非法采砂专项整治行动期间，三门峡市河长办充分发挥"河长+"工作机制作用，及时掌握、移送非法采砂案件线索。2022年，三门峡市人民检察院、豫西黄河河务局、灵宝市森林公安分局联合对三门峡库区段进行蹲点暗访巡查，现场发现2人实施非法采砂，以非法采砂嫌疑人为突破口，对非法采砂案件及时立案侦查。

---

① 《河南：开展清单式监督 精准压责守护黄河生态》，中央纪委国家监委网站，2024年5月31日，https://www.ccdi.gov.cn/yaowenn/202405/t20240531_351772.html。

2023 年 4 月 12 日，洛阳铁路运输检察院办理的"河南省灵宝市姚某强非法盗采黄河支流河砂刑事公诉案"作为保护黄河流域典型案例，被最高检、水利部联合发布的协同保护黄河水安全典型案例收录。该案充分彰显了检察监督与行政执法协同机制对黄河流域水生态的合力保护、治理作用，洛阳铁路运输检察院发挥检察监督与调查取证职能，依法查处灵宝市姚某强组织他人违法采砂、违法销售黄砂等犯罪行为，查清违法采砂的犯罪所得数额 390 余万元，有力惩治了黄河流域非法采砂、盗砂、销售黄砂犯罪行为并形成威慑力。河南省致力于充分凝聚行政职能部门、刑事司法部门的执法司法合力，使得检察监督权与行政管理权有效衔接，最终促使黄河流域非法采砂行为得到有效整治。

2. 加强对黄河水资源利用的检察监督

在公益诉讼案件的办理过程中，河南省地方铁路检察机关在办案中发现黄河流域水资源不当利用情形，及时发挥检察监督职能优势，组织协调有关司法机关、行政机关共同参与整治黄河水资源节约集约利用的突出问题。2023 年 4 月，洛阳铁路运输检察院在办理一起怠于履行水资源监管职责行政公益诉讼案时，发现孟州市某水务公司未遵循《黄河保护法》中有关黄河流域水资源取水许可制度的规定，在没有取得取水许可的情况下擅自取水，相关行政主管部门负有监管职责。洛阳铁路运输检察院在充分调查、论证、沟通的基础上，通过多次现场察看走访，与负有水资源监管职责的行政机关沟通会商，积极引导水务企业进行水资源交换和取水证办理。2023 年 4 月 26 日，该水务有限公司获得取水许可审批，合法取水的问题得到了解决。为进一步加强黄河水资源的保护、杜绝类似情况的再次发生，2023 年 5 月 18 日，洛阳铁路运输检察院与孟州市相关行政机关沟通会商，并及时向当地负有监管职责的行政机关制发了检察建议，督促其加强对违法取水行为的监督管理，同时建议制订水资源管理计划，加强对黄河水资源节约集约利用。

3. 强化检察能动履职，督促整治破坏黄河生态行为

河南省各级检察机关综合运用诉前检察建议、立案监督等监督手段，依托"河长+检察长"业务协作机制，常态化开展破坏黄河流域河流干道生态环境检察监督活动，严格督促整治破坏黄河流域公民生产生活秩序行为，为维护黄河安澜贡献检察监督力量。

第一，加强检察机关与河长制成员单位的全面业务协作，健全完善黄河流域生态环境保护协作机制。例如，淇县人民检察院与生态环境部门开展饮用水水源地保护监督专项行动，发现淇县某村河道干道旁堆积大量恶臭污泥，造成沿线水系严重污染，影响周边居民生产生活。淇县人民检察院积极履职，启动公益诉讼监督程序，并向县生态环境局发送检察建议。县生态环境局高度重视并迅速责令涉事企业清理1200余吨废物及污泥，及时恢复河道及沿岸生态原貌。

第二，扩大涉黄河公益诉讼监督范围，加大对黄河流域内历史文物保护力度。例如，洛阳市"孔子入周问礼碑"面临被损害风险，瀍河区人民检察院发现后及时向有关部门发送诉前检察建议，督促文物保护部门加强对文物安全状况的定期排查与文物维护，为保护黄河流域文化遗产贡献检察监督力量。

第三，对破坏黄河河道行洪安全、损害黄河生态面貌的情形加大督查督办力度。濮阳市沿线黄河干流河道堆积的上千吨浮舟严重影响行洪安全，破坏沿线生态环境，根据《防洪法》《河道管理条例》《河南省黄河河道管理办法》等相关规定，郑州铁路检察院向濮阳市人民政府发送诉前检察建议。检察建议发出后，河南省三级检察机关先后多次与濮阳县人民政府座谈，就依法履行监管职责、承诺责任等问题取得一致意见；协同濮阳县人民政府对企业进行释法说理，赢得浮舟企业的理解和配合。最终，黄河河道沿岸的3000余吨浮舟被清运完毕，黄河河道沿线生态面貌又恢复了原有生机活力。河南省各级检察机关充分立足公益诉讼、检察监督等职能优势，通过积极履职加强与行政执法机关的沟通协作，督促属地政府、水行政执法部门及时有效履职，为黄河流域打造一幅河畅水清的怡人画卷。

4. 检察监督助力黄河水源地治理

水源地治理既是黄河流域国家治理大局，又与民生安全、行洪安全息息相关。渑池县人民检察院以水源地治理为突破口，在监督中办案，在办案中监督，办出了人民满意的高质效案件，取得了双赢多赢共赢的社会效果和法律效果。河南渑池是举世闻名的仰韶文化发源地、中国考古圣地，虽然地处黄河流域，但地势南高北低，水资源缺乏问题较为严重。作为河南重点工程之一，西段村水库总库容2970万立方米，是渑池、义马两县（市）50多万群众的"大水缸"，水库一级保护区内饮用水水源因附近居民的不当休闲活动而污染。渑池县检察专案组连续发出 3 份检察建议，由检察长牵头召开联席会议，以乡村两级为主导，并组织所涉及的四个职能部门进行协商，召开乡村组三级干部协调会。为了让百姓喝上安全饮用水，渑池县人民检察院先后立案 8 起，通过诉前检察建议，督促相关行政机关整治水库保护区内乱象；同时及时跟踪监督问效，定期开展"回头看"活动，邀请人大代表和政协委员多次到西段村水库实地察看。如今，社会人员非法进入库区从事钓鱼、游泳等污染水源活动已经杜绝，确保了水源水质安全，一级保护区内饮用水水源保护取得了显著成效。

（二）以专项监督为抓手，推进黄河重大国家战略走深走实

黄河流域生态保护和高质量发展是习近平总书记亲自谋划、亲自部署、亲自推动的重大国家战略。[①] 近年来，河南省纪委监委坚持把落实黄河重大国家战略作为一项政治监督任务，制定印发《黄河流域生态保护和高质量发展涉水领域专项监督实施方案》，并成立黄河战略专项监督工作小组，通过自主排查、开展督查、实地抽查、深入核查等方式督促各级党委政府、水行政执法部门、司法部门等将黄河战略融入日常中心工作，实现河南发展与黄河治理共同推进。加强监察机关与检察机关衔接配合，形成对行政执法与刑事司法衔接工作的监督合力，以监督合力为黄河流域生态保护和高质量发展保驾护航。

河南省纪检监察机关以"地处中下游、工作争上游"的精神状态，立足职能职责，对黄河水生态环境安全、水资源利用管控、水生态环境污染系统治理等方面加强监督，将中游"治山"、下游"治滩"、受水区"织网"的思路落实落细，取得了明显效果，实现了良好开局。[②] 新乡市将专项监督纳入"铁军工程年度任务台账""市纪委书记会台账"，制定配套工作方案，定期听取工作情况汇报，研究突出问题，统筹部署落实。郑州市实行"一把手"挂帅，梳理出重点任务等 3 张清单 89 项监督内容，逐项明确职责"任务书"、措施"路线图"和完成"时间表"。濮阳市召开发改、水

---

① 何立峰：《扎实推进黄河流域生态保护和高质量发展》，《学习时报》2021 年 11 月 24 日。

② 《深化专项监督 守护黄河安澜》，河南省纪委监委官网，2023 年 9 月 1 日，https://www.hnsjw.gov.cn/sitesources/hnsjct/page_pc/jdzjzfyw/gnyw/articleac0f9580a6ec4b498a4916f997506c86.html。

利、环保等主责部门专项监督工作推进会，督促 8 个职能部门围绕行动方案，认真自查自纠发现问题，分别明确整改要求和时限，确保各项举措落实到位。驻省财政厅纪检监察组督促省财政厅将黄河重大国家战略作为财政支出重点领域予以优先保障。开封市成立 10 个监督检查组，对黄河清"四乱"、滩区居民迁建、黄河防汛等重点任务开展"下沉式""嵌入式"监督检查，查处问题 21 个。济源示范区纪委监委紧盯黄河重大国家战略落实中的"不作为、慢作为、乱作为"等问题，发挥专项监督职能，严肃查处工程建设中履职不力的作风问题。

保护黄河是千秋大计，需要以尺寸之功积千秋之利。河南省纪检监察机关不断提高政治站位、扛牢政治责任，以强有力的政治监督推动地方各级党委政府、水行政执法部门、司法部门等治理主体加强黄河水生态治理，保障黄河长久安澜，促进全流域经济社会高质量发展，改善人民群众生活，保护传承弘扬黄河文化，真正让黄河成为造福人民的"幸福河"。

四 强化"两法"衔接的保障体系

一是坚持和加强党的全面领导，落实跨部门组织协调工作。坚持党的领导，是做好黄河治理与保护工作的根本保证。黄河流域"两法"衔接工作涉及不同行政部门与司法部门，仅依靠某一治理主体难以保障衔接工作的畅通运转，因此需要在党的统一领导下，压实工作责任，协调组织不同部门共同参与黄河治理工作，细化不同责任主体的职责分工，确保黄河流域执法、司法工作良性衔接运转。面对黄河流域保护与治理重任，河南省始终坚持习近平总书记对黄河流域做出的重要论述及重大指示，贯彻落实党中央的各项决策部署，将执法、司法衔接机制建设纳入河南省"十四五"规划中，全面统筹、不断优化部门职能分工，推动执法、司法衔接机制常态化、长效化服务于黄河重大国家战略。河南省持续深入学习领会习近平生态文明思想和习近平法治思想，以更高站位、更强意志、更大决心持续推进黄河水利法治建设，充分发挥水利部门与公安部门联合执法机制、水行政执法与检察公益诉讼协作机制的作用，凝聚执法司法合力，保障黄河生态安全，推动全流域高质量发展。

二是加强人才队伍建设，为黄河流域执法司法衔接机制注入"人才活水"。黄河流域（河南段）各地各级政府加强对发改、自然资源和规划、司法等部门的环境专业人才配置和联合培训活动，增强生态环境部门、司法部门发现和处置生态环境案件的能力，推动不同部门业务骨干对黄河保护与治理工作的相互配合支持。为贯彻落实水利部联合公安部发布的《关于加强河湖安全保护工作的意见》，提升省内"水行政执法+公益诉讼"协作机制运行质效，强化水利部门和检察机关、公安机关的协作配合，2023 年 6 月 19—21 日，河南省水利厅联合河南省人民检察院、河南省公安厅举办2023 年全省水行政综合执法培训班，并邀请河南省人民检察院、省公安厅、河南黄河河务局等执法司法部门专家授课，重点围绕检察公益诉讼、《黄河保护法》在水行政执法中的适用、生态环境行政执法与刑事司法衔接、涉水违法犯罪案件、水行政处罚实施办法等内容开展业务培训，根据执法司法部门职责特点、在水行政执法中担负的任务提出了不同法治保障要求。2023 年，郑铁两级法院与公安、检察、生态环境、自然资源、农业农村、林业、黄河河务等相关部门开展座谈会 10 余场，围绕《黄河保护法》贯彻落实、行刑衔接、府院联动、环境公益诉讼等重点难点问题展开业务交流，凝聚执法、司法共识。为进一步提升污染环境刑事案件专业化办理水平，凝聚执法司法合力，扎实推进严厉打击危险废物环境违法犯罪、污染源监测数据弄虚作假违法犯罪专项行动（以下简称"两打"），2024 年 5 月29—30 日，河南省人民检察院与省生态环境厅、省公安厅首次联合举办"两打"培训班，重点围绕"两打"相关法律法规、案件办理和审查要点以及行刑衔接实务等业务内容予以培训，邀请检察机关、公安机关、生态环境部门的业务骨干进行专题授课，约 80 名业务骨干参加"两打"培训班。河南省常态化组织人才培训交流活动，是促进执法司法协作联动的生动实践，持续加强检察部门、生态环境部门、公安机关之间的沟通协调，进一步凝聚执法司法合力，为美丽黄河建设贡献执法、司法智慧和力量。

三是加大对执法司法联合专项行动的支持力度，保障黄河流域治理与保护工作机制有序运转。黄河禁渔专项执法行动从 2022 年 4 月 1 日首次开始，由农业农村部和公安部牵头负责，明确提出要常态化常年禁渔和区域禁渔执法监管，开展跨区域、跨部门联合执法司法行动。2023 年以来，河南省扎实推进黄河禁渔专项行动的开展，出动执法人员 6160 人次，查办案件 65 起，处罚金 30 多万元，黄河流域（河南段）水生生物多样性得到有效保护，不断推进水生生物资源养护和水生态修复工作。2023 年 4 月 12 日，首届服务保障黄河国家战略检察论坛在郑州市召开，为了进一步发挥水行政执法与公益诉讼协作机制作用，水利部、最高人民检察院联合启动黄河流域水资源保护专项行动。2023年6月，河南省水利厅、省法院、省检察院、省公安厅、省司法厅认真贯彻落实五部委①联合印发的《河湖安全保护专项执法行动工作方案》，首次组织开展河湖安全保护专项联合执法司法行动，在违法线索排查、案件线索移送、督察督办、执法司法监督等工作方面形成合力，强化"河长+"机制、"水行政执法+公益诉讼"协作机制效能。积极配合黄河水利委员会开展黄河流域河湖治理专项行动，加强行刑衔接机制建设，加大犯罪打击力度，着力解决黄河流域河湖治理突出问题，排查整改黄河流域水事违法违规问题线索88个，以执法司法合力切实维护"母亲河"河道健康安全。

第三节 河南省黄河流域"两法"衔接的发展态势展望

保护和治理"母亲河"事关中华民族伟大复兴的千秋伟业，要准确把握黄河重大国家战略，自觉地把保护黄河生态环境和促进经济社会高质量发展作为河南省战略任务，继续扛牢黄河流域生态保护和高质量发展的河南担当。河南省黄河流域"两法"衔接机制建设必须回应《黄河保护法》第一百零五条关于推进行政执法与刑事司法协同推进大保护、大治理的要求，进一步加快执法司法创新衔接机制和执法、司法能力现代化建设，在法治轨道上筑牢黄河流域保护与治理的安全防线，不断织密黄河流域生态环境保护与经济社会高质量发展的法治之网。

一 细化"两法"衔接规范指引，良法守护"母亲河"安澜

近年来，河南省级行政执法机关和司法机关以及地方行政执法机关与司法机关出台了不少关于黄河流域"两法"衔接机制的规范性文件及实施办法，但规范性文件大多较为分散，缺乏细则性指引，因而亟须提高黄河流域"两法"衔接的立法位阶，并制定黄河流域执法司法衔接细则，匹配

---

① 2023年6月上旬，水利部办公厅、最高人民法院办公厅、最高人民检察院办公厅、公安部办公厅、司法部办公厅联合印发《河湖安全保护专项执法行动工作方案》，并召开动员部署会，对本次河湖安全保护专项行动进行专题部署。

"两法"双向衔接机制良性运行。在实体规范层面，黄河流域内行政犯罪的法益保护对象应与刑事立法具有相对一致性，当违法行为需要向犯罪行为转换衔接时，保护对象的一致性有利于行政处罚措施与刑事处罚措施紧密衔接，因此应从黄河流域相关实体规范上有效界分违法行为与犯罪行为，实现跨部门移送案件在行刑部门之间衔接畅通，切实保障"两法"衔接机制的精准识别和正确处理。① 在程序规范层面，推动省内适时制定有关黄河流域执法与司法衔接机制的法律法规、规范，制定对"两法"衔接机制中案件移送及受理机制、证据衔接机制、衔接不作为的追责机制等的操作性指引。具体而言，对"两法"衔接的责任主体、适用情形、移送标准、证据适用、监督机制等做出明确规定，确保案件移送材料的真实性与移送程序的合法性，从程序上最大限度做到"两法"衔接机制有法可依。下一步，河南省应着力强化黄河流域实体和程序性规范立法话语权，结合执法司法实践中黄河流域案件处理情况，制定与"两法"衔接机制运行现实需求相匹配的细则指引，不断优化"两法"衔接机制服务于黄河战略的执法司法质量与效率。

二 依托"府院检""河长制"，完善跨部门双向衔接机制

在"府院检"协作上深化联动，完善跨部门执法司法协作联动机制。"府院检"联动机制旨在通过强化行政机关与法院、检察院之间的协作和沟通，进一步提升法治政府和法治社会建设水平，以联动机制创新推动现代社会辐射不同领域的治理路径创新。黄河流域（河南段）"府院检"联动机制实践丰富，致力于以高质量的行政执法与刑事司法衔接机制服务黄河重大战略。继续坚持"一府两院"跨部门执法司法联动协作机制的建设，持续深化黄河流域"府院检"联动的河南实践探索，建立健全"府院检"联席会议制度、黄河流域重大疑难案件会商机制、案件督导督办督察机制。有效促进黄河流域案件诉源治理，利用大数据、人工智能等数字化技术实现"府院检"之间的及时有效沟通，推动矛盾纠纷跨部门、跨区域联动办理、"线上"办理。

---

① 周全：《环境治理中行刑衔接机制的现实困境与完善路径》，《湖北大学学报》（哲学社会科学版）2023 年第 2 期。

探索"河长制""林长制"创新机制，构建黄河流域常态化、长效化执法司法衔接机制。由于黄河流域管理涉及上下游、干支流，治理协调难度大且易出现相互推诿现象，"河长制"的适时实施可以有效破解长久以来"九龙治水"的治理困境。河南应进一步积极探索"河长+""林长+"等治理新模式，加强水行政执法机关、法院和检察院在案件移送、立案、监督执行等方面的协作联动与沟通，构建黄河流域常态化、长效化执法司法协作机制。综合运用"水行政执法+公益诉讼"新模式，制定水行政执法与公益诉讼有效协作的操作性指引，加大对破坏黄河生态环境和安全生产秩序等违法犯罪行为的查办力度。完善"河长制"组织体系建设，推动法院、检察院积极融入黄河流域协作联动机制建设，增强黄河治理的整体性、协同性、长效性，形成黄河流域生态保护和高质量发展的河南强大合力。

三 优化监督方式，数字化举措提升监督效能

党的二十大报告明确提出要"加强检察机关法律监督工作"，对照黄河流域重大国家战略下"两法"衔接机制运行的高标准、高要求，以数字化技术为抓手，不断探索和创新数字检察监督手段，提高数字检察监督黄河流域执法司法工作质效。与其他监督类型相比，检察监督应更具专业性、主动性和权威性，监督事项都与社会治理息息相关，在构建数字法治监督体系时，更需要由检察机关发挥枢纽作用，组织协调社会监督力量。① 然而，在"两法"衔接监督实务中，检察监督往往为被动性监督，这是由于行政执法程序具有相对封闭性，监督机关难以及时有效了解流域内相关执法信息，导致监督失灵且威慑力不足，难以发挥"两法"衔接机制在社会治理中的整体性效能。在黄河流域国家战略背景下推进"两法"衔接机制畅通，关键要在大数据共建共享基础上贯彻数字检察理念，实现数字技术与监督职能的深度融合。河南省数字检察建设应注重加强数据共享安全，拓展数字检察的数据来源，采取多元化数据调用方式实现行刑部门的执法司法信息有效共享。② 推动数字技术与检察监督职能的深度融合，建立黄河流域大数据检察监督模型，驱动"两法"衔接数字监督工作做细做实，进

① 胡铭：《全域数字法治监督体系的构建》，《国家检察官学院学报》2023年第1期。
② 邵俊：《数字检察中行刑衔接机制的优化路径》，《华东政法大学学报》2023年第5期。

而提升检察监督职能服务黄河战略的现代化水平。此外，随着国家纪检监察体系改革的不断深入，河南省纪委监委将黄河重大国家战略作为一项政治任务，并充分发挥对黄河流域"两法"衔接河南实践的专项监督作用。纪检监察专项监督机制发挥监督范围全面、监督线索来源更多元化、监督调查措施补强作用突出等优势，① 将其与检察监督优势互补形成强大监督合力，有助于推动黄河流域"两法"衔接机制更高效化、更标准化、更智能化地运行。

四 搭建数字化平台，优化"两法"衔接配套保障机制

在数字时代背景下，新兴科学技术逐渐作为一种技术性权力嵌入国家治理的权力运行中，② 在黄河流域"两法"衔接机制建设中，数字技术更是发挥着流程重塑功能，如信息共享平台建设、远程联席会议、案件"线上"协作配合机制等配套保障机制。一是进一步推动"两法"衔接信息共享平台建设。检察机关在"两法"衔接机制运行中扮演着监督者与被监督者的角色，可由其组织协调推动执法和司法信息平台建设，有效简化案件信息移送流程，同时及时监督执法司法信息的合规高效运转。二是优化"两法"衔接的联席会议机制。联席会议制度为促进执法司法部门协作搭建了重要沟通平台，能够有效协调案件职责分工、案件材料移送及受理、重大疑难案件研究等事项，依托数字化平台优化联席会议机制，可实现对衔接机制运行中疑难事项的远程高效协商处理。三是注重发挥"两法"衔接中案件协作配合机制作用。探索"府院检"黄河流域数据信息共享平台建设，在日常执法中行政执法部门要进一步加强与司法机关的业务协作，实现黄河河务、生态环境、市场监管、公安、检察等行刑部门之间的数据信息合规共享。以数字化举措不断推进黄河流域"两法"衔接配套机制建设，正是对提升黄河流域保护治理现代化水平的有力回应。

---

① 冷枫、朱贺：《国家监察体制改革对行刑衔接监督机制的影响与启示》，《河南财经政法大学学报》2019 年第 2 期。

② 周全：《环境治理中行刑衔接机制的现实困境与完善路径》，《湖北大学学报》（哲学社会科学版）2023 年第 2 期。

第七章 社会联动：形成守护"母亲河"的法治大格局

河南省作为黄河流域的重要省份，始终坚持依法治理黄河，坚持深入贯彻习近平总书记在黄河流域生态保护和高质量发展座谈会上的重要讲话精神，从加强政企协作、产学研深度融合、引导社会主体参与和法治新闻宣传等方面着手，形成社会联动守护黄河"母亲河"的法治大格局。

第一节 塑造政企共治的协作格局

为实现资源共享、优势互补，河南省抓住政企合作机遇，出台相关政策，促进政企间沟通协作，提高沿黄区域工业园区治污防污水平，加强对化工、金属等高污染、高耗能企业的监管，坚持生态优先、绿色发展，共同打好黄河流域生态保护攻坚战。

一 守护"母亲河"：政府监管任重道远

习近平总书记指出，"治理黄河，重在保护，要在治理"①。作为黄河流域重要省份，河南省地处黄河流域中下游，沿黄区域工业园区密集，化工、医药、石油、炼焦、纺织、冶炼等占全省比例大于80%，推动沿黄工业园区水污染治理对于加强黄河流域生态保护具有重要意义。② 河南省深入贯彻习近平总书记在黄河流域生态保护和高质量发展座谈会上的重要讲话精神，始终牢记"国之大者"，坚持以沿黄开发区水污染整治为抓手，扎实推进水

---

① 《黄河流域生态保护和高质量发展规划纲要》，人民网，2021年10月9日，http://politics.people.com.cn/n1/2021/1009/c1001-32247687.html。

② 李哲：《强化沿黄工业园区水污染治理 推进黄河流域生态保护》，郑州市生态环境局网站，2023年11月20日，https://sthjj.zhengzhou.gov.cn/hjyw/8002515.jhtml。

污染源头治理，持续改善省辖黄河水环境质量，努力建设黄河流域生态保护示范区。2023 年 10 月，生态环境部印发《沿黄河省（区）工业园区水污染整治工作方案》，该工作方案以习近平生态文明思想为指导，坚持生态优先、绿色发展，坚持精准、科学、依法治污，巩固《水污染防治行动计划》工作成效，推动提升工业园区污水收集处理效能，强化化工园区环境风险防范，着力打好黄河生态保护治理攻坚战，推动黄河流域生态保护和高质量发展。河南省结合地域环境和产业情况，坚持战略思维，敢于担当，进一步深化沿黄区域工业园区水污染整治，把推动园区水污染整治纳入《河南省黄河流域生态环境保护规划》。一方面，河南省坚持高标准监管、高质量整治，梳理整合沿黄 94 个省级开发区，统筹推进新建、扩建开发区、工业区，同步规划建设污水收集和集中处理设施，建立多项突出问题清单，并实施严格的清单管理、挂账销号。针对复杂的地下水监管问题，河南省下大力气开展工业园区地下水环境状况调查评估，完成 37 个国家级、省级工业园区地下水环境的调查评估和成果集成，切实有效推进工业园区地下水污染防治分级管理，不断提高工业园区水污染治理和环境风险防范水平。另一方面，河南省充分认识到治污工程建设是河流水质改善的根本之策，积极实施"清水入黄河"等工程，突出小浪底至花园口区间重要支流治理，推进金堤河、蟒河、二道河等污染相对较重河流综合治理，加大对支流流域工业园区水污染整治工程建设投入力度，推动建成一批水污染治理工程和水生态修复工程，全面提升源头污染治理成效，以小流域水污染治理成效提升黄河干流水环境质量改善质效。

尽管河南省大力整治沿黄区域工业园区水污染并取得了一定的成效，但一些企业为了降低生产成本、规避社会责任，会选择铤而走险向黄河流域非法倾倒废弃物或非法排放污水，这种缺乏环保意识的行为不仅会对黄河流域的地下水、土壤和大气造成严重污染，久而久之更会对沿岸居民的健康造成难以估量的伤害。2024 年 2 月 27 日，生态环境部发布《中央第二生态环境保护督察组向河南省反馈督察情况》，[①] 从反馈中可知，虽然在生

---

① 《中央第二生态环境保护督察组向河南省反馈督察情况》，中华人民共和国生态环境部网站，2024 年 2 月 27 日，https://www.mee.gov.cn/ywgz/zysthjbhdc/dcjl/202402/t20240227_1067094.shtml。

态环境保护领域，河南省已经取得可观成效，但对于贯彻落实习近平生态文明思想和习近平总书记对河南省做出的重要指示批示精神，践行河南省担负的使命，实现人民群众对美丽河南的期盼，仍存在进步空间，亟须解决那些突出的生态环境问题。例如，新乡市卫辉市天然资源公司非法侵占农用地和非法取用黄河水，建成"唐公湖"人工湖，面积达594亩；三门峡市泰格奇幻乐园存在违反规定侵占黄河湿地国家级自然保护区实验区的问题；南阳市中联水泥公司蚕食了南阳恐龙蛋化石群保护区缓冲区；卫辉市的天然资源公司越界进行开采，导致了295亩的山体和林地受到破坏；郑州荥阳市张沟口铝土矿未经批准改地下开采为露天开采对山体造成损害；等等。对于以上违法企业，必须严惩不贷，但同时也要考虑案件实际情况，做到过罚相当。2023年6月11日，最高检发布《"检察为民办实事"——行政检察与民同行系列典型案例（第十二批）》，其中第一个案例就是《河南某污水处理有限公司超标排放污水行政非诉执行检察监督案》①。在此案中，检察机关认为该污水处理公司超标排放污水的违法事实客观存在，但在发现进水水质超标后积极采取应对措施并多次主动向环保部门报告，尽到了应急处理和报告义务，因此应当根据事实，降低处罚力度。

由于黄河生态本底较差，水资源十分短缺，水土流失严重，资源环境承载能力弱，环境污染积重较深，水质水平总体低于全国平均水平；且沿黄区域产业多以能源化工、原材料、农牧业等高污染、高耗能产业为主，缺乏有较强竞争力的新兴产业。习近平总书记曾多次强调，"良好生态环境是最公平的公共产品，是最普惠的民生福祉"②"绿水青山就是金山银山"③"生态就是资源，生态就是生产力"④"要把生态环境保护放在更加突出位置，像保护眼睛一样保护生态环境"⑤。一方面，河南省要引导沿黄地区企业把发展的基点放到创新上来，化解供需之间的结构性矛盾，塑造更多依靠创新驱动的引领型发展模式；另一方面，我们不能为了保护环境，武断

① 《行政检察助力生态环境和资源保护典型案例》，最高人民检察院网站，2023年6月11日，https://www.spp.gov.cn/xwfbh/wsfbt/202306/t20230611_617036.shtml#2。
② 习近平：《论坚持人与自然和谐共生》，中央文献出版社，2022，第11页。
③ 习近平：《论坚持人与自然和谐共生》，中央文献出版社，2022，第40页。
④ 习近平：《高举中国特色社会主义伟大旗帜 为全面建设社会主义现代化国家而团结奋斗》，《人民日报》2022年10月26日。
⑤ 习近平：《论坚持人与自然和谐共生》，中央文献出版社，2022，第87页。

地关停所有存在污染环境可能性的企业,而是应当加强监管,警钟长鸣,形成震慑,提高黄河流域工业园区企业的环保意识,实现经济与环境和谐永续发展。河南省已经明确认识到,沿黄工业园区污染治理是一个不断发展提升的过程,需要科学完善的制度提供长效保障。为此,河南省正在加快推进污染控制试点建设工作,力争打造一批可复制、可推广的工程措施和监管机制,持续助力区域经济社会高质量发展。

二 守护"母亲河"与政企合作存在机遇

生态环境治理是一项需要长期坚持的、复杂艰巨的历史性任务,且生态环境的修复需要大量资金,仅靠政府出资远远不够。河南省为刺激社会资本流入,从优化营商环境入手,为政企协作搭建顺畅的沟通平台,形成良好的协作机制,形成守护"母亲河"的政企合作共治格局。

(一) 政企合作

政企合作的概念可以分为狭义和广义两种。从狭义上讲,政企合作指的是以早期公私合营(PPP)模式为代表的资金融合的合作方式;从广义上讲,政企合作指的是政府和企业基于互惠互利而开展的合作,目的是实现优势互补、资源共享。河南省历来高度重视政企关系,多次印发关于优化营商环境的政策文件,如2024年2月26日在河南省人民政府网发布《河南省"十四五"营商环境和社会信用体系发展规划》、2022年12月27日在河南省人民政府网发布《进一步优化营商环境降低市场主体制度性交易成本实施方案》等,建立健全法律法规体系,完善制度建设,将法治思维和法治理念贯穿优化营商环境的全过程,为营造良好的政企关系保驾护航。早在2005年,中国的生态修复领域就出现了一批由社会资本投资、保证固定收益率的特许经营项目,其中最典型的就是污水处理厂。公私合营项目自2015年开始大量出现,许多民营企业看好生态修复项目,但单个生态修复项目所需资金多以亿元计,因此众多民营企业为了承接生态修复项目而"债台高筑"。到2017年,全国大批PPP项目在结算验收阶段出现问题,甚至出现执行问题,直接导致资本市场不再对PPP项目投放资金,大量承接项目的民营企业因资金链断裂而破产,造成不小的损失。针对先前政企合作项目出现的实际问题,在2021年发布的《国务院办公厅关于鼓励和支持社会资本参与生态保护修复的意见》中，在坚持保护优先、系统修复、政府主导、市场运作等原则下，扩大参与内容，提供自主投资、与政府合作、公益参与多种模式，并结合实际情况积极探索灵活高效的工作程序，以充分调动社会资本参与生态保护修复的积极性。

（二）黄河流域生态环境治理需要政企合作

党的十八大以来，以习近平同志为核心的党中央把生态文明建设摆在全局工作的突出位置。我们必须认识到，生态环境治理是一项需要长期坚持的、复杂而艰巨的工作，需要坚持用发展的眼光和马克思主义生态观来指导生态治理实践，从而顺利实现建设美丽中国的宏伟目标。2024 年 3 月 13 日，中华人民共和国中央人民政府网公布了 2023 年中央和地方预算执行情况，以及 2024 年中央和地方预算草案，从报告中可以看出，2024 年中央财政污染防治资金安排共计 691 亿元，与 2023 年相比略有增长，体现了中央财政对生态文明建设的大力支持。其中，大气污染防治资金安排 340 亿元，水污染防治资金安排 267 亿元，土壤污染防治专项资金安排 44 亿元，农村环境整治资金安排 40 亿元。691 亿元看起来是一笔巨资，但是根据 2021 年《国务院办公厅关于鼓励和支持社会资本参与生态保护修复的意见》，由于我国一些地区生态系统受损退化问题突出、历史欠账较多，生态保护修复任务量大面广，仅靠政府出资远远不够，需要动员全社会力量参与生态建设。[1] 该意见以习近平新时代中国特色社会主义思想为指导，深入贯彻落实党中央、国务院的各项决策部署，牢固树立"绿水青山就是金山银山"理念，保障由市场决定资源配置，发挥政府管理服务作用，聚焦重点领域，激发市场活力，推动生态保护修复高质量发展，增加优质生态产品供给，维护国家生态安全，构建生态文明体系，推动美丽中国建设。据不完全统计，早在 2020 年生态修复治理市场规模已达 4064 亿元，单个项目所需资金甚至达到数十亿元到上百亿元，而根据中研网 2023 年 11 月发布的《2023 生态修复行业未来发展趋势及规划分析》预估，2024 年生态修复治

---

① 《让社会资本激活生态保护的一池春水》，人民网，2021 年 11 月 12 日，https://www.gov.cn/gongbao/content/2021/content_5654771.htm。

理市场规模有望超过 7000 亿元。① 面对巨大的缺口，党和国家正努力创造机会，投放资金吸引社会资本，并在制度上做好保障，向社会资本积极宣传成功案例，重塑金融资本市场对生态修复的信心，进而在生态修复领域开展广泛的政企合作。

（三）政企合作共治与保护黄河"母亲河"

河南省人民政府为优化营商环境，充分激发民间资本投资活力和创业创新潜力，建设现代化经济体系，促进高质量发展，早在 2018 年 8 月 22 日就已经根据《国务院办公厅关于进一步激发民间有效投资活力促进经济持续健康发展的指导意见》，在河南省人民政府网上发布了《河南省人民政府办公厅关于优化营商环境激发民间有效投资活力的实施意见》。该意见明确表示要"推动民间资本有序参与 PPP（政府和社会资本合作）项目"②。从全国企业信用查询系统、官方备案企业征信机构企查查中检索可知，截至 2024 年 5 月，河南省共有 251904 家环保企业，其中可能与黄河流域生态保护相关的农、林、牧、渔业企业高达 1633 家，采矿业企业仅有 242 家，电力、热力、燃气及水生产和供应业企业达到 1786 家，水利、环境和公共设施管理业企业更是达到 6537 家，卫生和社会工作企业达 116 家，占比约为4.1%；而河南省专门从事生态修复的企事业单位有 4900 家，其中注册资本在 1000 万元以上的有 1903 家，100 万元以下的有 708 家，小微型企业占绝大多数。针对上述环保企业和生态修复企事业单位，河南省坚持"非禁即准、平等待遇"的原则，设置公平透明的市场准入规则，加强基础设施建设，加大公共服务等领域的对外开放力度，改进投资运营模式，拓展民间资本的发展空间。针对那些企业最关心的民间资本进入重点领域、参与政企合作项目、投资审批制度、民间资本融资等问题，河南省明确相关责任单位，按照职责分工负责不同事项。如民间资本进入重点领域问题，就由河南省发展改革委牵头，省政府国资委、省教育厅、省民政厅、省人力资源社会保障厅、省卫生计生委、省文化和旅游厅、省体育局按照职责分工

---

① 《生态修复行业市场发展趋势：2024 年中国生态修复行业市场规模有望超过 7000 亿元》，中研网，2023 年 8 月 28 日，https://www.chinairn.com/news/20230828/164005156.shtml.

② 《河南省人民政府办公厅关于优化营商环境激发民间有效投资活力的实施意见》，河南省人民政府网站，2020 年 10 月 23 日，https://www.henan.gov.cn/2018/08-22/688513.html.

负责。一方面，河南省探索发展信用融资、普惠金融和"双创"金融模式，创新金融产品和服务，健全融资协调服务机制，引导各类金融机构和金融市场加大对民间资本的金融支持力度；另一方面，河南省持续强化企业创新主体地位，完善创新激励机制，充分释放民营企业创新创业潜能，形成政府、企业、社会良性互动的创新创业生态系统，以创新带动民营企业加快转型发展。

三　政企共治保护黄河的沟通机制与协作机制

在政企合作共治中，政府不仅要加强对企业生产行为、经营行为的监管，还要认识到自身的主导地位，鼓励企业参与生态环境治理的经济领域，为企业的生产经营提供必要的支持和保障，进而促进环保产业优化升级，促进黄河流域生态保护和高质量发展。

（一）构建高效的沟通机制

2019年9月18日，习近平总书记在黄河流域生态保护和高质量发展座谈会上明确指出，"黄河流域是我国重要的经济地带、是打赢脱贫攻坚战的重要区域"[①]，同时强调共同抓好大保护、协同推进大治理，让黄河成为造福人民的"母亲河"。河南省必须始终坚持高站位，扛稳扛实政治责任。为加强与沿黄工业园区化工、医药、石油、炼焦、纺织、冶炼等企业之间的信息畅通、意见交换并解决问题，河南省搭建各式各样的沟通平台，建立多种沟通渠道。例如，河南省工商联联合河南广播电视台共同打造了全国首档政企沟通访谈节目《政企面面观》，在2021年1月6日正式开播，目的是在"十四五"时期为政府和民营企业之间搭建高效沟通交流的平台，助力优化河南省营商环境，推动"双循环"新发展格局的加速构建。该节目主要采用一位主持人+2~3位嘉宾的访谈形式，嘉宾由相关职能部门代表和企业代表组成，主持人从最新最热的政策和新闻事件中引出话题、切入主题，引导嘉宾展开讨论，解读惠企政策，倾听企业心声。2022年5月28日，在河南省政府新闻办召开的新闻发布会上，印发了《河南省高效统筹疫情防控和经济社会发展工作方案》（以下简称《工作方案》），分行业建

---

① 习近平：《在黄河流域生态保护和高质量发展座谈会上的讲话》，《求是》2019年第20期。

立了"四保"（保生产经营、保物流畅通、保政策助力、保防疫安全）企业（项目）白名单，深入贯彻落实"疫情要防住、经济要稳住、发展要安全"重要要求，确保企业（项目）不发生聚集性疫情，确保重点企业、重点项目不停产不停工，最大限度减少疫情对经济社会发展的影响。① 同时还印发了《河南省重点项目建设疫情防控工作指南和白名单项目保障办法》《河南省工业行业疫情防控工作指南和白名单企业保障办法》《河南省商贸流通业疫情防控工作指南和白名单企业保障办法》《河南省交通运输业疫情防控工作指南和白名单企业保障办法》等。2023 年 4 月 24 日，河南召开全省"万人助万企"活动推进会议，会议听取深化"万人助万企"工作情况汇报，强调要聚焦培育"7+28+N"产业群链，把工作重心转移到促进企业转型、产业升级上来，强化专业化指导，完善体系化服务，突出精准化帮扶，加快推进规上工业企业数字化转型全覆盖，助力企业高端化、智能化、绿色化发展，为构建现代化产业体系提供有力支撑。此外，河南省还在政务服务网搭建"万人助万企"数字平台，为企业提供便利的办事服务，使企业对相关政策法规一目了然。

（二）形成良好的协作机制

河南省深入贯彻落实习近平总书记关于黄河流域发展的重要讲话精神，结合区域实际，在搭建高效沟通平台的基础上，进一步提升政企协作水平，为保护黄河"母亲河"贡献政企共治的河南力量。传统的生态环境修复主要由政府出资，但由于历史欠账较多、资金缺口较大，所以需要引入社会资本，推动生态修复高质量发展。在修复受损生态环境的同时，河南省也深刻认识到引导企业绿色生产、节能减排对保护黄河"母亲河"的重要性。一方面，为深入推进沿黄区域生态环境修复，河南省严格依照 2021 年发布的《国务院办公厅关于鼓励和支持社会资本参与生态保护修复的意见》，坚持政府主导、市场运作，在发挥政府规划管控、政策扶持、监管服务、风险防范等作用的基础上，统一市场准入，规范市场秩序，建立公开透明的市场规则，为社会资本营造公平公正公开的投资环境，构建持续回报和合理退出机制，实现社会资本"进得去、退得出、有收益"。在河南省政府的

---

① 逯彦萃：《统筹防疫稳经济 政策发力保增长》，《河南日报》2022 年 5 月 29 日。

主导下，河南近三年新成立的生态修复企事业单位约有 2400 家，且多为小微企业，生态修复企事业单位数量的增加必然离不开河南省政府的大力支持，他们在政府引导的社会资本支持下承接大批生态修复项目，正在逐步改善沿黄区域生态环境，助力黄河流域生态保护和高质量发展；另一方面，面对沿黄区域工业园区化工、医药、石油、炼焦、纺织、冶炼等占河南省比例大于 80% 的客观现实，河南省始终坚持战略思维，强化政治担当，制定实施沿黄开发区污水处理设施完善提升、工业园区建设标准和认定管理等举措，细化工作方案，深化示范引领，统筹推进新建、扩建开发区、工业园区同步规划建设污水收集和集中处理设施，高质量完成沿黄 94 个省级开发区梳理整合，多措并举实现开发区污水集中处理设施全覆盖，坚决遏制"两高"项目盲目发展，有效提升了黄河流域水环境治理水平，从根源上杜绝污染，守护黄河"母亲河"。

第二节　形成产学研深度融合的联动格局

河南省高度重视黄河流域生态保护和高质量发展的国家战略，创新发展小麦育种种植技术，推动河南省由农业大省向农业强省迈进。为进一步在新时代中部崛起中获得领先势头，河南省着力发展新质生产力，加强产学研深度融合，通过科技创新引领产业优化升级。

一　产学研深度融合，加快发展新质生产力

新质生产力指的是创新起主导作用，摆脱传统经济增长方式、生产力发展路径，具备"高新精尖"等特征，符合新发展理念的先进生产力质态。习近平总书记在中共中央政治局第十一次集体学习时强调："发展新质生产力是推动高质量发展的内在要求和重要着力点"，"新质生产力已经在实践中形成并展示出对高质量发展的强劲推动力、支撑力"。[①] 新质生产力更是成为 2024 年"两会"新词热词。作为农业大省，河南省用不足全国 1/16 的耕地面积生产了 1/4 的小麦，无论小麦种植面积还是单产总产，均位居全

---

① 习近平经济思想研究中心：《新质生产力的内涵特征和发展重点》，《人民日报》2024 年 3 月 1 日。

国第一。① 这收获的背后，离不开河南省对小麦育种的高度重视，离不开科学高效的种植办法。与 20 世纪的小麦育种不同，新时代的育种人不再使用"眼看、牙咬、鼻子闻"的落后办法，如今小麦育种的技术手段十分丰富，拥有了精准的仪器和先进的技术手段。河南省育种专家利用先进科技，大胆创新，率先研发出在全世界都十分领先的麦谷蛋白亚基分子标记办法，并用于辅助育种，提高了优质品种选育效率，攻克了一个又一个技术难题。经过一代又一代小麦育种人的艰辛奋斗，培育出一大批符合市场需求的高产、抗倒伏、抗病虫害的小麦种子。目前，河南省小麦育种水平全国领先，全国大面积推广种植的小麦品种中，河南省小麦品种在前十名中占了五名，河南省小麦品种的影响力也越来越大。优良的小麦品种更需要科学先进的种植管理技术。河南拥有众多小麦优质高产绿色高效标准化生产示范基地，根据不同的小麦品种，采用侧重点不同的种植技术。例如，针对适合制作面条、馒头的优质中强筋小麦品种，重点研究病虫草害精准防控技术和小麦量质协同提升绿色高效栽培调控技术等。科学先进的种植管理手段、精益求精的小麦品种以及逐步趋于完善的优质小麦供应体系，无不显示出河南省充分发挥新质生产力作用，由农业大省迈向农业强省的有志竟成。同时，河南省在迈向农业强省的道路上，更加离不开的是人，是一代代面朝黄土背朝天的"老农人"，更是一大批充满农业情怀、眼光独到、技术先进、懂得经营的"新农人"。② 从父辈牵着耕牛下地干活，到如今的无人机播种撒药、大型联合收割机收麦、蔬菜大棚种植等，"新农人"们不断提高自身素质，提高种田科技含量，145 万名高素质农民正在成为推动河南省乡村振兴和农业农村现代化发展的中流砥柱。他们与时俱进、开拓创新，自发成立种植合作社、农机合作社等多种新型农业经营主体，推动河南省农业迈向规模化、专业化和品牌化，为河南省乡村振兴增添新的活力。

任何产业生产力的发展都离不开劳动对象、劳动资料和劳动者，而作为高科技、高效能、高质量的新质生产力，更离不开三者相互融合、加快科技创新。作为企业与高等院校和科研院所等机构开展合作、高效整合发

① 赵春喜、刘一洁：《良种一粒重千钧——"从'三夏'新质生产力看河南农业强省建设"系列观察之二》，《河南日报》2023 年 6 月 2 日。
② 谭勇：《广麦田畴竞风采——"从'三夏'新质生产力看河南农业强省建设"系列观察之四》，《河南日报》2024 年 6 月 4 日。

展生产力所需各种要素的合作模式，产学研的深度融合必然能够进行技术创新，促进产业优化升级，实现高质量发展。早在1992年国家经贸委、国家教委和中国科学院就已经开始组织实施"产学研联合开发工程"，自此我国开始出现大量针对产学研合作组织、模式、知识转化等的研究。目前，产学研合作被定义为企业与高校间依据优势互补、利益共享、风险共担、共同发展的原则合力进行技术创新的研发活动。① 在客观实践中，企业和高校的合作通常需要金融机构的支持，有了资金的支持，高校的科研成果才能更好地转化为企业生产成果。我国产学研合作相关政策大致可以分为三个阶段：一是从1978年至20世纪90年代，此时以"科学技术是第一生产力"战略为指导，偏重于将科研成果为企业所用；二是20世纪90年代至2006年，国家提出"科教兴国战略"，开始探索开发以市场为导向、以企业为主体的提升企业创新能力的模式；三是2006年以后，我国提出"建设创新型国家"，此时的产学研合作与国家战略目标更加契合，更加关注国家总体科技规划和关键技术需求。② 经过几十年的发展积累，与产学研合作相关的政策已经趋于成熟，政策的制定权也被分配给多个主体，政府投入和社会资本投入均持续稳定增长，出现了许多成功范例。

二　河南高度重视产学研融合

2024年5月9日，中国新闻网发布题为"推动高质量发展·权威发布 ┃ 河南：大力推动产学研协同创新"的文章，③ 在5月9日由国新办主办的"推动高质量发展"系列主题新闻发布会上，河南省省长王凯详细介绍了河南在新时代中部地区崛起的过程中，如何培育新的动能并塑造新的优势，以实现争先和出色的表现。这篇文章指出，河南省委始终秉持前瞻的思维方式，面对未来可能出现的挑战进行决策，并率先建立了一个由河南省委书记和河南省省长领导的科技创新委员会，以应对新一轮科技革命和产业变革以及复杂多变的外部环境，谋划推进创新体系建设、改革综合配套设

---

① 马永红、杨晓萌、孔令凯、倪惠莉：《基于产业异质性的关键共性技术合作网络研究》，《科学学研究》2021年第6期。
② 吴汉东：《试论知识产权制度建设的法治观和发展观》，《知识产权》2019年第6期。
③ 《推动高质量发展·权威发布 ┃ 河南：大力推动产学研协同创新》，中国新闻网，2024年5月17日，https://m.chinanews.com/wap/detail/zw/gn/2024/05-09/10213604.shtml。

施，力争在科技创新中跑在前列。为此，河南省计划从四个关键领域入手：一是打造一个"三足鼎立"的创新环境，其中包括中原科技城、中原医学科学城和中原农谷（"两城一谷"）。在过去的一年中，"两城一谷"在国内相似机构中的排名持续上升，吸引了大量企业入驻，并转化了众多的科研成果，已经逐渐成为河南省创新和发展的核心地带；二是河南省致力于培养充满活力的创新主体，为科技型中小企业和高新技术企业提供全方位、全要素的服务，成功培养了 116 家创新龙头企业、454 家"瞪羚"企业和 2.6 万家科技型中小企业，例如焦作多氟多公司制造的新能源电池核心材料因其独特的技术优势在市场竞争中取得了领先地位；三是营造"近悦远来"的人才氛围，在过去的三年中，河南成功吸引了 28 名顶尖人才、369 名领军人才以及 1.6 万名博士和博士后；四是产出一流创新成果，河南大力促进产学研的协同创新，鼓励大型企业与高等教育机构共同建立 1503 家研发中心，成功获得了国家重点研发计划的 76 个项目，执行了省级重大科技专项的 78 个项目。

2024 年 5 月 25 日，人民网发表了一篇名为"河南：强化产学研深度融合加速科技成果转化"的文章。这篇文章详细描述了河南省人大常委会副主任苏晓红领导的团队前往新乡市和郑州市开展科技成果转化工作的调研。他们深入中试基地、科研机构、新型研发机构、科创企业和高等教育机构等，与科技专家和企业代表进行了深入的沟通和交流，全面了解项目实施、平台建设、成果转化和资金投入等各个方面的情况。强调河南省必须严格执行习近平总书记关于科技成果转化等方面的重要指示，并认识到科技成果转化的水平对于推动河南省高质量发展的重大意义。我们应该以龙头企业为核心，进一步推动产学研的深度整合，推动创新平台和创新载体的创建，从而提高科技成果的供应质量。我们需要进一步完善科技成果的转化服务体系，加强对科技成果转化全过程的服务，创造一个有利的环境，以确保科技创新和成果转化得到强有力的支持。

2023 年 8 月 30 日，河南省政协围绕"加强企业主导的产学研深度融合，强化企业科技创新主体地位"这一主题进行了深入的专题讨论，并为科技成果转化的"最后一公里"提供了宝贵的建议和方案。在产业界存在一个巨大的鸿沟，那就是产品从实验室到市场的距离，也即"基础研究—科技攻关—科技应用—成果产业化"路径。面对新一轮科技革命和产业变革，河南亟须促进产业转型，借助科技创新来创造新的发展机会，并探索新的成长领域。现阶段，河南省正基于重振省科学院和省医学科学院的努力，积极推进 14 家省级实验室、36 家省级中试基地以及 7 家省级产业技术研究院的建设。河南省科学院在深入研究国家的战略需求和河南省的产业需求之后，致力于构建一个集研发机构、科创企业、科技成果、科创资本、创新人才和中介机构于一体的环科学院创新生态系统，并探索出"政府出题、科学院答题、地方政府支持"的新型科研组织模式。科研工作者长久以来的愿望是将科研成果从实验室引入生产线。面对这种情况，河南省政府决定全力以赴进行整体规划和协调，进一步完善相关的政策措施。同时，他们也会遵循经济的自然规律，充分利用市场的调节功能，尊重企业的核心地位，以推动河南的高质量发展。

三　产学研深度融合助力守护黄河"母亲河"

针对黄河流域的产学研深度融合，河南省在流域内新成立 18 家省级产业研究院（占全省的 72%）和 17 家中试基地（占全省的 81%），又建成 15 家省级制造业创新中心（占全省的 94%）。这些科研机构的设立，极大地便利了流域内企业，为它们的生产提供了智力支持。同时，地域上的近距离使企业和科研机构联系紧密，能加快科研成果转化为产品，二者也能实现优势互补、互利共赢。此外，河南省在沿黄地区制定实施了"头雁"企业培育行动方案和"专精特新"企业培育工程，其中专精特新"小巨人"企业达到了 153 家。2024 年 5 月 8 日，河南省关键金属产学研联盟的成立大会在风景如画的天鹅湖畔三门峡市隆重召开。随着新兴产业的迅猛发展，对于"稀有、稀散、稀土、稀贵"四大类别以及其他具备关键战略应用属性的关键金属材料的需求也在急剧上升。参加会议的专家们普遍认为，关键的金属矿石在未来的清洁能源经济中将具有与石油相似的地缘政治价值。河南省在关键金属方面具有显著的优势。例如，济源是全国白银生产的最大基地，洛阳市的钼资源储量位居全国之首。洛钼集团不仅是全球最大的白钨生产商，还是全球七大钼生产商之一。因此，作为关键金属资源和材料产业的大省，河南省为了推动高质量发展，成立了关键金属产学研联盟，它旨在助力金属产业的转型与升级，并努力成为关键金属选冶与材料产业的创新中心。该联盟的成员涵盖了河南省的相关企业、大学、科研机构以及园区的主要负责人。

黄河流域生态保护和高质量发展上升为国家战略后，为深入了解河南省黄河流域现代产业体系构建情况，2022 年 7 月，河南省人大常委会高质量发展专题调研组对河南省沿黄 9 个省辖市和济源示范区的现代产业体系构建情况展开调研。① 河南省沿黄 9 个省辖市和济源示范区 GDP 占全省总量的 55.3%，制造业增加值约占全省的 60%，一般公共预算收入占全省的 63.41%，孕育的千亿元级别产业集群 12 个。其中，食品、建材、耐材、轻纺、装备、有色、化工等传统支柱产业的竞争优势持续增强，速冻食品、耐材、超硬材料等产量在国内市场的占有率均超过 50%，超硬材料占有率甚至高达 70% 以上，竞争优势明显。在新兴产业方面，新材料产业规模约 4000 亿元，新一代信息技术的产业规模达到了 5000 亿元，经过认证的软件企业数量占比超过 80%，郑州、洛阳、焦作等城市在新兴产业细分领域各有优势。自 2023 年以来，河南省洛阳市就紧盯新兴"风口"产业，如新能源、新型 IT、智能装备等，下大力气攻克核心技术难题，抢抓新产业机遇。② 洛阳市对产学研深度融合的支持不仅在政策上，而且落实在行动里，连续 4 年研发投入强度位居全省第一，市重大科技创新项目落地 25 项。2023 年，洛阳市高新技术产业增加值占规上工业增加值的 46.8%，比 2022 年提高了 3.5 个百分点。洛阳市深刻把握新一轮科技革命和产业变革的趋势，发展新质生产力，通过科技创新引领产业优化升级，抓住产业发展的新赛道。通过将科研成果转化为产品，让创新迸发出强劲动能。

第三节 构建社会参与的治理格局

守护黄河"母亲河"，不仅需要政府与企业加强合作，促进产业转型升级，而且需要增强社会公众的法治意识和环保意识，在全社会形成"懂法、守法、用法"的良好氛围，进而认同环保组织在黄河流域生态保护和高质量发展中的重要作用、全社会参与保护黄河"母亲河"的治理格局。

---

① 《河南：沿黄流域 GDP 占全省 55.3%，培育千亿级产业集群 12 个》，大河网，2022 年 7 月 29 日，https://app.dahecube.com/nweb/news/20220729/134663n599365db578.htm。

② 夏先清、杨子佩：《突破核心技术抢抓产业机遇 河南洛阳促产学研深度融合》，《经济日报》2024 年 4 月 6 日。

一　提高公民参与生态保护的法治意识

千百年来，黄河奔腾不息，气势磅礴，养育了勤劳勇敢、自强不息的中华儿女。习近平总书记在黄河流域生态保护和高质量发展座谈会上指出，"黄河流域构成我国重要的生态屏障……黄河流域是我国重要的经济地带……黄河流域是打赢脱贫攻坚战的重要区域"，"黄河宁，天下平"，① 保护黄河事关中华民族伟大复兴。《黄河保护法》从 2023 年 4 月 1 日开始实施，这代表了继《长江保护法》后，我国在保护江河流域方面取得了另一项重要的法律成就。

（一）法治力量守护黄河安澜

《黄河保护法》旨在为党中央的重大战略部署提供法律上的支持和保障。在《长江保护法》的草案审查过程中，党中央已经将黄河流域生态保护和高质量发展策略纳入了议程，并统称为"江河战略"。黄河从西部流向东部，经过 9 个省区，其流域内的省区在我国的生态和经济领域占据了极为关键的位置。早在 1952 年，毛泽东同志就已经呼吁全体国民务必妥善处理黄河相关的事务。习近平总书记走访了黄河流域的 9 个省区，对黄河流域在生态发展等领域所面临的挑战进行了深入的实地考察和策略研究。立法期间，在水利部的大力支持下，全国人大宪法和法律委员会、全国人大常委会法制工作委员会实地深入开展调研，征求多方意见，重视沿黄 9 省区的诉求，对草案反复研究论证，制定出高水平、高质量的《黄河保护法》。

《黄河保护法》坚持尊重客观规律，坚持系统战略思维。在党中央的领导下，无数中华儿女经过艰辛的探索，对黄河流域的生态环境客观规律有了深入的认识，《黄河保护法》在已有实践探索的基础上，汇总了前人的宝贵经验，并规定由国家负责统一调配黄河的水量和流域水资源，同时成立了专家咨询委员会，针对黄河流域的生态保护和修复进行深入研究。《黄河保护法》以区域为单元，统筹把握保护与发展之间的关系，不断提升水体安全风险防范和应对能力，立足当前，谋划长远。坚持生态优先、绿色发展，量水而行、节水为重等战略原则，贯彻落实习近平总书记"重在保护、

---

① 习近平：《在黄河流域生态保护和高质量发展座谈会上的讲话》，《求是》2019 年第 20 期。

要在治理"的要求。

《黄河保护法》重在解决黄河流域独有难题。针对黄河流域特殊的管理体制，着力构建中央统筹、各部门合作、沿黄 9 省区落实的高效衔接体制，完善相关体系和机制，健全管理体制；针对黄河流域规划与管控问题，明确要求以国家规划为纲领，编制空间规划、专项规划、区域规划等，并做好不同规划间的衔接；针对水资源节约集约利用问题，大力建设节水型社会，规定国家统一配置、调度黄河水量，并对取水总量控制、严重干旱紧急调度等做出详细规定；针对黄河水沙调节问题，明确国家对黄河水沙实行统一调度，编制水沙调控方案，加强对河湖、水库河道采砂等管理。

《黄河保护法》贯彻实施任务艰巨。法律的生命力在于实施，《黄河保护法》规定详细全面，内容丰富，各有关主体要严格对照法条，切实履行职责义务，贯彻落实具体措施。黄河流域生态保护和高质量发展是一个复杂的系统工程，尽管《黄河保护法》已经尽力细化，但仍然需要根据《黄河保护法》的原则和要求，进一步明确配套的规定。法律的权威来自人民内心的拥护和信仰，一方面要通过在全社会开展普法宣传，让《黄河保护法》深入人心；另一方面要落实好执法主体的普法责任，做到"谁执法、谁普法"，并在司法实践中做到严格执法。

（二）培育公民法治意识

坚持依法治国，培育公民法治信仰。习近平总书记指出："只有内心尊崇法治，才能行为遵守法律。只有铭刻在人们心中的法治，才是真正牢不可破的法治。"① 党的十八大以来，以习近平同志为核心的党中央把全面依法治国纳入"四个全面"战略布局，坚持法治国家、法治政府、法治社会一体化建设，提高全体公民对法治精神的认同感，推动公民在实践中追求法治精神内在的公平正义等价值理念。党和国家始终坚持建立健全人民群众依法维权、解决纠纷和利益表达机制，切实维护和保障人民群众所享有的宪法和法律规定的权益，尤其是人民群众的生命财产安全，增强全社会法治意识，使尊法、学法、守法、用法在全社会蔚然成风。

坚持依法治国，建设社会主义法治文化。社会主义法治文化是中国特

① 习近平：《论坚持全面依法治国》，中央文献出版社，2020，第 135 页。

色社会主义文化的重要组成部分，建设社会主义法治文化，必须坚持以习近平法治思想为引领，必须把深入贯彻落实习近平法治思想作为党和国家的重要任务，深刻把握其内在精神实质和外在实践要求，大力推动习近平法治思想入脑入心。要坚持以习近平法治思想为引领，着力建设面向现代化、面向世界、面向未来的，民族的、科学的、大众的社会主义法治文化，同时，要牢牢把握"以人民为中心"这个基本点，积极回应人民群众的新要求、新期待，广泛听取人民群众意见，推动中华优秀传统法律文化创造性转化、创新性发展。我们必须坚守"法安天下、德润人心"的原则，确保社会主义核心价值观在社会主义法治文化建设的每一个环节中都得到体现，从而使法治与德治相互补充、共同进步。

坚持依法治国，开展公民法治教育。法治教育是提升全体公民法治意识和法治素养的根本途径。习近平总书记强调："要坚持把全民普法和全民守法作为依法治国的基础性工作，使全体人民成为社会主义法治的忠实崇尚者、自觉遵守者、坚定捍卫者。"[①] 要运用群众喜闻乐见的方式，充分利用新媒体、新技术开展智慧普法、精准普法，增强各群体依法办事的意识和能力，让法治成为全民的思维方式和行为习惯。重视培养公民的法治习惯，并鼓励广大人民群众积极参与法治实践活动。科学的法律制定、严格的法律执行和公正的司法过程，构成了人民生活中最实用、最具影响力和最具说服力的"普法课"。要通过科学立法、严格执法、公正司法中的生动实例，使全体公民切身感受到法治的权威与效力，使其懂得守法光荣、违法可耻的道理，真正将法治精神深植于内心，切实做到办事依法、遇事找法、解决问题用法、化解矛盾靠法。

（三）公民法治意识事关黄河流域生态保护和高质量发展

《黄河保护法》涵盖了 11 个章节，在章节设置上鲜明体现了习近平总书记关于黄河流域"重在保护、要在治理"的指导思想，强调了黄河流域生态保护和高质量发展的战略要求。黄河流域 9 省区常住人口约占全国总人口的 30%，如此庞大的人口基数促使我们必须注重提升沿黄区域公民的环保意识和法治意识，不断拓宽宣传普法教育渠道，通过各级各类新闻媒体、

[①]　习近平：《论坚持全面依法治国》，中央文献出版社，2020，第 167 页。

张贴标语、走进群众等方式，努力营造群众积极爱护黄河流域生态环境、参与共建美丽"母亲河"的浓厚社会氛围。

增强公民的法治意识，增强其对生态环境保护相关法律法规的了解，有利于提升《黄河保护法》配套立法质量，完善立法体制机制，提升司法和执法水平，从公民守法角度保障《黄河保护法》的实施。在党中央的领导下、在水利部的大力支持下、在全国人大宪法和法律委员会和全国人大常委会法制工作委员会的精心筹备下，一套较成熟详备的黄河流域生态保护和高质量发展法律体系已经建立。然而，由于黄河流域生态保护和高质量发展是一个长期且复杂的战略，还需要不断完善立法，建立和完善相关的配套法律法规。在这个过程中，可以通过网络媒体等途径，征求公民的意见和建议，也可以重点征求高校、科研机构等的意见，从而进一步提升公民对法律的信任和法律的权威性。

二 引导环保组织参与社会治理法治化

环保组织是为社会提供环境公益服务的非营利性社会组织，通过从事各类环保活动，践行人与环境和谐发展的宗旨。环保组织类型多样，包括环保社团、环保基金会等，环保组织的存在和活动对于推动全球环境保护和可持续发展具有重要意义，通常由志愿者和专业人士自发组成。为了提高社会大众的环境保护意识，环保组织采用了各种方法来进行环境保护的宣传和教育，包括举办环保公益活动、出版相关书籍、分发宣传资料、组织各种讲座、组织培训活动以及加大媒体的报道力度等。目前，世界上比较知名的国际环保组织有地球政策研究所、绿色和平等，它们在推动国际环保运动的发展、开展国际环保合作、协助发展中国家保护环境等方面发挥了重要作用。目前，我国比较著名的环保组织有自然之友、北京地球村、中华环保联合会、环保中国产业联盟、中国环境文化促进会等，它们在生态环境保护和可持续发展中发挥了重要作用。

（一）环保组织助力生态治理

环保组织通常架起沟通桥梁，促进政府、企业和社会公众等在生态文明建设过程中加强合作，在新时代生态文明建设的进程中，环保组织的作用越来越重要。一是在政府与社会公众之间搭建交流沟通的平台。作为民间非营利性机构，环保组织来自民间，为社会公众服务。环保组织可以深入民间了解广大人民群众的环境诉求、维护人民群众的环境利益，通过将收集到的合理诉求进行整合，召开座谈会、研讨会等，向政府表达人民群众最真实的生态治理需求，便于政府的生态治理决策更加民主、科学。同时，环保组织也可以向社会公众宣传政府的环境决策，通过线下线上多种形式开展宣传、介绍活动，进一步提高社会公众的环保意识和法治意识。环保组织更靠近民间，在生态环境冲突发生早期，环保组织能够及时深入了解问题，防范化解冲突，避免矛盾激化升级，并在解决矛盾后持续关注事件发展，监督各方落实环境保护责任，推动我国生态文明建设蓬勃发展。二是开展多种形式的环保活动。环保组织的日常活动围绕环保展开。从一个客观的视角来看，公民个体的能力往往是有限和微弱的。环保组织有能力通过多种环保活动将这些分散的个体力量聚集在一起。我们鼓励环保组织成员充分利用他们各自的专业优势，发挥来自不同背景、不同专业和不同学科的公民的个体力量，以实现力量的凝聚，共同推动生态文明的建设。在新时代背景下，大众对美好生活的渴望日益增强，对生态文明的建设标准也日益提高。政府为满足广大人民群众的需要，弥补自身不足，开始将部分生态公共服务交到更专业的环保组织手里，使公共服务手段更加多样化。具有公益属性的环保机构能够充分利用其专业知识、广泛的社会覆盖面和丰富的人才资源，克服单纯追求利润的心态，为人民群众提供那些低利润且不受市场欢迎的公共服务，并参与解决那些市场不太愿意解决的高成本环境问题，以满足公众对生态文明建设不断升级的新期望。三是对环境和生态的保护进行监管，确保公众的权利得到维护。持续进行生态环境监管不仅是环保机构的核心职责，而且是推进生态文明发展的关键途径。从政府的视角来看，环保机构有能力监控政府在生态环境政策实施上的每一个环节，并在环保机构的常规活动中进行监督，我们需要明确政府的政策制定是否与生态标准相一致、这些政策是否真正得到了执行，以及这些政策是否侵犯了生态的权利等。从企业的视角看，环保机构有权监控企业的运营和生产活动是否满足社会的生态文明标准，以及是否遵循相关的环境保护法律和规定。环保组织对企业的监管主要集中在三个关键领域：第一，评估企业的经济决策是否可能对公众的生态环境权益造成伤害；第二，企业所进行的生产活动是否达到了国家的节能和减排标准；第三，企业在排放污染物之前，是否已经经过了适当的处理以确保其达到标准。此外，为了保护公众的生态权益，环保组织也有权选择发起环境公益诉讼。

（二）提高环保组织参与社会治理法治化水平

党的十八大以来，以习近平同志为核心的党中央协调各方，从影响党的未来命运和国家长期稳定的战略全局角度，深刻认识到法治的重要性，明确了法治的定位和布局，创新性地提出了新时代全面依法治国的工作布局，并明确指出要坚持依法治国、依法执政、依法行政，同时坚持法治国家、法治政府、法治社会的一体化建设。接下来，党的十九大将法治国家、法治政府、法治社会基本建成确定为 2035 年基本实现社会主义现代化的关键目标，这标志着新时代全面依法治国新征程的开始。作为生态环境保护的关键社会力量，环保组织必须适应法治社会建设的时代需求，努力提升参与社会管理的法治程度，确保人民群众的权益得到真正的保障。

一是引导环保组织在权力配置、组织机构和运行机制等方面完善内部治理规范。民间环保组织具有非营利性、公益性和社会性等显著特征，这些特征要求环保组织决策机构的组成成员要具备独立性、专业性、民主性的特征，决策形成的过程要贯彻落实民主、公开原则，环保组织的监督具有公正化、外部化等特点，执行具有职业化程度高、直接高效等特征。具备以上原则特征的组织才能提高整体自治能力，优化参与社会治理效果。[1]在权力配置方面，首先要建立合理有序的内部治理结构，明确完善权力机构、决策和执行机构、监督机构的职责分配，用完善规范的权力分配维护民间环保组织的独立性（相对政府部门）和自主性（相对企事业单位）。在运行机制方面，主要从信息公开披露、人事组织管理、财务严格管控、专项资金运营、志愿者组织等方面健全民间环保组织的运行机制。

二是加强环保组织与政府在生态管理事务方面的共治。新时代，政府与民间环保组织的关系不再是以往的管理与被管理的单向关系，双方不仅需要互相监督，而且需要在生态环境治理事务上实现共治。保障政府与环保组织实现高效共治，最重要的方式就是建立严格的法律制度。对政府而言，要认识到自身对环保组织的监管责任，在不破坏环保组织独立环保的

---

[1] 王名、张严冰、马建银：《谈谈加快形成现代社会组织体制问题》，《社会》2013 年第 3 期。

前提下，对环保组织参与社会治理的行为进行严格监管；地方政府也要尽职尽责，在职能权限范围内保障环保组织的合法权利，不得阻碍环保组织合法参与社会治理。对环保组织而言，要牢固树立法治思维，既要保证在法律允许范围内参与社会治理，又要在权利受损的情况下努力维权，充分发挥环保组织在生态环境治理进程中的重要作用。

三是引导环保组织参与法治实践。针对不同主体，民间环保组织主要有两种途径参与法治实践。首先是与政府相关的行政诉讼。民间环保组织在确有必要时申请政府公开相关企业的生态环境信息，若政府不予答复或公开不全，侵犯民间环保组织的合法权益时，可以通过行政诉讼的方式要求政府切实履职，保护自身合法权益。其次是与企业或政府相关的环境公益诉讼。环境公益具有共享性和普惠性，最高人民法院出台《关于审理环境民事公益诉讼案件适用法律若干问题的解释》，其中第四条明确"专门从事环境保护公益活动"相关事项，从司法实践角度规定了可以进行环境公益诉讼的民间环保组织的判定标准，切实保障了环保组织参与环保法治实践的权利，激发其参与社会治理的活力。

四是提高社会公众对环保组织的认同感。社会公众是最为庞大的社会治理参与主体，他们是否认同环保组织的作用、认同环保组织的合法性对环保组织参与社会治理十分重要。在科学立法、严格执法、公正司法的法治社会环境中，环保组织必须在法律规则范围内行使参与社会治理的权利。在此前提下，也要尊重社会公众的环境权益，自觉承担起保护环境的社会责任，形成良好的法治氛围，进而提高社会公众对环保组织的认同感，激发环境法治领域的社会活力。

第四节　创造富有活力的法治新闻舆论环境

习近平总书记曾指出："经济建设是党的中心工作，意识形态是党的一项极端重要的工作。"[①] 党的十八大以来，以习近平同志为核心的党中央将宣传、思想和文化工作置于核心地位，使新时代的宣传、思想和文化事业取得了前所未有的成果。但随着时代的不断发展，意识形态的复杂程度远

①　习近平：《习近平谈治国理政（第一卷）》，外文出版社，2018，第153页。

超人们的想象，互联网技术、信息技术飞速发展，各种新兴技术被用于新媒体，而新媒体恰恰是现在年轻人获取资讯的重要场所，这导致由传统媒体引导的舆论格局不断变化。人人都能发声的舆论环境有利有弊，一方面能提高人民群众在社会治理中的参与感和认同感；另一方面导致出现一些错误的思想言论，新闻媒体出现大量虚假信息、侵权报道、新闻舆论影响司法审判等问题。

一 法治新闻舆论建构的内容与特征

马克思认为舆论是一种意识形态，代表全体公众对某一事件的看法，而新闻是一种客观事实。受马克思、恩格斯新闻观的影响，中国共产党认识到新闻舆论是一门科学，新闻传播的本质就是客观事实，要做好党的新闻舆论工作就必须尊重新闻本身的客观规律，尊重新闻是不断发展的客观事实。

（一）法治新闻舆论的内容

党的十五大提出"建设社会主义法治国家"，自此，法治逐渐取代法制成为新时代治国理政的重点词。在学术界，法制通常被解释为法律制度、法律体系和体制，也可以解释为国家的法律制度或统治阶级根据民主原则将国家事务制度化、法律化，并严格按照法律进行管理的一种方式；而法治相较于法制，既强调了形式意义的内容，又强调了实质意义的内容，包含了价值内涵，强调了人民主权。法治的提出表明我国社会主义法治建设取得了长足进步，也反映出法律至上的社会价值观。自古以来，人们对法治的理解多种多样，例如，古希腊的著名哲学家亚里士多德曾提出，法治的本质是"一个已经确立的法律得到广泛的遵守，而人们所遵循的法律应当是那些已经制定得很好的法律"①，并明确提出"法治应当优于一人之治"。习近平总书记认为，法治既是法律之治，又是良法之治，更是和谐秩序，是社会主义核心价值观的要素之一。②公正是法治的生命线，对广大人民群众而言，法律能否维护自身权益，实现社会公平正义至关重要。只有

---

① 〔古希腊〕亚里士多德：《政治学》，吴寿彭译，商务印书馆，1965，第199页。
② 习近平：《论坚持全面依法治国》，中央文献出版社，2020，第103页。

在立法、执法和司法三个方面做到科学立法、严格执法、公正司法，保证每一个司法案件都能实现公平正义，才能真正做到全过程法治建设。

2024 年 3 月 22 日，第 53 次《中国互联网络发展状况统计报告》发布，该报告揭示，截至 2023 年 12 月，中国的网民总数已经达到了 10.92 亿，与 2022 年 12 月相比，新增的网民数量为 2480 万，而互联网的普及率为 77.5%。根据现有的数据资料，我国的经济总体呈现上升的趋势并持续稳固，而互联网在加快新型工业化进程、促进新质生产力的发展以及支持经济和社会进步等领域都起到了不可或缺的作用。[1] 网络不但为人们学习、工作、生活提供了场所，而且为新闻舆论的传播提供了阵地。但网络空间绝不是"法外之地"，习近平总书记高度重视法治在网络强国建设中的基础性作用，他指出，要把依法治网作为基础性手段，继续加快制定完善互联网领域法律法规，推动依法管网、依法办网、依法上网，确保互联网在法治轨道上健康运行。[2] 党的十八大确立"依法治国"战略，考虑到网络舆论对意识形态安全、社会发展以及实现"依法治国"战略部署的重要性，中国逐步推进新闻舆论的法治化，不断净化法治新闻舆论环境，积极发挥新闻舆论的引导力，宣传法治成果，进行普法教育，监督有关部门。

（二）法治新闻舆论原则

"执政兴国，离不开法治支撑；社会发展，离不开法治护航；百姓福祉，离不开法治保障。"河南省在引导黄河流域法治新闻舆论进程中，始终围绕全面依法治国建设，积极做好正面宣传工作，发挥主流媒体引导作用，讲好属于河南的黄河法治故事，监督解决好黄河流域生态违法问题，创造富有活力的法治新闻舆论环境。与此同时，河南省委、省政府深刻认识到，法治河南的建设和新闻舆论工作不能离开党的领导，更不能离开人民这个依法治国主体和力量源泉。

1. 坚持党的领导

河南省拥有众多的官方网站和主流媒体，例如河南省人民政府网、《河

---

① 《第 53 次〈中国互联网络发展状况统计报告〉发布》，中国互联网络信息中心网站，2024 年 3 月 22 日，https://www.cnnic.net.cn/n4/2024/0321/c208-10962.html。

② 习近平：《论坚持全面依法治国》，中央文献出版社，2020，第 66 页。

南日报》、黄河水利委员会河南黄河河务局网、黄河流域生态保护和高质量发展河南版块等，在塑造法治的新闻和舆论环境时，始终坚守党的领导地位，并始终牢记正确的舆论方向。作为主导的官方媒体，它们建构在坚守党的核心领导原则的基础上，展现了它们的权威性、信息来源的可靠性以及广大民众对它们的高度认可。这些官方媒体应及时精准公布并解读《黄河保护法》等相关法律法规，报道保护黄河"母亲河"的基本方针政策和工作部署情况，帮助河南人民了解与黄河流域相关的法律法规，做到知法才能守法。通过设置专栏等方式，向河南人民宣传强调法治建设、保护黄河的重要性，逐步形成积极正向的守护黄河的法治新闻舆论环境，使广大河南人民耳濡目染并外化于行，积极主动投入保护黄河"母亲河"生态环境的进程中。

除此之外，中国新闻网、央广网和黄河网等知名媒体不断报道河南省各地在促进黄河流域生态保护和高质量发展进程中的各种实践活动，例如2023年6月2日，中国新闻网发布题为"黄河保护法施行 河南如何推动黄河流域生态保护治理?"的文章，宣传了河南省在黄河流域生态保护治理工作中取得的积极进展，列举出具体数值，表明黄河流域环境质量持续改善、生态系统功能不断增强、濒危动植物种群明显增多等成效;① 2023年4月23日，央广网发布题为"河南黄河流域生态修复取得新成就"的文章,② 宣传河南坚持规划引领；由河南省自然资源监测和国土整治院编制、河南省黄河流域生态保护和高质量发展领导小组办公室印发的《河南省黄河滩区国土空间综合治理规划（2021—2035年）》，明确了"三滩四区多试点"综合治理路径等举措。

2. 坚持以人民为中心

习近平总书记在中央全面依法治国工作会议上指出："全面依法治国最广泛、最深厚的基础是人民，必须坚持为了人民、依靠人民。"③ 从构建法治新闻舆论的角度而言，要以人民为中心，要尊重广大人民群众的真实意

---

① 《黄河保护法施行 河南如何推动黄河流域生态保护治理?》，中国新闻网百家号官方账号，2023年6月2日，https://baijiahao.baidu.com/s?id=1767567918957485424&wfr=spider&for=pc。
② 《河南黄河流域生态修复取得新成就》，央广网，2023年4月23日，https://hn.cnr.cn/gstjhn/20230423/t20230423_526228211.shtml。
③ 习近平:《论坚持全面依法治国》，中央文献出版社，2020，第2页。

愿，尊重人民群众对客观事实的知情权。因此，引导新闻舆论绝不应该是填鸭式、灌输式的说教，而应当服务于广大人民群众的真实需求，以事实为依据，以客观为准绳，坚持以人民为中心。

在这一点上，河南省新闻媒体的做法可圈可点。对黄河流域（河南段）的人民群众而言，最重要也是最关心的问题就是黄河滩区的种植畜牧业发展。对此，河南省各地市官媒公众号等新闻媒体均原创或转载对种植养殖的法律要求做出详细解释的文章，普及相关法律知识，回应群众关切，满足人民群众最根本的需要，通过日复一日潜移默化的宣传教育，构建良好的法治舆论环境。河南省深知，法治的建设是与人民紧密相连的，而人民群众则是社会主义法治国家建设中最稳固的基石和最有力的推动力。早在2017年，河南省信访局就在官网上列出"河南省环保领域通过法定途径处理信访投诉请求清单"，这份清单充分发挥了新闻媒体的桥梁和中介作用，向社会大众传达党和国家的方针、政策和法律法规，集中解决人民群众真正关心的问题，同时也能激发人民群众的积极性和主动性，真正实现"为了人民、依靠人民"的发展目标。

二　创新法治新闻舆论引导方式

在推动法治保护黄河"母亲河"的进程中，通过法治新闻进行舆论宣传引导是非常重要的举措。人民群众是践行法治的重要主体，要加强对广大群众的法治宣传教育。一方面，要通过宣传河南保护黄河的法治成果，增强河南人民对法治保护黄河的认同感和自豪感；另一方面，通过各类新闻形成监督生态问题整治的社会舆论，由公众进行监督。

（一）通过宣传报道保护黄河法治成果

黄河是中华民族的"母亲河"，是华夏文明的摇篮。黄河流域是我国重要的生态屏障和重要的经济地带。据统计，河南省黄河流域占河南省国土面积的40.7%，是河南省人口聚集地和主要经济带，也是生态环境保护和建设的前沿阵地。黄河流域生态保护建设与河南人民的生活息息相关，各项政府举措都事关人民福祉。因此，通过宣传报道来巩固法治成果，进而引导法治新闻舆论向上向善，对持续推进建设法治河南具有十分重要的意义。

2024年5月24日，河南省人民政府网发布题为"三门峡市多举措贯彻落实《黄河保护法》"的文章，介绍三门峡市一年多以来全面贯彻落实《黄河保护法》，利用"世界水日""中国水周"等重要节点，组织水利部门和市管计划用水管理单位、企业、学校等用水户宣传《黄河保护法》，通过制作版面、悬挂横幅、播放视频、发放彩页、普法答疑等形式，又开展"贯彻落实《中华人民共和国黄河保护法》"送法进企业活动，组织水利执法人员深入大唐三门峡、中原黄金冶炼厂等 10 余个用水量较大的工业企业进行普法宣讲，拍摄制作了《黄河保护法》宣传视频 8 期，通过各类媒体和社交平台广泛传播，受到各界好评。2024 年 4 月，中国人大网、河南人大网、《大河报》等众多媒体发布题为"河南人大：以法治之力 谱写新时代'黄河大合唱'出彩河南篇章"的文章，肯定了河南在黄河流域生态保护和高质量发展全局中的重要地位，肯定了《黄河保护法》施行一年来，河南沿黄 8 市人大常委会在省人大常委会的指导下，不断加强生态环境保护、推动高质量发展、搭建起黄河保护治理的"四梁八柱"的做法。2024年 4 月 2 日，大河网发布题为"汇法治力量 护黄河安澜"的文章，介绍了《黄河保护法》实施一年多以来，河南省各级政法机关认真贯彻落实《黄河保护法》，立足自身职能，挂牌成立 18 个环境资源法庭或审判庭；此外，加上郑州铁路运输中级法院和省高院环境资源审判庭，建成覆盖全省、跨行政区划的"18+1+1"环境资源审判体系。①

通过以上报道可以看出，河南省各新闻媒体积极营造良好的法治新闻舆论环境，发挥舆论引导和法治宣传的双向合力，激发河南人民对保护黄河"母亲河"的热情，进而避免广大人民群众受到不良思想宣传的煽动和蛊惑，进一步持续推进法治河南建设，推动法治守护黄河"母亲河"。

（二）对生态违法问题进行舆论监督

在法治守护黄河"母亲河"的实践进程中，对生态违法问题的监管离不开人民群众的舆论监督。新闻舆论监督是一种自下而上的民主监督方式，舆论监督是中国监督体系中社会监督的一种，其本质就是公众监督，也是公民行使宪法规定的监督权的常见形式。通常情况下，我们会将舆论监督

---

① 《汇法治力量 护黄河安澜》，大河网，2024 年 4 月 2 日，https://baijiahao.baidu.com/s?id = 1795176869742949988&wfr = spider&for = pc。

和新闻媒体联系在一起，但必须明确认识到，新闻媒体不能等同于舆论监督。从客观角度而言，新闻媒体只是在社会公众中传播客观事实进而形成意见的工具、媒介，不能简单认为新闻就是舆论，要明确认识到，我们所说的舆论监督是借助新闻媒体实现的监督。

河南省生态环境厅官网、生态环境部黄河流域生态环境监督管理局官网、大河网等众多河南省政府官方网站和新闻媒体，均设置了与公众进行互动的栏目，例如公众参与、12369网络举报、环境污染投诉案件及处理结果月报等。除官方网站以外，河南省政府顺应时代发展、便利群众需求，设置12369电话举报、微信公众号举报等方式，为广大人民群众方便快捷监督黄河流域生态违法问题提供了切实可行的方式。河南省生态环境厅还做到"事事有回应"，以月为单位公布环境污染投诉案件的处理结果。例如2024年5月8日，河南省生态环境厅官网发布《2024年第四期河南省环保举报投诉受理工作情况月报》，从公布的文档可以看出，2024年4月，河南省收到的群众举报中，电话举报占比高达76.6%，举报类型中大气污染占大多数，水体污染排名第三，其中工业废水污染举报占63.8%。这份月报提供了详尽的数据，清晰明了地向公众公布投诉举报办理情况，根据事实分为未办理、办理中、已办结和不受理。这种政务公开的形式能够从根本上提高政府公信力，提高人民群众建设美好家园的获得感、参与感和成就感，引导法治保护黄河"母亲河"的新闻舆论向善向好发展。

2024年3月28日，大河网发布题为"从'律动'到'绿动'河南发布省内五起黄河流域生态环境司法保护典型案例"的文章，作为河南省首家全国重点新闻网站，大河网在河南省拥有广泛的受众群体，对法治新闻舆论有着十分重要的影响力。文章主要介绍了郑州铁路运输中级法院召开的《黄河保护法》实施一周年媒体座谈会，通过新闻媒体向公众宣传黄河流域生态环境司法保护是一件切实且必要的事。在座谈会上，郑铁中院介绍了2023年该院环境资源审判经验被写入最高法发布的《中国环境司法发展报告》，郑铁两级法院受理黄河流域环境资源案件795件，审结784件，结案率高达98.62%。随后发布了5起黄河保护法典型案例，用法律事实对社会大众尤其是相关化工企业等进行警示教育，告诫部分企业不要存在侥幸心理和错误认识，自觉依法依规生产，保护生态环境，保护我们的黄河"母亲河"。

(三) 通过普法宣传教育引导法治新闻舆论

普及全民法律知识是实现全面法治国家的根本长期任务。通过社会各界共同努力，河南省深入开展了以宪法为核心的中国特色社会主义法律体系学习宣传，使法治观念深入人心，社会治理法治化水平明显提升。《黄河保护法》的实施为黄河流域的生态保护和高质量发展在法律框架内提供了坚实的制度支撑。在河南省委、省政府的带领下，河南省各级政法机关认真贯彻落实《黄河保护法》，立足自身职能，为守护黄河生态安全、推动高质量发展贡献政法力量。

法律的生命力在于实施，法律的权威也在于实施。2023 年 4 月 1 日，郑铁法院黄河流域第一巡回审判庭公开宣判了河南省检察机关提起公诉的一起非法采砂案，展现了河南省依法保护黄河"母亲河"的责任与担当。①此案是《黄河保护法》正式施行后，在全国范围内首例适用该法的黄河流域环境资源案件。此次巡回审判邀请了近百位人大代表、相关执法人员和社会各界人民群众旁听，生动地为他们上了一堂《黄河保护法》普法宣传课，体现了人民法院服务大局、执法为民的宗旨，也向全国人民展示了河南省法院实行省内黄河流域环境资源案件集中管辖的制度优势和改革成效，有利于在全社会营造浓厚的法治氛围，助力《黄河保护法》的实施。随后，河南省人民政府网、人民网、大河网等新闻媒体均转发了这篇报道，向社会公众开展了一场"以案释法"的普法宣传。

2023 年 4 月 11 日，河南省人民政府网发布 2023 年 3 月 29 日河南省第十四届人民代表大会常务委员会第二次会议通过的《河南省黄河河道管理条例》，该条例共 66 条，在首条就表明"为了加强黄河河道管理与保护，保障黄河长治久安，促进黄河流域生态保护和高质量发展，根据《中华人民共和国黄河保护法》等法律、行政法规，结合本省实际，制定本条例"。该条例分别从规划编制、整治与建设、管理与保护、黄河河长制、法律责任等角度出发，结合河南省实际省情，制定符合客观规律的条例。河南省内外众多新闻媒体和普法公众号等各类平台，纷纷对该条例进行解析宣传，发挥好各类基层普法阵地的作用，深入推动习近平法治思想入脑入心。

---

① 周青莎、周晓荷：《全国首例适用黄河保护法环境资源案审判》，《河南日报》2023 年 4 月 2 日。

第八章　地方探索：因地制宜探寻有力 有效法治路径

黄河是河南省最大的过境水资源。黄河流域（河南段）西起三门峡市灵宝市，东至濮阳市台前县，依次流经三门峡市、洛阳市、济源市、郑州市、焦作市、新乡市、开封市和濮阳市，共8个市级行政区的28个县（市、区），全长711公里，流域面积3.62万平方公里。河南省沿黄地区是经济社会发展的重要支撑和建设"美丽河南"的重要保障。习近平总书记指出，保护"母亲河"，是事关中华民族伟大复兴和永续发展的千秋大计。① 自古以来，河南就是黄河治理的重要阵地。新时代，河南又成为黄河流域生态保护和高质量发展重大战略的提出地，肩负黄河保护治理的重大使命。保护黄河，法治先行。河南沿黄各地聚焦依法治河，坚持因地制宜、分类施策的原则，公安、检察、法院、司法行政部门协作配合，积极探索，不断厚植法治文化土壤，用最严格的法治守护黄河安澜。

第一节　因地制宜开展黄河流域生态保护法治 实践的时代背景

党的十八大以来，以习近平同志为核心的党中央高瞻远瞩，将黄河流域生态保护和高质量发展作为国家重大战略，统筹推进黄河流域生态保护和经济社会高质量发展。② 习近平总书记多次就黄河流域生态保护和高质量发展发表重要讲话，做出重要指示批示，为新时代黄河保护治理和高质量发展指明了方向，擘画了壮美蓝图。党的二十大报告明确要求，推动黄河

---

① 习近平：《在黄河流域生态保护和高质量发展座谈会上的讲话》，《求是》2019年第20期。
② 《黄河流域生态保护和高质量发展规划纲要》，《人民日报》2021年10月9日。

流域生态保护和高质量发展。① 中央和沿黄 9 省区也相继出台黄河流域生态保护和高质量发展相关的规划和指导意见，明确了整个黄河流域及各省区落实黄河战略的政策导向。2023 年 4 月 1 日，《黄河保护法》的正式施行，标志着我国"江河战略"法治化的全面推进，黄河治理进入法治新时代。

一　习近平总书记亲自擘画，指引沿黄各地积极探索富有地域特色的新路子

黄河流域生态保护和高质量发展是习近平总书记亲自擘画、亲自部署、亲自推进的重大国家战略。习近平总书记几乎走遍了沿黄所有省区，亲自察看流域生态保护和经济社会发展情况，并先后在郑州市和济南市主持召开黄河流域生态保护和高质量发展座谈会，对黄河战略的总体思路和所要达成的目标进行深入阐述，并对重点工作进行全面部署。习近平总书记在两次座谈会上的重要讲话，为新时代黄河流域各省区开展黄河流域生态保护、推动经济社会发展指明了方向，提供了根本遵循。

习近平总书记对黄河流域生态保护和高质量发展战略所做的一系列论述，思想深邃、内涵丰富，蕴含着深刻的科学思维方法，体现了辩证唯物主义和历史唯物主义的方法论原则。黄河流域生态保护和高质量发展闪耀着整体与局部、从实际出发、实事求是等辩证思维的思想光芒。2019 年 9 月 18 日，习近平总书记在郑州市主持召开黄河流域生态保护和高质量发展座谈会时指出，黄河生态系统是一个有机整体，要充分考虑上中下游的差异，沿黄河各地区要从实际出发，宜水则水、宜山则山、宜粮则粮、宜农则农、宜工则工、宜商则商，积极探索富有地域特色的高质量发展新路子。② 2021 年 3 月，习近平总书记在参加十三届全国人大四次会议青海代表团审议时再一次强调，各地区要结合实际情况，因地制宜、扬长补短，走出适合本地区实际的高质量发展之路。③ 2021 年 10 月 22 日，习近平总书记在山东省召开黄河流域生态保护和高质量发展座谈会时指出，沿黄各地要

① 《高举中国特色社会主义伟大旗帜 为全面建设社会主义现代化国家而团结奋斗》，《人民日报》2022 年 10 月 17 日。
② 习近平：《在黄河流域生态保护和高质量发展座谈会上的讲话》，《求是》2019 年第 20 期。
③ 芈峤：《走出适合本地区实际的高质量发展之路》，《青海日报》2023 年 6 月 29 日。

落实好中央统筹、省负总责、市县落实的工作机制，各尽其责、主动作为。①

因此，我们可以从习近平总书记的这些重要讲话中看出，习近平总书记在反复强调和要求沿黄各地在落实黄河流域生态保护和高质量发展战略时，要充分尊重流域的差异性，从实际出发，因地制宜，主动作为，积极探索富有地域特色的高质量发展新路子。

二　党的政策法规赋予沿黄各地因地制宜、积极探索的使命

为保护"母亲河"，中央和河南省先后出台了多项制度规划和法律法规，用以规范和指引黄河流域各地的具体实践。在中央层面，为加强黄河流域生态保护和高质量发展的顶层设计，党中央出台了《黄河流域生态保护和高质量发展规划纲要》（以下简称《纲要》），作为未来一段时间内黄河流域发展的最高纲领性文件，立足黄河流域的自然生态和经济社会发展现状，对黄河流域生态保护和高质量发展做出整体部署，指明了黄河流域沿黄各地开展工作的基本原则和重点。《黄河保护法》作为一部针对黄河流域保护的专门立法，为黄河保护治理提供了全方位的法治保障。从河南省的情况来看，河南省人大常委会主动作为，积极行使地方立法权，出台了《关于促进黄河流域生态保护和高质量发展的决定》，用地方立法的形式推动黄河流域生态保护和高质量发展国家战略在河南落地实施。

（一）国家规划鼓励沿黄各地从实际出发，因地施策

习近平总书记指出，用中长期规划指导经济社会发展是我们党治国理政的一种重要方式。② 深入推动黄河流域生态保护和高质量发展，强化流域治理管理，需要充分发挥规划的引领、指导和约束作用。《纲要》无疑是推动黄河流域生态保护和高质量发展的最高级别和最重要的发展规划，是各

---

① 《习近平主持召开深入推动黄河流域生态保护和高质量发展座谈会并发表重要讲话》，中华人民共和国中央人民政府网站，2021 年 10 月 22 日，https：//www.gov.cn/xinwen/2021-10/22/content_5644331.htm。

② 《习近平在经济社会领域专家座谈会上的讲话》，中华人民共和国中央人民政府网站，2020 年 8 月 25 日，https：//www.gov.cn/xinwen/2020-08/25/content_5537101.htm。

地、各部门确立发展目标、制定政策措施和建设相关项目的根本遵循。①
《纲要》的内容对各地具有重大指导价值。在主要原则部分，《纲要》提出，
要坚持因地制宜、分类施策的原则。《纲要》充分重视和肯定了黄河流域不
同河段自然条件的差异性，进而强调了各地在黄河流域生态保护中工作重
点要有所不同，各地采取的措施和方法要有针对性，要能产生实实在在的
效果。②在强化法治保障部分，《纲要》明确支持沿黄各省区出台地方性法
规、地方政府规章，完善黄河流域生态保护和高质量发展的法治保障体系。
在完善规划政策体系部分，《纲要》要求沿黄各省区研究制定本地区黄河流
域生态保护和高质量发展规划及实施方案，细化落实本规划纲要确定的目
标任务。在建立健全工作机制部分，《纲要》强调要坚持中央统筹、省负总
责、市县落实的工作机制。相关市县要落实工作责任，细化工作方案，逐
项抓好落实。③

　　由此可见，《纲要》鼓励和支持沿黄各地从实际出发、因地施策，探索
黄河流域生态保护的路径，并完善相关的法治保障体系。

（二）法律法规赋予沿黄各地积极探索的职责

　　通过对各类法律法规的梳理，我们发现《黄河保护法》、最高人民法院
和最高人民检察院的司法解释和河南地方立法都对沿黄各地积极探索黄河
流域生态保护进行了明确规定，赋予了相关的职责和使命。

　　1.《黄河保护法》规定了沿黄各地积极探索的原则和职责

　　"坚持全面依法治国，建设社会主义法治国家"是治理国家的基本方
略。用全面依法治国新理念、新思想、新战略指导黄河流域的治理和发展，
实现黄河流域的"良法之治"，是推进黄河流域生态保护与高质量发展的题
中应有之义，也是新时代实现全面依法治国与国家治理体系和治理能力现
代化目标的客观需要。党中央、国务院高度重视黄河立法工作。《黄河保护
法》是全面推进国家"江河战略"法治化的又一标志性举措，对于保障黄
河安澜，推进水资源节约集约利用，实现人与自然和谐共生、中华民族永

---

① 《国务院印发〈黄河流域生态保护和高质量发展规划纲要〉》，《新西部》2021年第10期。
② 《黄河流域生态保护和高质量发展规划纲要》，《人民日报》2021年10月9日。
③ 《黄河流域生态保护和高质量发展规划纲要》，《人民日报》2021年10月9日。

续发展具有重大意义。

《黄河保护法》对黄河流域各地因地制宜积极探索进行了明确规定。《黄河保护法》第三条规定，各地推动黄河流域生态保护和高质量发展要坚持因地制宜、分类施策的原则；第六条赋予沿黄县级以上地方政府及有关部门负责本行政区域黄河流域生态保护和高质量发展工作的职责；第一百零五条要求加强黄河流域司法保障建设，开展流域司法协作，推进行政执法机关与司法机关协同配合。

2. 最高法和最高检出台文件对各地司法机关的积极探索给予指导

最高人民法院和最高人民检察院深入贯彻习近平生态文明思想和习近平法治思想，积极发挥审判和检察职能，为黄河流域生态保护和高质量发展国家战略提供公正高效的司法服务与保障，相继出台指导意见，为黄河流域 9 省区司法工作提供明确的方向。

2020 年 6 月 1 日，最高人民法院出台《关于为黄河流域生态保护和高质量发展提供司法服务与保障的意见》（以下简称最高法《意见》）。最高法《意见》指出，要深刻认识黄河流域生态保护和高质量发展国家战略的重大意义。各级人民法院要充分认识肩负的神圣职责和重要使命，切实增强为黄河流域生态保护和高质量发展提供司法服务与保障的自觉性、主动性。准确把握黄河流域生态保护和高质量发展的战略定位与基本原则。深入贯彻因地制宜、分类施策理念，立足全流域，统筹谋划上下游、干支流、左右岸，以水而定、量水而行，共同抓好大保护、协同推进大治理。[1] 最高法《意见》强调，要注重分类施策，因地制宜发挥司法功能。充分考虑黄河上中下游差异，结合各地实际和区域特点，针对不同司法需求妥善审理相关案件，统筹黄河流域经济高质量发展和生态高质量保护。[2]

2021 年 11 月 11 日，最高人民检察院出台《关于充分发挥检察职能服务保障黄河流域生态保护和高质量发展的意见》（以下简称最高检《意见》），最高检《意见》同样强调，要深刻认识服务保障黄河流域生态保护和高质量发展的重大意义。切实增强推动黄河流域生态保护和高质量发展

---

[1] 《最高人民法院关于为黄河流域生态保护和高质量发展提供司法服务与保障的意见》，《中华人民共和国最高人民法院公报》2021 年第 5 期。

[2] 《最高人民法院关于为黄河流域生态保护和高质量发展提供司法服务与保障的意见》，《中华人民共和国最高人民法院公报》2021 年第 5 期。

的政治责任感、历史使命感和现实紧迫感，主动发挥检察职能作用，为黄河流域生态保护和高质量发展提供有力司法保障。要求沿黄各地检察机关充分履行公益诉讼职能，强化流域生态环境公益保护。围绕党委、政府和社会关注的突出问题，认真梳理和排查影响黄河安全和破坏环境资源案件线索，组织开展公益诉讼专项监督活动。发挥公益诉讼监督、支持、补位作用，帮助党委、政府解决生态环境治理难题，做到到位不越位、帮忙不添乱。①

3. 河南省人大常委会以地方立法的形式支持和引导沿黄各地积极探索

2021年9月，河南省人大常委会出台《关于促进黄河流域生态保护和高质量发展的决定》（以下简称《决定》），支持和引导市、县（市、区）根据河南省黄河流域生态环境和资源利用状况，制定流域生态环境分区管控方案和生态环境准入清单；根据本地资源、要素禀赋和发展基础做强主导、特色产业，统筹抓好传统产业改造升级、新兴产业重点培育、未来产业谋篇布局。②

《决定》要求，河南省沿黄各地要完善黄河流域生态保护和高质量发展的法治保障体系，依法规范黄河保护治理各项工作和活动。发挥地方立法引领和保障作用，及时制定完善与黄河保护治理相适应的地方性法规、地方政府规章。河南省沿黄各级人大及其常委会应当加强法律监督和工作监督，促进相关法律法规贯彻执行，推动相关规划、重大项目顺利实施。各级行政机关和监察机关、审判机关、检察机关应当严格执法、公正司法，坚决查处和严厉打击各类破坏生态环境的违法犯罪行为。③

三 黄河流域的特点奠定了沿黄各地因地制宜积极探索的基础

黄河流域涉及我国多个行政区划，不同地区之间的自然资源禀赋与生态环境问题各不相同，要充分考虑上中下游的差异。黄河流域（河南段）

---

① 《关于充分发挥检察职能服务保障黄河流域生态保护和高质量发展的意见》，《检察日报》2022年1月26日。
② 《河南省人民代表大会常务委员会关于促进黄河流域生态保护和高质量发展的决定》，《人大建设》2021年第10期。
③ 《河南省人民代表大会常务委员会关于促进黄河流域生态保护和高质量发展的决定》，《人大建设》2021年第10期。

位于黄河的中下游，居于承东启西的战略位置。黄河流域（河南段）的自然生态和社会经济发展水平同样也存在很大差异。

（一）黄河流域的整体特点

黄河流域地理空间跨度大，生态环境具有明显的空间地域性，不同河段之间的差异极大。

1. 黄河流经区域的地形地貌千变万化

在上游河段，黄河先后流经青藏高原和内蒙古高原，跨越中国两大高原。基于高原区的地势地貌，黄河在此处穿行多个峡谷，河道形成巨大落差，因此水力资源非常丰富。在中游河段，黄河具有两个特点：一是因黄河流经吕梁山、秦岭等重要山脉，在流经峡谷时水流湍急，形成了像壶口瀑布那样的自然景观；二是因黄河在此主要流经黄土高原，黄河的含沙量剧增。在下游河段，黄河自此从高原峡谷进入平原地区，黄河最明显的变化就是河道大幅变宽，从中游携带的泥沙在此沉淀，河床升高，形成有名的"地上悬河"。

2. 黄河流域各段的水文特征差异大

在黄河上游地区，流域降水强度不大，但降水的时间长、面积广，在众多径流的作用下，大量的雨水和冰雪融水向黄河汇集，黄河一半以上的水量在此形成。黄河上游的河水比较清澈。在黄河中游地区，容易爆发短时暴雨，加之黄土高原比较松软的土质，黄河在此虽然获得了四成的水量，但也裹入了九成的泥沙，黄河水质在此由清澈变浑浊。在黄河下游地区，宽浅的河道和高出地面数米的河床，需要排洪输沙，防汛防洪始终是当地的重要工作。

3. 黄河流域沿黄各省区经济社会发展存在明显空间差异

黄河流域人口占全国总人口的30%以上，地区生产总值约占全国的1/4，在我国经济社会发展中地位十分重要。但是，流域内部上中下游之间存在明显差异，上游相对落后，中游正在崛起，下游比较发达。黄河上游源头的青海省玉树州与入海口的山东省东营市人均地区生产总值相差超过10倍。

总的来看，黄河流域地理空间跨度大，流域的气候、地理、人文、经济社会发展差异显著，具有高度复合的生态—经济—社会复杂性，不同地区、不同发展阶段面对不同的难题,解决的措施和方式无法一致。这在客观上决定了沿黄各地必须因地制宜、主动作为,探索符合地域实际的黄河生态保护路径。

(二) 黄河流域 (河南段) 的特点

黄河流域 (河南段) 位于黄河中下游,地理位置特殊,河道形态复杂,"地上悬河"形势严峻。同时,黄河流域 (河南段) 流经各地的自然生态和经济社会发展也存在很大差异。

1. 黄河流域 (河南段) 地形地貌差异明显

黄河流域 (河南段) 是黄河流经区域地形地貌特征最为特殊的区域,处于我国第二阶梯和第三阶梯分界处,具有明显的过渡特征。黄河流域 (河南段) 所流经的地形,自西向东呈现由高原、山地向平原过渡的趋势,海拔也自西向东逐步降低。在黄河上中下游的划分上,黄河流域 (河南段) 郑州桃花峪以上属于黄河中游,郑州桃花峪以下则属于黄河下游。

2. 黄河流域 (河南段) 拥有独特水文特征

从黄河流域 (河南段) 整体来看,河流含沙量大,善淤善决,以游荡型河段为主。具体来看,黄河流域 (河南段) 上下游之间在水文特征上仍然存在较大的差异性。在上游,黄河流经最后一段峡谷地带,具有丰富的水力资源,黄河上的两个大型水利工程三门峡大坝和小浪底水利枢纽工程就修建于此。在下游,黄河河道逐渐变宽,水流放缓,泥沙大量淤积,河床抬高,形成"地上悬河",严重威胁两岸人民的生命财产安全。历史上黄河在此多次决口和改道,开封城多次被淹没毁城,又原址重建,形成了"城摞城"的奇观。

3. 河南省黄河流域经济社会发展不平衡

河南省黄河流域的面积占到了全省面积的两成多,河南省黄河流域还是全省重要的粮食主产区、人口集聚区,河南省重要的政治、经济和文化中心大都分布在黄河沿线。但是在过去较长的一段时间内,河南省黄河流域产业结构偏重,能源资源过度开发,环境受到较大破坏。河南省黄河流域的郑州市、洛阳市发展水平高于流域内河南省其他地方。但是郑州市、洛阳市人口众多,工商业发达,各种用水需求量极大,相对于河南省其他城市而言,面临更加严峻的资源问题和生态问题。

第二节　河南省黄河流域生态保护法治实践的地方范例

习近平总书记在河南省郑州市主持召开第一次黄河流域生态保护和高质量发展座谈会以来，河南省率先而动，将黄河流域生态保护和高质量发展作为全省发展的重中之重，统筹协调，扎实推动落实。河南省沿黄各地的公安机关、检察院、法院、司法行政部门，立足自身职责和流域生态特色，主动作为，积极探索保障黄河流域生态的法治路径。

一　三门峡：万里黄河自灵宝进入河南

作为黄河入豫第一站，三门峡域内黄河主河道 206 公里，流域面积 9376 平方公里。三门峡境内有万里黄河第一坝——三门峡大坝。同时，三门峡矿产资源极为丰富，是中国第二大黄金生产基地，享有"豫西明珠"的美誉。因此，三门峡肩负着黄河流域生态保护和生态修复的重大使命。

（一）进行富有地域特色的地方立法

1. 出台《三门峡市白天鹅及其栖息地保护条例》——全国第一部以保护大天鹅为主的地方性法规

白天鹅，学名大天鹅，是国家二级保护动物，全球易危物种。三门峡市也因为每年冬季会有大批白天鹅从千里之外的西伯利亚到这里越冬而获得了"中国大天鹅之乡"和"天鹅之城"的美称。2017 年，三门峡市人大常委会出台全国第一部以保护大天鹅为主的地方性法规《三门峡市白天鹅及其栖息地保护条例》（以下简称《条例》），为黄河流域生态保护提供了有力法治保障。

《条例》的特色内容有以下几方面。一是《条例》划定保护区、重点保护区和重点保护期。《条例》从这三个层面对白天鹅进行层层递进的保护。在保护区内，禁止 8 类行为，如禁止擅自建造建筑物、构筑物，违者除限期恢复，还要被处 2 万元至 20 万元罚款；在重点保护区，禁止的行为比保护区增加了 6 条，包括禁止划船、垂钓、擅自放生等行为；在重点保护期（每年 10 月至次年 3 月），禁止行为包括擅自飞无人机、放孔明灯、风筝等。二是《条例》明确规定了白天鹅及其栖息地保护工作的责任主体。《条例》规定，白天鹅栖息地所在地的各级人民政府应当将白天鹅及其栖息地保护纳入本地区国民经济和社会发展规划，将保护工作纳入目标管理，将保护经费纳入财政预算；市、县两级人民政府应当组织同级有关行政主管部门，建立健全联席会议制度，研究、协调、解决白天鹅及栖息地保护重大问题。三是《条例》将每年 11 月 22 日设立为"白天鹅保护日"。

2. 出台《河南小秦岭国家级自然保护区条例》——首开河南省针对国家自然保护区进行地方立法的先河

河南小秦岭国家级自然保护区位于三门峡市灵宝市境内，属于秦岭华山山脉的东延部分，在此有多条黄河一级支流汇入，是涵养黄河水源、保障黄河流域生态和生物多样性的重要区域，具有极高的生态价值。保护区内的老鸦岔海拔 2413.8 米，是河南省最高峰，被誉为"中原之巅"。同时，这里黄金资源储量丰富，是我国最为重要的黄金产地之一。长时间的粗放开采使得流域的生态环境遭到严重破坏，环境问题日益凸显，反过来又制约了经济社会发展，环境治理迫在眉睫。《河南小秦岭国家级自然保护区条例》（以下简称《条例》）就在此背景之下于 2018 年出台，在河南省率先实现了"一区一法"。自此，小秦岭生态环境有了专门的法治保障，各项保护措施的实施更加规范和常态化，生态保护工作迈上了新台阶，保护区的生态环境持续向好。

《条例》的特色内容有以下几方面。一是《条例》立足三门峡市实际，从解决小秦岭"个性问题"出发，让《中华人民共和国环境保护法》《中华人民共和国森林法》《中华人民共和国自然保护区条例》（以下简称《自然保护区条例》）等法律法规的各项规定真正在三门峡市、在小秦岭保护区内落地生根、发挥效用。二是在立法上率先贯彻中央"用最严格制度、最严密法治保护生态环境"的政策精神。在具体规定上，《条例》做到了"最新""最严"。"最新"，就是将"生态优先"纳入《条例》的基本原则，在小秦岭保护区保护工作体制、机制设置上与当前机构改革有效衔接；"最严"，就是按照中央"用最严格制度、最严密法治保护生态环境"的政策精神，在设置行政处罚幅度时，在确保不降低上限的前提下，提高下限。比如第二十二条，《自然保护区条例》规定的罚金下限是 300 元，《条例》提高到了 1000 元。三是针对小秦岭保护区管理机构成立的历史渊源和执法的现实困境，在上位法的大框架下，以法规授权的方式让《条例》"长出了牙齿"，解决了困扰管理机构多年的执法难题。

《条例》有如下重要意义。作为河南省首部关于国家级自然保护区的地方性法规，《条例》的第一条第一款为小秦岭生态治理擦亮了刚性的底色。《条例》既正视三门峡市作为全国第二大黄金主产地的辉煌历史，也折射出转型发展、生态修复的现实阵痛，更表达了三门峡市壮士断腕、绿色发展的坚定决心。《条例》实施后，河南省小秦岭国家级自然保护区治理先后入选全国生态文明建设"高质量发展"先进典型事例和联合国《生物多样性公约》缔约方大会第十五次会议典型案例。

（二）积极开展司法协作

1. 设立黄河流域生态保护检警协作三门峡工作站

2024 年 4 月 1 日，在《黄河保护法》施行一周年之际，洛阳铁路运输检察院黄河流域生态保护检警协作三门峡工作站挂牌成立。这标志着检警协作再升级，也是洛阳铁路运输检察院立足河南省内黄河流域环境资源案件集中管辖职能，推进司法办案向社会治理延伸的积极探索。

此次挂牌成立的黄河流域生态保护检警协作三门峡工作站是跨区域司法协作平台，旨在打造黄河流域生态保护和高质量发展的前沿阵地、高质效办好每一个案件的实践基地、典型经验和典型案件的培育基地。检警双方将通过加强日常巡查和法治宣传，完善提前介入侦查机制、联席会议制度、线索移送和信息共享机制，持续深化检警协作配合，更好地守护黄河流域秀美安澜。

2. 建立黄河三角区检察公益诉讼跨区域协作机制

三门峡市与山西省运城市、陕西省渭南市相邻，共同构成了"黄河金三角区域"。基于这一地域相邻的特殊区域特点，2020 年 9 月 23 日，三门峡市人民检察院联合运城市人民检察院和渭南市人民检察院共同出台了《关于建立黄河三角区检察公益诉讼守护美好生活跨区域协作机制的意见》[①]，在三市之间建立起黄河三角区检察公益诉讼跨区域协作机制。该机制重点就做深做透区域内"4+1"法定领域，积极稳妥办理新领域案件，围绕环境公益诉讼办案流程，从案件线索移送、调查取证、联动办案、联络

---

① 刘立新、李达、李胤：《在法治轨道上助推黄河流域生态保护和高质量发展》，《检察日报》2023 年 1 月 13 日。

协调、舆情处置、研讨交流和信息宣传 7 个方面构建了三地检察机关之间公益诉讼协作机制。协作机制遵循了流域生态系统的整体性，打破了传统行政区划限制，大大加强了黄河治理保护。

（三）实行法治文化品牌项目化管理

法治是一座城市文明的底色。三门峡市司法局、市普法办按照"统一谋划、特色定位"的思路，实行法治文化品牌项目化管理，指导各县（市、区）利用沿黄这一特色地理位置，将黄河法治文化作为区域法治宣传发展规划的重要组成部分，因地制宜设计适合本地的法治文化品牌，大大提升了黄河法治文化的独特性和吸引力。将法治元素融入当地楹联文化、仰韶文化、函谷文化、甘棠文化、砥柱文化、地坑院文化、白天鹅文化等，因地制宜打造了譬如三门峡市天鹅湖湿地公园法治广场、三门峡市水利枢纽坝区法治文化基地等多个颇具三门峡特色的黄河法治文化宣传实体。这是三门峡市将法治文化与黄河文化、地域特色进行融合创新的积极探索，为黄河法治文化建设提供了一种新模式。

二 洛阳：黄河文化的重要发祥地，以法治保障文化传承

洛阳市是黄河流域重要节点城市。黄河在洛阳市蜿蜒 96 公里，是洛阳市的重要生态屏障。洛阳市深入贯彻习近平生态文明思想，坚持打击与预防并重、保护与发展并行，维护黄河流域洛阳段的生态安全和社会稳定，实现了法律效果、社会效果、生态效果的有机统一。洛阳市在黄河流域生态保护和文物保护上做出了有益探索。

（一）开展伊洛河保护专项立法工作

伊洛河是黄河的重要支流，是洛阳市的"母亲河"，是洛阳重要的生产、生活用水水源。对伊洛河进行保护立法对洛阳地方立法机关来说是一次突破和创新，因为这是洛阳市第一次就其域内河流进行专门立法。《洛阳市伊洛河保护条例》目前处于起草审议阶段，尚未正式出台。

立法进程和主要内容。2023 年 10 月，伊洛河保护立法工作正式启动。《洛阳市伊洛河保护条例（草案）》已经洛阳市十六届人大常委会第十一次会议进行了第一次审议。2024 年 5 月 22 日，《洛阳市伊洛河保护条例（草

案）》（以下简称《条例》）向社会公布，公开征求社会各界的意见。在立法内容方面，《条例》充分发挥人大职能作用，立足伊洛河的自然生态条件，突出地方特色，以"小切口"立法，注重立法的针对性和有效性，不搞"大而全"，法律文本篇幅很小。用立法的方式凝聚依法保护洛阳"母亲河"的强大合力。从公开的《条例》内容我们可以看到，《条例》坚持问题导向。紧盯伊洛河保护突出问题，精准"把脉"，对症"下药"，厘清部门职责，加强统筹协调，划清保护"边界"，划定保护"红线"，筑牢保护"防线"，切实为伊洛河保护开出法规"良方"。同时，《条例》聚焦重点需求。重点围绕水环境改善，突出抓好水生态保护、水污染治理，增强立法针对性、适用性、可操作性，确保能执行、真管用、见实效。从立法过程来看，《条例》的制定坚持开门立法。深入践行立法工作全过程人民民主，深入一线实地调研，采取线下线上相结合的方式，广泛听取群众意见和建议，积极回应群众新要求、新期待，确保法规既科学有效又顺应民意，以高质量立法推动洛阳市"母亲河"进一步造福人民、福泽后代。

（二）在文物保护领域积极探索

洛阳市作为黄河流域生态保护和高质量发展的重要一环，历史悠久，是黄河文化的重要发祥地，各类文物、文化遗产灿若星辰，在保护传承弘扬黄河文化和推进黄河流域高质量发展中地位特殊、任务重大。洛阳市司法机关主动作为，引导全社会增强文物保护、文化传承的法治意识，共建新时代文物、文化保护的法治屏障，以司法之力为黄河文化保护、黄河流域高质量发展培根铸魂。

1. 出台《关于建立文物保护协作机制的意见》

2023 年 6 月 5 日，洛阳市中级人民法院、洛阳市人民检察院、洛阳市文物局共同发布《关于建立文物保护协作机制的意见》（以下简称《意见》），旨在充分发挥各方职能作用，推进法院审判、检察监督与行政执法的有效衔接，提升文物、文化保护工作实效。

通过该意见，洛阳市中级人民法院、洛阳市检察院、洛阳市文物局三部门建立了五大工作机制。一是信息共享机制。洛阳市文物行政主管部门将辖区文物相关信息，文物保护工作政策措施、重大部署安排定期向市人民检察院、市人民法院通报，将文物保护领域重大违法案件及时向人民检察院通报，将涉文物行政处罚信息向检察机关开放；人民检察院定期将文物保护方面的检察监督情况、重大案件办理情况向文物行政主管部门通报，对涉及人民法院部分工作向人民法院通报；人民法院将文物保护方面的裁判及执行情况定期向文物行政主管部门和人民检察院通报，相关裁判、执行信息向文物行政主管部门和人民检察院开放。二是线索移送机制。文物行政主管部门、人民法院在履职中发现的法律监督线索，特别是造成国家利益或社会公共利益较大损害的公益诉讼案件线索，及时向同级人民检察院移送，人民检察院依法履行公益诉讼等法律监督职责。人民检察院、人民法院在检察、审判工作中发现的文物违法行为需要由文物行政主管部门处置的，及时向同级文物行政主管部门移送案件线索。移送双方建立台账，及时跟进线索办理情况并适时反馈。三是协作调查机制。人民法院在审判工作中需要文物行政主管部门协助委托评估、勘验等的，文物行政主管部门应积极配合。人民检察院在法律监督工作中需要文物行政主管部门或人民法院提供相关证据的，文物行政主管部门应积极协助配合调阅行政执法卷宗，委托评估、勘验等相关工作。人民法院应积极协助配合检察机关调阅审判（执行）卷宗等相关调查取证工作。文物行政主管部门在行政执法中需要检察机关协助调查取证，解决行政执法与刑事司法衔接中的问题，或者需要人民检察院、人民法院提供法律咨询时，人民检察院、人民法院应予以支持。文物行政主管部门建立文物保护方面专家库，专家库成员可接受人民检察院、人民法院咨询，受托开展评估，作为具有专门知识的人参与案件办理，受聘担任人民监督员、人民陪审员等。四是协调会商机制。人民法院、人民检察院和文物行政主管部门对事关文物保护工作全局的重要决策、工作部署、活动安排，需要相互协作配合的，应召开会议研究会商。在日常工作中，遇到需要相互配合的事项，可召开专题会议会商。五是联合调研机制。人民法院、人民检察院和文物行政主管部门对在各自工作中遇到的重点、难点问题，需要其他方在职责范围内联合开展调研工作，共同推动问题解决的，可商请其他方共同开展调研。

《意见》的出台有助于司法机关和文物行政主管部门对各类文物违法行为提前预警、协作配合，发挥各方优势，督促依法履行文化遗产保护法律职责。

2. 建立河南省内首家黄河文化司法保护基地

黄河是中华民族的重要发源地，黄河文化是中华文明的重要组成部分，洛阳是黄河文化的重要承载地。近年来，洛阳市中级人民法院为保护传承弘扬黄河文化密织防护网，严厉打击损毁文物，盗掘古文化遗址、古墓葬等违法犯罪行为，持续加大对黄河流域文物、非物质文化遗产的司法保护力度，统筹文化传承利用和生态保护治理，实现黄河文化价值弘扬延续。2023 年 5 月 31 日，洛阳中院在二里头夏都遗址博物馆挂牌成立省内首家黄河文化司法保护基地。

二里头遗址是国家夏商周断代工程和中华文明探源工程认定的夏代都城遗址，是黄河流域早期文明的重要代表，是黄河文化的重要组成部分和中华文明的重要见证，以二里头遗址为代表的二里头文化是中华文明总进程的核心与引领者。二里头夏都遗址博物馆是依托二里头遗址 60 余年考古发掘成果而建立的一座专题遗址类博物馆，自 2019 年 10 月开馆以来，在遗址保护、文物展示、文化宣传等方面取得了丰硕成果。洛阳中院在二里头夏都遗址博物馆设立黄河文化司法保护基地，就是要在文物保护第一线，通过对文物犯罪的惩治，以案说法，发挥警示提醒的作用。基地的设立也标志着洛阳中院在创新司法保护机制方面取得了新的进展，是司法职能与文物、文化保护的有效衔接，是贯彻党的二十大精神和习近平总书记视察河南重要指示精神的切实体现，也是落实黄河流域生态保护和高质量发展战略部署的重要举措，同时能够进一步营造良好的文物保护氛围，引导更多社会主体树立保护传承弘扬黄河文化的理念。

三　济源：以法治保障黄河和小浪底安澜

济源地处黄河中下游，全域属于黄河流域，黄河在济源境内有 52 公里。济源处于沿黄生态保育带和太行山生态屏障区，是黄河流域生态保护和高质量发展的重要节点城市，在济源有黄河最大的水利工程小浪底水利枢纽工程。

（一）落实属地管理责任，以检察力量守护小浪底

小浪底水利枢纽位于河南省洛阳市孟津县与济源市交界处，是黄河治理开发的标志性和关键控制性工程。它是集调水调沙、防洪、发电等多重功能于一身的大型综合性水利工程。它的调水调沙功能可谓人工"清洗"黄河，

展现了中国人的治河智慧。保障小浪底水利枢纽工程的安澜，当地司法部门责无旁贷。2021年，小浪底水利枢纽的一个附属工程发生漫坝事故。事故发生后，河南省人民检察院济源分院深入调查事故原因，制作检察建议书，提出整改建议。小浪底管理中心收到检察建议书后高度重视，及时整改。在此次事故的处理过程中，当地行政部门以及小浪底管理中心，充分认识到公益诉讼制度在处理相关问题时的独特优势和重要意义。河南省人民检察院济源分院与小浪底管理中心联合签署《关于在小浪底水利枢纽和西霞院反调节水库检察公益诉讼中加强协作配合的意见》，推动形成长效机制，更好地落实黄河水利工程属地管辖责任，防范风险隐患，共同保障小浪底的安澜。

安全生产是国家安全的重要组成部分，事关民生福祉。小浪底水利枢纽作为水利部属正局级单位，存在安全生产执法"属地管理"不能落实的难题。河南省人民检察院济源分院以检察监督为桥梁纽带，实现了地方行政部门对国有大中型企业属地安全生产的执法监管，发挥了法律监督在社会治理中的重要作用。

（二）构建南太行跨区域公益诉讼保护机制，破解跨区划治理难题

跨区域司法协作是实现生态环境一体化保护的重要途径。位于南太行周边的济源市、新乡市、安阳市与山西省晋城市、长治市、运城市检察机关，在过去很长一段时间内由于行政区划管辖分割的限制，在进行南太行生态保护时"各自为战""单打独斗"，治理工作费时费力，但效果有限。为破解这一难题，河南省人民检察院济源分院在大量调研的基础上，联合其他5地检察机关签署了《关于加强南太行跨区域公益保护协作配合的实施意见》（以下简称《意见》），共同打造南太行跨区域公益诉讼保护机制，合力保护南太行生态。《意见》强调，以公益保护为核心，以矿产资源整治、太行猕猴等野生动物保护、文物保护为重点，促进南太行绿色发展。《意见》确立了跨区域线索移送和通报反馈、调查取证协作、案件联动办理、研讨交流协作、生态修复、联席会议、风险防控和舆情应对联合处置、信息宣传8项协作配合制度。①

---

① 卢晓东：《豫晋六家检察机关共护南太行生态安全》，《人民代表报》2023年12月12日。

南太行沿线 6 地检察机关建立的南太行跨区域公益诉讼保护机制，整合了过去分散的检察力量，形成了保护合力，缓解了区划分割带来的执法不便问题，是沿黄地区运用法治思维和法治方式，进行山水林田湖草沙一体化保护黄河生态的又一有益探索。

（三）借力民主监督构建公益保护立体格局

公益诉讼检察需要构建多方参与的格局，坚持开门办案，让社会各界能够参与和监督检察公益诉讼全流程。在各地的实践中，有人大代表参与检察公益诉讼的，有社会组织、志愿者参与检察公益诉讼的，河南省人民检察院济源分院则与济源市政协开展协作，共同出台《关于建立和加强公益保护协同监督工作机制的意见》（以下简称《意见》），建立了"政协+检察"公益保护协同监督机制，创新了民主监督形式，将更好地发挥检察公益诉讼的保障作用。

《意见》全文共 11 条，主要围绕如何更好地发挥人民政协的民主监督职能和人民检察院公益诉讼的法律监督职能展开，条文内容简洁，但是务实管用，将促进形成公益保护监督合力。《意见》首先对工作原则和工作方针进行了明确规定，在工作原则方面强调要坚持依法和协商的原则；在工作方针上，强调要围绕监督的重点、难点和盲点进行。《意见》还建立了 7 项制度，这里重点介绍 4 项：一是在沟通交流方面，两家单位在其内部均设立负责联络的常设机构；二是推进政协提案和检察建议的良性转化，这一良性转化是双向转化，即做好政协委员提案向公益诉讼案件的转化和公益诉讼案件线索向政协委员提案的转化；三是由河南省人民检察院与济源市政协共同遴选具备相应专业知识的政协委员担任检察官助理，为检察公益诉讼的开展提供技术支持；四是双方对监督效果进行评估，总结经验，以期更好地开展工作。①

这一机制的建立有助于解决监督不平衡问题，防止机械办案，使检察机关法律监督和政协民主监督进行融合，实现更大的监督效能。

---

① 政协济源市委员会：《同向融合发力 彰显协作价值——"政协+检察"公益保护协同监督机制在济源落地》，《协商论坛》2023 年第 5 期。

四 郑州：黄河流域生态保护和高质量发展战略的提出地

黄河自巩义进入郑州，从中牟出郑州，在郑州境内全长160公里。郑州是黄河流域的重要节点城市，位于黄河中下游分界处，是华夏文明的重要发祥地，历史文化厚重，素有"黄河之都"的称号。郑州作为黄河流域生态保护和高质量发展这一伟大战略的策源地，同时也是黄河流域经济体量最大的国家中心城市，提出了要建设成为黄河流域生态保护和高质量发展核心示范区的发展目标。

（一）探索建立公益诉讼检察办案一体化机制

郑州市检察机关积极探索建立全市两级院上下一体、部门联合、区域联动、指挥有力、运转高效的公益诉讼办案一体化机制。郑州市人民检察院把"公益诉讼检察办案一体化机制"列为全市检察机关"重大创新品牌"项目，在一体化机制的内涵界定、适用范围、组织机构、业务管理、事务管理5个方面着重探索。郑州市人民检察院坚持在办案中创新、在创新中办案，先后研究出台了《关于公益诉讼办案一体化的实施意见》《关于办理公益诉讼案件实行"检警技"一体化工作机制的意见》等文件，以项目创新、机制创新助推公益诉讼检察工作中的新矛盾、难问题的有效解决，更好地保护国家利益和社会公共利益。

公益诉讼检察办案一体化机制为检察机关服务黄河流域生态保护和高质量发展提供了郑州方案，并不断地被实践证明富有成效。

（二）郑州荥阳市人民检察院：以公益诉讼保护地理标志产品"河阴石榴"

以黄河流域荥阳段的汜水、王村、高村、广武4个乡镇为主产区的"河阴石榴"属于软籽石榴，色泽好、籽盈满，味甘而无渣滓，被誉为"中州名果"，是中国国家地理标志产品。但是近年来，每年8—9月"河阴石榴"还未完全成熟时，市场上就有人打着"河阴石榴"的旗号售卖外地石榴。荥阳市人民检察院对"河阴石榴"核心产区进行深入走访调查，发现了一批"河阴石榴"品牌保护不力的问题线索。

基于《黄河保护法》"支持地方品种申请地理标志产品保护"的规定。

2023 年 8 月，荥阳市人民检察院以行政公益诉讼立案，经过实践调研，向相关部门制发检察建议书，从违法使用地理标志专用标志查处、加强宣传保护、规范统一包装等方面提出建议。相关部门收到检察建议书后，高度重视，立即采取措施，引导经营者、消费者规范使用地理标志专用标志，营造良好的知识产权保护氛围。

同时，为实现对"河阴石榴"地理标志的长效保护，荥阳市人民检察院牵头建立"河阴石榴"地理标志知识产权保护暨专家咨询联席会议制度，于 2023 年 11 月 22 日召开"河阴石榴"地理标志知识产权保护磋商会及专家研讨会，进一步凝聚"一体化保护"共识；督促荥阳市农业农村工作委员会等职能部门修订完善《河阴石榴地方标准》《软籽石榴生产技术规程》等文件，推动标准化种植和石榴品种更新换代，增强其市场竞争力。

（三）开展黄河法治文化的普及

郑州因地制宜，依托黄河生态资源和历史文化资源，建设法治文化宣传普及基地，讲好黄河法治故事，提升黄河法治文化内涵。郑州花园口法治宣传教育基地就是这一做法的典型代表。郑州黄河花园口是黄河上最重要的水文站和黄河"地上悬河"的起始处，也是"花园口事件"[①] 的发生地，极具历史文化价值。

郑州依托花园口独特的生态和人文优势，建立起集爱国主义、法治文化与水利科普于一体的教育示范基地。在基地内，沿着 3 公里的黄河绿色堤防，分别围绕文化、历史、法治和人水和谐四大主题建设了相应的功能分区。在黄河文化传承区，建设有河韵碑林、安澜广场等；在历史教育区，有纪念花园口事件的扒口碑、八角亭、抗战浮雕墙、黄泛区等历史遗存；在水利科普教育区，有花园口涵闸、花园口水文站等防洪和水利设施。普法长廊坐落在花园口记事广场东侧的法治集萃区，以展示新时代中国特色社会主义法治体系建设为主题，设置了 100 多块法治宣传展板以及用以播放视频的立式显示屏及各类灯光设施。

郑州花园口法治宣传教育基地集法治宣传、文化熏陶和历史教育功能

---

① 花园口事件是指 1938 年 6 月国民党军队以水代兵扒开黄河大堤，阻止日军西进，造成人为的黄河决堤改道。

于一体，成为黄河流域沿线人民感受历史文化、学习法律知识的新载体。

除此之外，郑州还在境内黄河沿线建立了 17 处普法长廊，在巩义、荥阳、惠金和中牟建立了 5 个主题普法苑，形成了"一带五苑"的黄河法治文化普及格局。

五　开封：黄河开封段素有"悬河"之称

黄河上游流经高山峡谷，河势稳定，下游艾山口处河道变窄，其以下河段也比较稳定。而开封正好位于黄河最脆弱的"豆腐腰"段，极易决堤泛滥。黄河在开封境内流经了 4 区 1 县 11 个乡镇，全长 88 公里，流域面积 264 平方公里。黄河开封段，河道宽浅，最宽处超过了 10 公里，是典型的"地上悬河"，河床高出开封市区数米。同时，开封是人类文明和自然造化共荣共生的典型代表，拥有厚重的黄河文化积淀。

（一）开封检察机关构建"五点一线"联动机制

开封市检察机关立足"法治助手"定位，结合开封地貌特色，出台《关于黄河（开封段）保护"五点一线"联动体工作办法（试行）》，建立起"五点一线"联动机制，一体化保护黄河生态。这一机制具体包括：第一，开封市人民检察院根据沿黄县区水文情势科学定位，在黄河开封段沿线选取开封市示范区水稻乡、龙亭区柳园口乡、顺河区土柏岗乡、祥符区袁坊乡、兰考县东坝头镇 5 个基层法律监督联系点为基点，连点成线，形成贯穿整个黄河开封段的一体联动机制。第二，在开封市人民检察院设立调度中心，统筹和协调各个环节、各个联系点的工作，定期对工作开展情况进行通报，做好案件信息、线索的共享和移送。第三，加强协作，形成办案合力。在工作开展中，要围绕案件办理加强与当地河务部门、水利部门和自然资源部门的协作，同时也要做好与司法、行政、法院之间的司法协作。第四，对各法律监督联系点搜集到的具有普遍性和跨区域性的问题线索，要在 3 日内进行通报，5 个法律监督联系点都要进行排查，全市域进行专项监督。

开封市检察机关建立的"五点一线"联动机制，具有反应速度快，覆盖范围广，跨区域、跨部门、系统上下联动的特点，形成了黄河流域生态保护的合力。

（二）祥符区人民检察院以行政公益诉讼保护当地非遗文化

开封朱仙镇的木版年画最早起源于汉唐的壁画艺术，已有上千年历史，闻名古今中外，是我国国家级非物质文化遗产，同时也是河南省级非物质文化遗产。朱仙镇的木版年画色彩斑斓、线条饱满、寓意美好，具有浓厚的乡土气息和鲜明特色，具有较高的艺术价值。但是，木版年画在传承发展中受到各类外来文化、流行文化的冲击，陷入了发展困境，逐渐失去了昔日的辉煌。

祥符区人民检察院依托公益诉讼职能，将检察监督主动融入朱仙镇木版年画保护工作中，组织人员深入调查了解，走访了多位木版年画传承人。检察机关在调研中了解到，当前朱仙镇的木版年画在传承发展中存在创新不足、宣传不够、缺乏版权意识、仅有文化部门在保护等亟须解决的问题。祥符区人民检察院分别向朱仙镇人民政府、祥符区文化广电和旅游局以及祥符区市场监督管理局发出检察建议书，督促其尽快履行相关保护职责。三家单位在接到检察建议书后，结合自身的职责和管辖区域，迅速实施了相应的保护措施。在整改落实过程中，祥符区人民检察院还主动与三家单位共同商讨问题存在的原因和解决对策，助力行政部门依法行政。之后，祥符区人民检察院还组织召开了朱仙镇木版年画保护发展座谈会、朱仙镇木版年画传承与保护公益诉讼听证会，总结经验，巩固保护成果。

开封文化资源丰富，祥符区人民检察院以检察公益诉讼保护非遗文化，为开封司法机关文化保护工作做出了示范，取得了很好的效果，得到了非遗传承人的肯定和赞扬。

（三）龙亭区人民检察院多措并举守护黄河安澜

惠北泄水渠是惠济河上游支流之一，承担着开封市泄洪排涝的重要功能，是开封市水系建设的重要一环。龙亭区人民检察院在工作中发现惠北泄水渠龙亭区北郊乡大北岗村河段，部分河道被周边建设施工方填平，用于运输物资，一旦汛期来临，将直接影响河道行洪安全，危及周边村民的生命及财产安全，损害国家利益和社会公共利益。

为了尽快督促清理河道障碍，龙亭区人民检察院通过执法诉前检察建议、圆桌会议、释法说理等多种举措与利益相关方达成合意，并充分考虑运输道路更改对施工方的影响，积极沟通协调寻找最佳运输路线，成功将占压河道的建筑垃圾全部清理。龙亭区人民检察院深化监督效果，联合区农业农村局召开座谈会，推动建立健全维护辖区流域水安全的长效治理机制；与区河长办共同成立工作专班，建立日常辖区河道巡查工作机制，对沿河周边乱建、围垦、乱种等行为发现一起清除一起，切实保障河势稳定和行洪安全；积极督促交通、住建、水利、生态和农业农村等部门建立信息共享、实时跟进、定期盘点等机制，形成共抓河道行洪安全、共护群众安宁的工作合力。

（四）"休闲+普法"黄河法治文化浸人心

开封是一座因水而兴的历史文化名城，但在历史上，黄河洪水也曾数次淹没城区。在黄河岸边，开封利用昔日的险工黑岗口、柳园口、兰考县东坝头建设普法基地，既普及了黄河法治文化，也为市民休闲打造了好去处。

黑岗口是黄河下游的著名险工、昔日的黄河决口处，而今已建成黑岗口黄河法治文化广场，被命名为"全省优秀法治宣传教育基地"。基地主体部分以观景台为核心，由安澜石、福桐、樱花大道、海棠花海、观景亭5部分组成，打造了"习近平总书记在黄河流域生态保护和高质量发展座谈会上的讲话精神""宪法主题教育""社会主义核心价值观""'不忘初心、牢记使命'主题教育""新时代治水方针""入党誓词"6个主题，并建有普法长廊，成为黄河法治文化宣传的窗口，有效提升了河南省黄河法治文化带内涵品质。

柳园口黄河法治文化广场是一个集生态廊道、黄河文化展示、生态环境普法等于一体的法治宣传教育基地。作为开封法治文化建设的"窗口"，沿黄法治广场顺应时代潮流，兼顾不同受众需求，建有主题雕塑、黄河普法、民法典等8组雕塑和2个廊亭，包含中国古代律典、法治名人、法治名言、古代法治故事、趣味学法等文化宣传元素，在推动开封黄河流域高质量发展、保护传承弘扬黄河文化、深化全民普法、拓展法治宣传等方面起到了良好示范作用。

兰考县东坝头是黄河最后一次自然决口处、"豆腐腰"河段的起点、黄河九曲十八弯的最后一弯，地理位置极其重要和险要。当地在此建立东坝头法治文化基地，由法治广场、法治小游园和杨庄普法基地组成，以黄河生态保护和高质量发展为宣传重点，创新开设"法治号"小火车。小火车有三节车厢，每节车厢能乘坐 20 人，车厢内悬挂有《河南省黄河防汛条例》等法规。基地形成了碑、亭、点、坝、火车、步道、长廊、电教八大主题，成为开封法治宣传新地标。

六 濮阳：黄河流域台前段是黄河出河南的最后一段

黄河流域濮阳段位于黄河下游，流经濮阳、范县、台前三县，河道长 167.5 公里，流域面积 2487 平方公里，是防范黄河洪水灾害的重点区域。黄河流域濮阳段是黄河在河南境内流经的最后一段。黄河从濮阳市台前县吴坝镇出河南，流入山东省境内。

（一）濮阳基于区位特点强化司法协作

1. 建立河南省首个跨省域黄河生态环境司法保护基地

2020 年初，濮阳市人民法院、濮阳黄河河务部门与山东省济宁市人民法院一起，积极贯彻落实习近平总书记在黄河流域生态保护和高质量发展座谈会上的重要讲话精神，共同在河南省濮阳市台前县的将军渡建立跨省域黄河生态环境司法保护基地。这也成为河南第一个跨越省域的黄河生态环境司法保护基地，同时也为整个黄河流域各省区开展跨省域的黄河流域生态保护协作树立了榜样。

黄河流域生态环境司法保护基地位于濮阳市台前县和山东省济宁市梁山县的交界处，基地的建立对两地黄河生态保护的协作开展具有重要意义。一方面，基地是濮阳市人民法院同黄河河务部门联合开展黄河流域生态环境保护的试验田，将更好地促进行政执法与司法工作的衔接。另一方面，基地的建立为濮阳台前县和济宁梁山县两地法院加快黄河流域生态环境司法跨省域协作提供了契机，将大大提升仅一水之隔的台前县与梁山县在黄河生态环境司法保护中的协作水平，有利于形成黄河流域生态环境司法保护的合力。

2. 台前县人民检察院与周边交界县检察机关建立协作机制

台前县位于濮阳市东北部、豫鲁两省交界处。台前县的区位条件非常特殊，位于黄河北岸，三面与山东省接壤。台前县要实现对黄河流域生态环境的全面保护，必须与周边邻县进行协作。台前县人民检察院立足这一区位特点，主动作为，联合濮阳、济宁、泰安、聊城、菏泽 5 市 11 县的检察机关，共同探索建立跨区域公益诉讼协作机制，以跨区域公益诉讼保护黄河流域生态。这一探索的活动之一，就是 5 市 11 县的检察机关于 2020 年 9 月在台前县举办的"发挥公益诉讼检察职能服务保障黄河流域生态保护和高质量发展检察长论坛"。

在协作机制方面，5 市 11 县的检察机关主要围绕信息共享、线索移交、协同办案、会商研讨四个方面展开协作，应对区划分割对黄河流域生态环境问题解决带来的不便，提高了案件办理效率，更多的案件得到及时处理，办案质量也得到大幅提升。

该机制的建立取得了非常好的效果，也得到了社会各界的广泛认可。尤其是 2022 年，该机制被最高人民检察院评为公益诉讼制度全面推开五周年"好机制"，还被收编入《公益诉讼检察业务》教材。

（二）濮阳市人大常委会出台河南省首个地市级贯彻实施《黄河保护法》的决定

2023 年 5 月 17 日，濮阳市九届人大常委会第三次会议第二次全体会议表决通过《濮阳市人大常委会关于推进黄河保护法贯彻实施 促进我市黄河流域高质量发展的决定》（以下简称《决定》）。这成为河南省首个地市级人大常委会出台的贯彻实施《黄河保护法》的决定。

《决定》以确保黄河流域生态保护和高质量发展重大战略在濮阳落地实施为根本遵循，紧紧围绕黄河安澜、保护治理、高质量发展、黄河文化传承四大重点任务进行部署，并且将黄河战略的落实与河南"两个确保""十大战略"等地方发展战略进行结合，强调发挥人大职能。《决定》的出台将充分调动濮阳的各方力量，共同营造保护黄河的浓厚氛围，实现《黄河保护法》在濮阳市的全面实施。

《决定》主要有四个方面的内容：一是强调《黄河保护法》出台的重大意义，要求各方提高黄河保护治理的自觉性；二是要求各方正确认识和把握《黄河保护法》的战略定位，明确工作重点和主要任务；三是强调要严格履职，着力解决制约发展的重点、难点问题；四是要形成促进《黄河保护法》实施的合力。

《决定》的实施，最直接作用就是推动《黄河保护法》在濮阳市的贯彻实施。同时，也将全面提升濮阳市生态环境保护水平，助力实现濮阳市建设黄河流域生态保护和高质量发展示范区的目标，在新时代"黄河大合唱"中留下濮阳的精彩篇章。

第三节 河南省各地开展黄河流域生态保护法治实践的经验与启示

九曲黄河，浩荡奔涌，保护黄河是事关中华民族伟大复兴的千秋大计。习近平总书记在郑州市主持召开黄河流域生态保护和高质量发展座谈会以来，河南省各地认真贯彻落实习近平总书记的重要指示精神，推动《黄河保护法》落地实施，立足区域内黄河的不同特点，全力护佑黄河安澜。本节将基于前两节的分析，总结河南省沿黄各地的经验，提出未来进一步发挥法治保障黄河流域生态作用的建议。

一 河南省各地开展黄河流域生态保护法治实践的经验总结

作为黄河生态保护和高质量发展重大战略的提出地、千年治黄的主战场，河南省聚焦依法治河，沿黄各地因地制宜、主动作为、积极探索，实现对黄河流域（河南段）山水林田湖草沙的系统治理和一体化保护，形成了一批富有地域特色的做法。

（一）河南省沿黄各地结合地域特色开展保护黄河生态的地方立法

法治是一种最可靠的治理方式。发挥法治在黄河流域生态保护中的领航作用，对推动黄河流域生态保护和高质量发展国家战略实施具有重要意义。而立法是实现这一治理的基本前提。地方立法作为我国立法的重要组成部分，具有更强的灵活性和针对性，成为黄河流域各地保护黄河生态不可或缺的重要手段。2021年中共中央、国务院印发《黄河流域生态保护和高质量发展规划纲要》（以下简称《纲要》），对黄河流域沿黄各地开展地方法保护黄河生态给予明确引导和支持。《纲要》提出，要"支持沿黄省区出台地方性法规、地方政府规章，完善黄河流域生态保护和高质量发展的法治保障体系"。河南省人大及河南省沿黄各地人大一直在探索立法保护黄河的路径。2021年9月29日，河南省第十三届人民代表大会常务委员会第二十七次会议审议通过《河南省人民代表大会常务委员会关于促进黄河流域生态保护和高质量发展的决定》，聚焦水资源节约集约利用、滩区治理、破解"九龙治水"等方面，向河南全省上下发出了动员和号召。2023年3月29日，《河南省黄河河道管理条例》经河南省第十四届人民代表大会常务委员会第二次会议表决通过，已于2023年7月1日起施行。该条例成为《黄河保护法》实施后，黄河流域沿黄各省区为贯彻落实黄河保护治理而出台的第一部配套性地方性法规，充分展现了河南省保护黄河的决心和担当。河南省沿黄地市人大也结合地方特色和实践需要进行地方立法探索。2023年5月，濮阳市人大常委会在全省率先制定出台《关于推进黄河保护法贯彻实施 促进我市黄河流域高质量发展的决定》。2023年10月，洛阳市人大启动《洛阳市伊洛河保护条例》立法工作，对洛阳境内的伊河洛河进行立法保护。三门峡市人大则早在2018年就出台全国第一部以保护大天鹅为主的地方性法规《三门峡市白天鹅及其栖息地保护条例》，为保护黄河流域生态和生物多样性提供了有力的法治保障，是河南省保护自然生态的重要立法实践。河南省沿黄各地的这些立法探索，充分抓住了其域内黄河的突出特点，以"小切口"立法，增强了立法的针对性和适用性，为地方立法保护黄河生态提供了新的实践探索。

（二）积极发挥检察公益诉讼在黄河流域生态保护和文化传承中的作用

党的二十大报告强调，要"加强检察机关法律监督工作""完善公益诉讼制度"。河南省沿黄各地检察机关立足"当好党委、政府法治助手"的角色定位，准确把握流域差异性，立足本地实际，因地制宜，在黄河流域水资源保护、水土流失治理、工业污染和矿山生态治理、防洪安全、文物和文化遗产保护等领域积极开展公益诉讼，解决存在的各类突出问题。在河南省检察公益诉讼实践中，有两类公益诉讼实践富有成效，值得肯定。一类是依托公益诉讼解决跨省环境资源案件。跨省的环境资源案件属于难啃的"硬骨头"，濮阳市检察机关主动与豫鲁交界5市11县区检察机关建立公益诉讼检察协作机制，共同做好黄河及其支流金堤河的生态环境保护工作，推动解决跨省环境资源案件。另一类是充分发挥检察公益诉讼在黄河文化保护中的作用。开封市龙亭区的黄河岸边，屹立着一尊镇河铁犀，距今已有500多年的历史，是省级重点文物保护单位，具有较高的历史文化价值。但是镇河铁犀长期保护不力，满是划痕，龙亭区人民检察院向开封市文化广电和旅游局、北郊乡政府发出诉前检察建议，督促其依法切实履行文物保护职责。相关单位快速行动，编制维修方案和保护规划，建设完善了相关保护设施。

（三）河南省沿黄各地积极开展协作配合，形成保护合力

黄河流域问题表象在黄河，根子在流域。司法服务保障黄河流域生态环境安全，不能单打独斗，需要协同配合。《黄河保护法》明确规定，组织开展黄河流域司法协作，推进行政执法机关与司法机关协同配合。沿黄各地司法机关积极贯彻《黄河保护法》的精神，开展了多种形式、多个主题，跨区域、跨部门的协作。就河南沿黄各地的实践来看，司法机关开展的协作主要有两种形态：一是域内公检法司行政部门间的协作。河南沿黄各地的公安机关、检察院、法院和司法行政部门、水行政管理部门之间，进行信息共享，开展联合执法，并通过签订合作协议的形式，巩固协作成果，形成常态化机制。在这方面，最有代表性的就是由河南省人民检察院在全国首先提出的"河长+检察长"治河新模式。这一机制起源于2018年河南省人民检察院携手水利部黄河水利委员会、河南省河长办共同发起的，旨在解决黄河流域存在乱占、乱采、乱堆、乱建问题的"携手清四乱，保护母亲河"专项活动。通过此次专项活动的开展，河南省人民检察院认真总结，逐步探索形成了在河湖治理中检察机关与行政机关协调联动的新模式"河长+检察长"制。2020年河南省出台《全面推行"河长+检察长"制改革方案》，河南省沿黄各地相继推行"河长+检察长"制，并逐步将其合作范围扩展为检察机关与河长制成员单位的全面协作。二是跨区域的司法协作，从范围来区分，实践中有河南省沿黄各地之间的协作与河南省沿黄各地和省域外各地的协作。省域内的协作，河南省各地法院开展得比较多。2023年8月15日，郑州铁路运输法院与郑州铁路运输检察院联合河南省延津县检察院、法院、公安局、自然资源局和延津国有林场共7家单位，共同签署《关于建立协作机制推动黄河流域生物多样性保护的意见》，成立了河南省第一个关于保护生物多样性的司法协作基地"黄河流域生物多样性保护跨区划协作实践基地"。三门峡市公安机关与洛阳铁路运输检察院联合建立黄河流域生态保护检警协作三门峡工作站，检警双方通过加强日常巡查

和法治宣传，完善提前介入侦查机制、联席会议制度、线索移送和信息共享机制，打造黄河流域生态保护和高质量发展的前沿阵地，为打击黄河流域生态环境犯罪提供了强有力的支撑。河南省沿黄各地与省外各地的跨区域协作，主要发生在省际交界的地区，在实践中已有较多探索。三门峡市中级人民法院依托三门峡与陕西省渭南市、山西省运城市相邻的区位特点，与位于其北边的山西省运城市中级人民法院和位于其西边的陕西省渭南市中级人民法院以及郑州铁路运输中级法院联合签署《晋陕豫黄河金三角区域环境资源审判协作框架协议》，探索形成黄河金三角区域多方参与、协同共治的生态环境司法保护新格局。

（四）各地非常重视法治文化建设和普法宣传

文化是中华民族之魂，法治是中华民族文化之基，只有把文化与法治有机结合在一起，才能真正发挥中华民族的文化伟力。河南省沿黄各地在黄河流域生态保护工作中，非常重视法治文化建设和法律知识的普及，注重发挥法治文化对黄河流域生态保护工作的基础作用，推动形成黄河流域生态保护与法治文化建设相得益彰、融为一体的良好局面。从省级层面来看，河南省在700多公里的黄河沿线，建设贯通黄河流域（河南段）9市1区的河南黄河法治文化带。河南黄河法治文化带的建设，力求突出河南沿黄各地生态、历史、文化特色，注重将法治文化的普及与当地的文化、历史相融合，形成独特的地方特色和品牌。河南省在黄河法治文化带的建设中非常重视顶层设计，出台了《河南黄河法治文化带建设规划（2020—2025）》，对全省法治文化阵地的建设进行全方位规划。河南省通过法治文化带的全面建设，在黄河流域（河南段）沿线营造了非常浓厚的法治氛围，在全国树立起了河南法治文化品牌，有力推动了河南黄河流域生态保护工作，黄河沿线人民的法治意识、生态意识大幅提高。

河南沿黄各地在落实《黄河保护法》和河南省关于黄河法治文化建设规划的基础上，因地制宜，开展了具有地方特色的法治文化建设和普法实践。三门峡市有代表中华远古文明的仰韶遗址、历史名迹函谷关，有极富地域特色的楹联文化、地坑院，还是天鹅之城，三门峡市将法治元素与这些当地特色文化及生态元素融合，打造了多个法治文化宣传载体，具有不同于河南省沿黄其他地方的独特性。洛阳市则依托二里头夏都遗址博物馆，建立了黄河文化司法保护基地，加大对黄河文化遗产的综合保护与治理力度。郑州借助黄河花园口的历史、水文优势，打造郑州花园口法治文化示范基地。开封利用黄河险工建设法治文化宣传普及基地。焦作温县是太极拳的发源地，温县建有黄河太极法治文化园，将普法与历史文化、太极文化相结合。

二 因地制宜发挥法治保障黄河流域生态作用的建议

运用法治手段对大江大河进行保护已是普遍共识，得到了国内外河流保护实践的证实。黄河流域生态保护也不例外，必须依靠法治的力量，发挥好法治的引领保障作用，实现对黄河流域生态的持续、稳定保护。在推进黄河流域生态保护和高质量发展中，河南沿黄各地必须全面贯彻落实习近平生态文明思想和习近平法治思想，立足区域黄河特色，发挥已有经验优势，补足不足。基于河南沿黄各地立法机关和司法机关在黄河流域生态保护中的具体实践情况，笔者提出如下建议。

（一）河南沿黄各地要加强黄河流域生态保护的跨区域协同立法

河南沿黄各地在黄河生态保护中，基于区域分割与流域整体性、部门分治与生态系统性之间的矛盾，进行了大量的司法协作。如前所述，既有部门之间的，又有跨区域的，但是跨区域的协同立法尚属空白。开展跨区域协同立法，既有理论支撑、政策鼓励、法律依据，又有现实需要。1935年，英国生态学家坦斯利首次提出生态系统的概念，他将生态系统界定为不仅包括各种生物因素，也包括非生物因素的一个物理学意义上的整个系统。[1] 他的思想在世界范围内广泛传播，得到了各国生态学者和实务工作者的认可，也为生态环境法治建设提供了理论支撑和价值引领。习近平总书记始终坚持马克思主义哲学观，在黄河流域生态保护问题上，曾深刻地指出，黄河流域的问题表象在黄河、根子在流域。[2] 习近平总书记的这一论述，强调保护黄河生态，应当立足流域生态系统的整体性。《立法法》是规

---

[1] 韩旭：《生态整体论视域下生态保护地方立法的完善进路——基于黄河流域地方立法实践的考察》，《山东行政学院学报》2023年第6期。

[2] 习近平：《在黄河流域生态保护和高质量发展座谈会上的讲话》，《求是》2019年第20期。

范我国各级立法机关立法活动的基本法律。2023 年《立法法》的修订,有一条非常重要的变化,就是赋予了设区的市级以上地方人大及其常委会开展区域协同立法的权力。区域协同立法将有助于黄河流域沿黄各地解决过去黄河流域生态保护中行政区划分割、执法依据不一的难题。沿黄各地将通过协同立法平衡各方利益,从流域整体出发,分工配合,加强协作,真正实现对黄河流域山水林田湖草沙一体化保护,做到上下游、左右岸协同发力。从河南省沿黄各地来看,也有很大的协同立法空间。譬如,小浪底水利枢纽工程位于河南省洛阳市与济源市交界处,是世界范围内规模最大的调水工程之一,被誉为"中国第一大闸",对黄河中下游安澜发挥着重要作用。洛阳市和济源市可以围绕黄河小浪底上下游的生态保护开展协同立法,提高区域法治的协调性,合力应对区域内的共同问题。

(二) 河南沿黄各地要完善公众参与黄河流域生态保护的法律机制

《环境保护法》《黄河保护法》等法律法规均明确规定了公民参与生态环境保护的相关内容,鼓励和支持社会力量参与其中。我国几千年的治黄史启示我们,治理黄河需要依靠广大人民群众的力量。公众是黄河流域生态治理保护的重要力量,因为很多生态环境损害的发生都是由公民、法人等社会主体最先发现的,而且公众的参与和监督也有利于提升政府决策的科学性和民主性。然而在实践中,我国黄河流域治理多以政府主导模式为主,过于强调政府管理决策的独断性和单一性,[1] 从而导致公众参与黄河流域生态保护治理时完全处于从属地位,参与意愿不高,责任意识不强,未发挥出公众在黄河流域生态保护中应有的作用。

当前,从整个黄河流域的立法和司法实践来看,管理思维根深蒂固,占据主导地位。具体表现在:沿黄各省区保护黄河生态的立法中关于公民参与的法律条款非常少,均在大篇幅强调政府部门的管理职责,较少谈及公众参与。法律文本中缺失公众参与的法律激励与反馈机制,公众参与的奖励和补偿标准模糊,仅有只言片语规定公民的参与权利,可操作性差。

---

① 张君明:《黄河流域生态保护和高质量发展法治保障研究》,《南阳师范学院学报》2023 年第 5 期。

在司法实践中，保护黄河生态的具体行为也主要由行政机关和司法机关组织实施。河南沿黄各地的立法和司法同样也存在这样的问题。

因此，河南沿黄各地在黄河生态保护中要强化公众参与，坚持多元共治，完善相关法律机制。一是要严格贯彻实施好与公众参与相关的法律法规。《环境保护法》和《环境保护公众参与办法》对公众参与的原则、方式，各方主体的权利义务责任均做出了规定，河南沿黄各地在黄河生态保护中首先要落实这些法律法规。这些法律法规是黄河流域河南沿黄各地坚持多元共治、完善公众参与机制的前提和基础，为河南相关的制度建设、地方立法和司法实践提供了指引。二是要广泛宣传教育，提升公众的环保责任意识和参与意愿。三是要引导公众参与黄河流域生态保护相关法律法规制度、政策的制定。在实践中，召开听证会、进行专家咨询、向社会大众发放调查问卷收集公众意见建议的方式已被广泛使用，河南沿黄各地可以借鉴使用，但要注意方式方法的灵活性。四是要加强公众对黄河流域生态保护执法工作的监督。司法部门、水行政管理部门要在官方网站设置留言和举报板块、开通热线电话、开设举报信箱等，能够让公众方便、快捷地行使监督权。

（三）河南沿黄各地要拓展黄河流域生态环境损害的救济渠道

黄河流域的生态环境问题具有综合性和复杂性，往往涉及如何平衡发展与保护的关系，如何协调流域上下游、左右岸的利益以及由谁来保护的问题。环境公益诉讼机制的建立则为这些矛盾冲突的解决提供了一个有效的司法渠道。[①] 它以保护环境公共利益为目标，是保护环境的重要司法手段。但是，从黄河流域各地的司法实践来看，黄河流域生态环境纠纷的解决有些过度依赖环境公益诉讼，似乎很难找到其他解决生态环境纠纷的具体实践。这一现状存在两个弊端：一个是从巨大的环境纠纷案件数量和有限的环境公益诉讼力量来看，这显然是不合理的。如果数量众多的生态环境纠纷只能通过环境公益诉讼来解决，不仅司法机关不具备这样的人力、物力，而且环境公益诉讼本来的环境保护目标很难实现。另一个是从环境

---

① 郑曙光：《黄河流域生态保护和高质量发展司法保障路径探究》，《铁道警察学院学报》2022 年第 5 期。

纠纷案件与环境公益诉讼流程的特点来看，环境纠纷案件具有特殊性，环境损害发生后其产生的破坏力不会自动停止，而环境公益诉讼要经历较长时间的诉讼流程，其间环境损害可能会继续扩大。

检察公益诉讼在河南省沿黄各地的司法实践中得到了普遍运用，在黄河流域生态保护中发挥了重要作用，但是如果仅仅通过环境公益诉讼一种手段来解决所有的黄河流域生态环境纠纷，并不利于黄河流域生态环境的保护，必须做出调整和改变。随着生态环境保护工作的不断推进，协商、谈判、磋商、调解等机制应运而生，大大缓解了环境公益诉讼的压力，弥补了环境公益诉讼的不足和缺陷。而且事实也证明，这些非诉讼纠纷解决机制有助于从源头上化解纠纷，快速实现对黄河流域生态的恢复和保护，避免损害的延续和扩大。河南沿黄各地在黄河流域生态保护中已有运用非诉讼纠纷解决机制的探索，但是仍然较少，需要进一步加强。

（四）河南沿黄各地要加强法治文化与法治实践的融合

法治文化的普及不能与司法实践割裂。在黄河沿线设置法治文化展板、建设法治文化广场，能够宣传与黄河相关的法律知识，传播法治文化，提升人民群众保护黄河生态环境的法治意识。但是，黄河法治文化的建设更需要融入黄河流域法治建设实践的各环节和全过程，确保黄河法治文化建设与法治实践同步推进，确保黄河法治文化建设与重点法治工作及时跟进。[①]这就需要河南沿黄各地在法治建设的各环节贯彻和弘扬法治文化。一是河南沿黄各地要在地方立法过程中加强法治文化建设和法治宣传。河南沿黄各地要坚持"开门"立法，把地方黄河生态保护立法与普法宣传融为一体。在地方立法中既要广泛听取社会各界的意见和建议，做到民主立法，也要及时向人民群众宣传立法意图、主要思想和各方的权利义务，提升立法的知晓率和影响力。二是河南沿黄各地要在执法和司法过程中加强法治文化建设和法治宣传。国家一直在强调"谁执法、谁普法"。严格执法、公正司法就是最好的普法。在黄河流域生态保护执法和司法实践中，要秉持公平正义，在执法、司法的每一个环节都要严格依法依规，并及时向当事人讲解法律规定，做到实时普法、精准普法，传播法治精神。三是河南沿

---

① 李传华：《打造黄河法治文化建设的山东路径》，《中国司法》2022 年第 3 期。

黄各地要在公共法律服务体系建设中加强法治文化建设和法治宣传。河南沿黄各地在建设覆盖城乡、便捷高效、均等普惠的现代公共法律服务体系时，要将法治精神贯穿其中，宣传《黄河保护法》，突出良好生态环境对人民生产生活的重要性，处处彰显公平正义等最为基本的法治精神。

第九章 跨域法治：强化黄河流域整体保护与系统治理

黄河作为跨越 9 个省区的中国第二长河，横跨了东、中、西部不同地形、地貌，流经不同风土人情的地区，这些典型特性决定了黄河不是一条简单的河流，而是产生、传承、影响了中华传统文化和滋养了中华民族的"母亲河"。黄河流域生态环境保护和高质量发展的法治保障，最突出的核心便是跨行政区域组成的黄河流域统筹立法、执法、司法、法治宣传等协调机制。通过发展跨域法治，真正解决黄河流域生态环境保护和高质量发展重大国家战略实施中的体制机制困难。黄河在河南段实现了中游到下游的流域转换，同时也基于下游地势及水流特征形成了几千年来的"地上悬河"。2022 年 3 月 11 日，十三届全国人大五次会议审议通过《全国人民代表大会关于修改〈中华人民共和国地方各级人民代表大会和地方各级人民政府组织法〉的决定》，明确区域协同立法、区域发展合作机制在国家法治体系中的地位。区域协同立法的推进，即推进区域法治建设，促进国家法治更进一步发展。河南省要做好黄河流域生态保护和高质量发展的法治保障，重中之重就是做好与上游省份的陕西、下游省份的山东，支流干流的陕西省、山西省和对岸山东省等省的跨域治理协同工作，以流域和区域法治思维强化黄河流域整体保护与系统治理。同时，黄河在河南段也跨越了 8 个地市级行政区，这些地级市也需要法治协同。跨省域法治和省内各地市跨域法治的协同，实现黄河流域生态环境的整体保护与系统治理。

第一节 以区域法治理论支撑黄河流域跨域法治

法治是依照法律开展国家治理，突出国家治理中的法治特征，而区域是国家的重要组成部分，区域治理的法治化是国家治理法治化的重要前提和基础。黄河流域作为一个由多个省区组成的省级地域组合，以河流为核心串联形成了一个大区域，这一区域的法治化治理是以流域生态环境保护和高质量发展的法治化为基础和重心的特别区域治理。

一　区域法治的基本理论

"法律是具有地域性和时代性的。正是这种观念在历史长河中生存了下来，并广为传播。"① 法治是治国理政的根基，是治理国家的基本方式，法治与国家治理体系是内在统一的、外在耦合的，国家治理体系和治理能力的现代化是中国式现代化的重要核心，也是国家治理法治化的应有之义。国家治理以地方为基础，以区域为单位，区域是国家的组成部分，国家由区域聚合而成，区域法治的形成与推进是国家法治的重要组成部分，有了区域法治建设，才有国家法治的探索与推进。

（一）区域法治的界定

区域是国家有机组成部分。人类最早是以自然区域部落为聚居形态的，在其发展过程中，由最基础的人与人之间的相处规则逐渐发展形成道德规范再到法律规则。区域法治在历史上出现很早，自部落时代人类形成区域的聚居便有了区域法治，只是当时的法治表现形态与当今社会不同，但它们的目的都是团结内部力量，对抗和消灭外部危险力量，以保障部落族群的安全幸福。深入而言，区域法治是在某一时空范围内并以此时空范围的生产生活特性为基础形成的具有自身特色的社会依法治理状态和成果。

区域法治的发展经历了不同历史时代的不同发展方式，封建王朝统治时期的地方治理、近代革命时期的革命根据地治理、中华人民共和国成立之后的民族区域自治等，都是广义上的区域治理，有关方面形成法律规范并依此进行社会治理便是区域法治的发展。目前，中国学界对"区域法治"的使用并没有达成共识，有的称"区域法治"，有的称"区域法治发展"，有的称"地方法治"，有的称"地方法制"或"地方法制建设"，等等。现代区域法治是国家法治发展的有机组成部分，是国家法治发展在主权国家的特定空间范围内的展开和具体实现，区域法治既要立足区域，又不局限

---

① 〔英〕阿克顿：《自由与权力》，侯健、范亚峰译，商务印书馆，2001，第336页。

于本地，必须打破本地局限，具有战略思维、国家眼光和作为。① 当前我们全面推进依法治国，更需要有区域法治建设发展的新境界和新视野。中国作为一个多民族、幅员辽阔的国家，历史悠久的同时有着很大的地区差异。社会主义制度先进性、优越性的体现其中之一便是允许百花齐放和多民族共同发展。从资源分布上讲，我国东、中、西部地区有着较大差别，这导致了我国一定时期内的地区发展不平衡状况，而且这种状况在很大程度上仍会继续存在且长期存在。当前治国理政的法治化，即充分发挥法治的基础作用，在区域发展中更多实现协同发展、共同发展、区域一体化发展。区域法治的建设推进，可以促进包括黄河流域生态保护和高质量发展在内的国家重大战略落实落细，实现区域的优势互补、共同发展。

（二）相关概念梳理

区域法治作为一个相对较新的概念，必然涉及与其他相关或相邻概念之间的关系辨析，因此要实现对其概念的准确把握，从而更好地指导实践。

一是区域与地方。区域与地方在日常生活中大都是对某一特定地理位置的称呼，某一生活区域或工作区域，就是生活或工作的地方，二者在此有着相同的指代。但是从政治和法学等学术意义上讲，区域与地方又有着根本的差别，导致在实际应用中更多出现区域而非地方。区域可以是某一个行政区划具体划定的地理范围，也可以是两个或两个以上行政区划拼接而形成的地理范围，但这类区域的拼接是以一定的社会风土人情、水文地理、生活习惯等相同或相似为基础的，而非简单意义上的机械拼接。《中华人民共和国宪法》（以下简称《宪法》）明确了行政区域的划定标准，且基于民族区域自治划分了一定的民族区域自治地方，在遵守《宪法》的前提下，在中央人民政府领导的限定下，其内部有着一定的自我治理权限，可以更好地为区域经济社会发展服务。

二是法治的内涵。不同历史时期的不同学者对法治的具体含义有着不同的归纳概括。归根结底，法治就是一种能够有效调节社会、国家、个人以及平等主体交流市场的规制力。良法才能实现善治，良法是善治的重要

---

① 戴小明：《区域法治研究：价值、历史与现实》，《中共中央党校（国家行政学院）学报》2020年第1期。

基础和前提，善治是良法的最终追求效果。只有国家的成立和运转依靠法律、人民权利保障信任法律，以科学有效的立法推动严格规范的执法，用公正高效的司法实现全民法治信仰，才能真正建设形成全社会尊法、学法、守法、用法的法治社会。

习近平总书记指出，"实施区域协调发展战略"，"建立更加有效的区域协调发展新机制"。① 黄河战略所包含的省区，符合区域法治中区域的内涵，正是通过区域法治建设，实现区域协同发展的重要实践地。在黄河流域生态保护和高质量发展重大国家战略中落实法治，就是依照黄河流域这一典型的区域特征，发展区域法治，实现以河流为纽带的连片地理区域的高质量发展，社会治理的科学有效，为中国式现代化提供区域法治建设的示范样本。围绕黄河流域生态保护和高质量发展重大国家战略展开的国家层面立法《黄河保护法》已经于 2023 年 4 月 1 日生效，这是我国第二部以大江大河流域发展为对象的法律。围绕黄河流域生态环境保护，上下游、左右岸、干支流各地区、各部门，都在探索协同立法、联合执法、司法协作以及联合普法宣传等机制，为黄河流域生态保护和高质量发展法治保障提供更多创新样本，为区域法治建设提供更多实践参考。

二 区域法治的意义

区域是国家整体的有机组成部分，区域法治是法治国家制度统一前提下的地方治理探索和制度集成。我国幅员辽阔，地形地势复杂，各民族风俗习惯各异，最主要的是地区经济社会发展程度不一，自然资源禀赋也有很大差异。在这种前提下，一味强制进行法治的机械统一，势必会造成不必要的社会纷扰或动荡。中国特色社会主义法治建设最终体现的还是中华传统优秀法律文化，以实现中华民族的永续发展为根本目的。我国的法律制度不论最初制定还是实施过程，在一些特定区域都需要结合本地特点，进一步制定实施细则或者具体执法司法裁量标准；而国家层面的立法，也是通过不断在各地各区域开展调查研究，集合全体民智之后的综合考量。发展区域法治是为国家统一法律制度做实践探索，社会主义法治国家进程

① 习近平：《决胜全面建成小康社会，夺取新时代中国特色社会主义伟大胜利》，《习近平谈治国理政（第三卷）》，外文出版社，2020，第 26 页。

的推进，也需要区域法治建设的共同努力。

（一）区域样本为全国性措施提供参考

省域与黄河流域都是区域的表现形式，由省域治理的意义和作用可推及黄河流域协同治理的意义和作用。省域治理现代化是国家治理现代化的重要组成部分，完善省域治理体系，提升治理能力，推动省域治理向现代化迈进，构建城市治理共同体，提升城乡基层治理水平，持续巩固拓展脱贫攻坚成果同乡村振兴有效衔接、数字治理升级与社会治理数字化转型，加强风险治理预警防控，运用制度应对风险挑战的冲击，实现中央和地方关系治理现代化等，是国家治理现代化的基本要义。[①] 具体到黄河流域生态保护和高质量发展这一重大国家战略的实施，以大河为基础的流域治理，也是运用区域法治实现区域治理高质量发展的重要实践。黄河是一条不断奔涌向前的河流，从西部发源到东部入海，在中间不断吸纳着各支流输送的水资源，从西部第一阶梯次第向东流淌时，经过了从高山草原到高原山地再到平原的不同地质地貌，每一段黄河、每一条支流，在每一边河岸，都有着不同的自然地理和人文生活特征。在黄河流域统筹协调上下游、干支流、左右岸在黄河战略法治保障中的团结协作，就是落实区域法治建设、实现区域治理的重要途径。近年来，黄河流域作为一个区域开展合作时形成的政府间行政协议、行政联合执法形成的执法协作机制、联席会议机制、工作会商机制、河流水质"对赌协议"等越来越多的区域间法治合作，都是为全国性的流域、区域治理法治化提供实践样本。全面依法治国的推进实践，就是各地方政府法治实践的提炼总结，在把握普遍规律的基础上实现各方面工作的法治化，以法治化促进工作协调统一，形成工作合力。

（二）法治基础性作用在区域治理中的本土化体现

黄河流域有 9 个省级政府，流域治理法治化就是 9 个省级政府治理法治化的有机结合、协调整合。因为在国家治理体系中，省级政府是地方政府的最高层级，即"国家之下、地方之上"。省域治理归属地方治理，却是国

[①] 戴小明：《法理·法意·法治——法治中国建设与区域法治研究》（增订版），北京大学出版社，2023，第509页。

家治理的关键层级，或辖域面积广阔，或人口数量庞大，或资源禀赋独特，或所处区位特殊，或民族构成多元，[①] 这些特性决定了国家法治的统一，需要考虑和应对这些流域相关省级政府治理区域内的特别法治需求，从所有特别法治需求中寻求最普遍的需求，才能真正形成法治国家建设的基础性法律制度。而区域治理中的法治化探索，也是充分结合本地区经济社会发展进程、特点以及未来目标制定的一种沉稳有效的社会治理举措。黄河流域生态保护和高质量发展的法治保障，是流域相关省区各级政府通过不断的地方立法协作、执法协作、司法协作和法治宣传协作来推进的，有了各地区在法治方面的协作，才可能实现黄河流域生态保护和高质量发展的法治保障。区域法治是国家法治的重要基础和重要制度的"实验田"，法治关于国家治理各方面的法律和规则是站在全国高度对普遍现象的统一性、原则性规定，具体到区域，还是要以原则性法律规定结合当地的经济社会发展状况、风土人情等历史传统，形成适合本地特色的实施细则。在各省级政府实施细则的实际运用中，还会根据区域治理中的不同情况及时调整治理手段，形成更为成熟的区域治理法治化成果，可以让国家层面的法治建设作为重要参考，进一步建立健全国家的法律和制度，形成更加统一的社会主义法治体系。

三　黄河流域法治有必要适用区域法治理论

区域治理与流域治理相结合是黄河流域整体保护、系统治理的必然要求。法治是现代社会治理的基本方式，黄河流域法治的整体效果、系统推进亟须沿着区域法治与流域法治相结合的思路采取具体措施。

（一）　因应黄河流域跨越 9 个省区的自然特征

黄河是大河，上下游连接着不同的行政区域，以黄河流域连接起来的行政区域属于区域法治的范畴。自黄河流域生态保护和高质量发展被确立为重大国家战略以来，各地区结合本地黄河河势、水势、山势等不同特点，创设出不同的工作方式。河南省作为黄河中下游的典型省区，省内各地市在黄河流域区域地位的不断转换是开展黄河生态保护跨域法治的基础，也

[①] 戴小明：《法理·法意·法治——法治中国建设与区域法治研究》（增订版），北京大学出版社，2023，第510页。

是黄河流域的整体性特征要求。某些地方根据河流的流域整体性特征，持续加大流域各地区的协同立法、执法、司法和法治宣传合作力度，形成了全方位的法治保障协调机制，产生了流域发展法治保障的特色方案。上下游协同立法，解决了地方立法各自为政、只考虑本地区经济发展或社会利益的传统视野狭窄的问题，使地方各项立法在衔接、互相结合适用上有机统一。流域各地联合协同执法，解决了传统意义上执法无法克服的地方保护、超越执法地域范围等长期存在、影响黄河流域生态保护等一系列顽固问题。区域司法协作机制的建立，针对不同地方对黄河造成同质损害的生态环境违法犯罪行为，形成了同案同判、司法审判标准有机统一的公正司法新局面，为国家法治统一贡献了力量。黄河法治文化带等法治宣传集群建立后，各地结合自身经济社会发展特点以及区域居民构成等特征，结合各自传统地域文化开展黄河流域生态保护法治宣传，真正使民众感受到了法治传承弘扬中华优秀传统法律文化的强大力量。黄河流域依法治理的成功经验便可推及长江流域、珠江流域，结合流域自身特点少走弯路，更高效实现流域社会治理的现代化、法治化。而长江流域、珠江流域等流域法治建设的先进经验也可以成为黄河流域生态环境保护和高质量发展协调机制吸收借鉴的重要参考。这些区域或流域法治建设的经验探索，就是国家加强推进法治建设，推进全面依法治国，让人民群众充分感受公平正义、社会实现公正平等的重要基础。

（二）促进黄河流域法治效能跨区域提升

法治是治国理政的基本方式，在国家治理中发挥着固根本、稳预期、利长远的重要作用。法治的生命力在于实施，而法治实施的过程又不是机械要求的统一行动。在区域治理中，特别是在黄河流域各省区的流域治理中，更需要有一种以流域为整体的全局性思维，通过流域内各省区的区域化法治协作形成流域生态保护和高质量发展的法治保障。黄河流域上游为西部省区，需要关注黄河源头的生态保护，用生态价值衡量其对整个流域发展的重要贡献，而在这一过程中因不能发展工业等现代化产业而导致的经济损失，由其他中下游发达省区以生态补偿的方式加以弥补，这样就使整个流域在生态环境保护平衡的同时经济发展也得到平衡。具体到黄河中下游特别是下游省区所在的河南、山东两省各级政府，就是要注重保障黄河的防洪安全，不断抬高的黄河河床对沿岸群众来说是悬在头上的达摩克利斯之剑。下游省区需要通过法治方式和法治方法实现河道冲刷，不断降低黄河流域发生洪水等灾害的风险。其中禁止非法采砂，实现黄河河道河势可控，有序安排黄河取水，保证生态下泄为河道湿地等提供有效径流，都需要两地政府通过协同合作，制定地方政府间协议或者开展立法协作，形成保护此段流域的地方法治保障体系。故而黄河流域相关省区开展地方立法、执法、司法及法治宣传的协作，就是在区域层面落实国家法治要求，实现黄河流域生态保护和高质量发展法治保障的重要本地化举措。

　　具体到黄河流域（河南段），上游的陕西省有相对较大支流，进入河南省境内支流越来越少且水量偏小，特别是进入下游之后，由于进入中部平原，水流速度减缓形成平缓的河床，泥沙淤积导致河床抬升，几千年来都是地上"悬河"。这样的河势、水势、沙势给黄河流域（河南段）法治化治理提出了很多重大挑战。与位于上游的陕西省合作，减少三门峡库区泥沙淤积对陕西省渭河等河流水位的影响；与位于对岸的山西省合作，形成黄河在中游段的生态湿地稳定调节生态环境；与位于下游的山东省合作，形成下游应对"悬河"危险的省际合作。这些合作中最有效的机制是执法方面的联合执法合作，形成对黄河流域生态环境违法犯罪的高压打击态势，起效快且明显，黄河战略确立以来几个省区在执法方面的协作已经显示出很大成效。执法方面的成效，最终还需要通过把这些成熟机制确立为跨省区的区域法律法规，形成普遍约束力，才可以为依法正常开展后续工作提供保障。流域相关法律制度的确立，也可以为黄河流域生态环境保护相关的司法案件提供法律保障，进而更好地实现黄河流域生态保护和高质量发展的法治保障。

第二节　明确黄河流域跨域法治的总体要求

　　黄河流域作为一个特别的区域治理对象，必须以其本身自然特征为基础，坚持科学的治理指导思想，树立黄河流域协调统一的整体性思维，上下游、左右岸和干支流统筹联动开展流域治理工作。在流域治理的法治化进程中，坚持以习近平新时代中国特色社会主义思想为指导，在法治框架和法治范围内做好黄河流域生态环境保护、地区经济社会高质量发展、黄河流域文化遗迹遗址以及非物质文化遗产保护等工作。

一 坚持科学指导思想，构建黄河流域跨区域法治保障体系

（一）思想是行动的先导，举旗帜、定方向才可以行稳致远

中国共产党领导的中国特色社会主义现代化进程能够取得丰硕成果，是因为一直以来坚持先进的、科学的指导思想，一步一步带领全国各族人民得到解放，建设中国特色社会主义国家。中国共产党成立以来，以马列主义、毛泽东思想、邓小平理论、"三个代表"重要思想以及科学发展观、习近平新时代中国特色社会主义思想为指导开展革命和社会主义建设，引领我国改革开放，实现国力大幅提升。特别是党的十八大以来，以习近平同志为核心的党中央审时度势，以更大决心全面从严治党、全面依法治国，马克思主义中国化的理论成果又一次实现科学飞跃，产生了习近平新时代中国特色社会主义思想。

（二）坚持习近平法治思想在黄河流域法治保障中的指导性地位

2020 年 11 月，中国共产党历史上首次召开的中央全面依法治国工作会议，将习近平法治思想明确为全面依法治国的指导思想。习近平法治思想坚持以人民为中心的根本立场，坚持法治为人民服务。进入新时代之后，中国社会主要矛盾已经转化为人民日益增长的美好生活需要和不平衡不充分的发展之间的矛盾。人民群众对民主、法治、公平、正义、安全、环境等方面的需求日益增长。因此，法治建设要积极回应人民群众的新要求、新期待，研究和解决法治领域人民群众反映强烈的突出问题，不断增强人民群众获得感、幸福感、安全感，用法治保障人民安居乐业。中国社会主义制度保证了人民当家做主，也保证了人民在全面推进依法治国中的主体地位。这是中国的制度优势，也是中国特色社会主义法治与资本主义法治的根本区别。

（三）坚持以人民为中心确保形成法治保障合力

习近平总书记强调，"生态环境保护和经济发展是辩证统一、相辅相成的"①。党的十八大以来，面对全球性生态环境问题以及我国经济社会发展

---

① 习近平：《努力建设人与自然和谐共生的现代化》，《求是》2022 年第 11 期。

和生态环境保护的迫切需要，以习近平同志为核心的党中央紧紧围绕以人民为中心的发展思想，顺应时代发展趋势和人民对美好生活的向往，把生态文明建设纳入中国特色社会主义事业"五位一体"总体布局，强调要正确处理经济发展同生态环境保护的关系，创造性地提出一系列富有中国智慧的生态文明思想与理念。① 黄河流域生态保护和高质量发展重大国家战略的提出，便是以习近平同志为核心的党中央强调生态文明建设、发展中国特色社会主义伟大事业的重要决策。为保证这一重大国家战略的实现，以人民为中心的发展思想是根本立场，坚持运用好习近平法治思想，把法治保障贯穿黄河流域生态保护和高质量发展的全过程和各个方面、各个环节，是保护好黄河、发展好黄河流域经济，实现人民安居乐业和国家长治久安的重要方面。黄河流域法治建设需要遵循黄河流域的自身特征，结合各省区及其内部地市的经济社会和文化特点，以跨区域法治体系建设为工作重点，通过跨域立法协作、联合执法、跨域司法协作以及法治宣传联动等，形成跨域法治保障的合力。

二　树立流域整体思维，统筹协调开展黄河流域保护、治理与开发

（一）坚持流域生态保护和高质量发展法治保障的整体性理念

在国家法治整体要求下，黄河流域生态保护和高质量发展是一个系统战略，流域整体的特征决定了需要更加细化、针对性更强的法治保障举措。在黄河流域生态保护和高质量发展法治保障中坚持整体理念，就是要协调流域各省区行政机构各分设部门等与黄河水利委员会及各河务局之间在职能联系、运行要求、推进方略上的整体性，同时强调多部门、多层级、多区域一体般的整合性。黄河流域每一段河道、每一条支流、每一片河岸，都有着与其他河道、支流、河岸不同的特征，树立整体性法治保障理念，就是需要根据河道、流域片区生态保护和高质量发展需求，统筹黄河流域整体发展目标，就每一个方面的生态治理、保护、开发制定统一的发展规

---

① 申富强：《深入学习贯彻习近平生态文明思想 促进人与自然和谐共生》，《光明日报》2023年9月6日。

划。黄河流域生态环境保护和高质量发展法治保障从表面上看是一个以流域为单位的整体，但是其中还分布有不同的机关和由不同职能划分的不同单位。现代治理理念指导下的法治保障整体性理念，并不限于将政治国家视同为整体，它同时也涵盖了国家与社会结成协作整体的重要内容。《宪法》和法律围绕立法、执法、司法等机关与各类社会力量包括个体、社会组织等，所进行的权力与权利结构设计，是有关国家权力与社会权利平衡、对合、交互下的整体性设计。因而，黄河流域生态保护和高质量发展并不是某一机关或单位内部的事，而是在国家与社会整体性协同背景下，与各类社会主体开展深入协商和有效协作的法治实践。

（二）坚持流域生态保护和高质量发展法治保障的系统性理念

顶层设计是具体落实的总开关。做好顶层设计，是整个黄河流域生态环境保护重点工作坚持正确方向、快速高效推进的重要前提和保证。党的二十大报告深刻指出系统性、整体性、协同性是新时代全面深化改革的重要特征，是我国各领域改革向纵深推进的方法论。黄河流域生态保护和高质量发展重大国家战略的实现，取决于以黄河流域生态环境保护为基础的各类法治范围内的积极举措。各种法治保障措施在实施中，需要把黄河流域各省区、各单位视作一个系统，每一个地方、部门和单位，都为黄河流域生态保护和高质量发展重大国家战略的实施贡献力量，应在各项工作中把黄河流域系统的特点、关键点一一罗列，运用系统思维做好整体工作的顶层设计。习近平总书记在黄河流域生态保护和高质量发展座谈会上的讲话提出，"黄河生态系统是一个有机整体"，要"更加注重保护和治理的系统性、整体性和协同性"，并且要"坚持山水林田湖草沙综合治理、系统治理、源头治理"。[①] 黄河流域生态环境保护和治理就是要打破各管一边、各自为政的碎片化治理状况，系统化地将黄河流域上中下游、干支流、左右岸视同为一个整体，明晰统筹推进、全面施策和一体保护的深层机理，加强对黄河流域多区段、多要素、多层次保护和治理的通盘考量和整体规划。

---

① 习近平：《在黄河流域生态保护和高质量发展座谈会上的讲话》，《求是》2019 年第 20 期。

（三）坚持流域生态保护和高质量发展法治保障分工与统筹相结合，贯彻系统性、整体性、协同性理念

法治保障作为对黄河流域生态保护和高质量发展战略的基础性保障，各地区各部门在工作落实中更需要坚持好流域发展思维，把自身保护黄河的工作同整个国家重大战略有机统一起来。根据新实施的《黄河保护法》以及党在当前以及今后一个时期的治国理政总方针，在当前全面深化改革阶段，既要继续发挥传统的治理优势，又要着力强化新规则的制定和推行，增进对流域法治保障中多部门间的统筹协调，实现黄河流域法治的内在有机联系和相互贯通。在当前黄河战略实施的重要前提下，我们需要打破国家行政区域固有体制和思维，用流动的河水把各地各部门联系起来，进一步凸显黄河流域法治的统一。在各种法治保障措施中注重对黄河流域各生态要素共同特性和内在联系的认识和把握，注重对各生态要素贯通性、统一性、整合性的保护和开发。在有必要开发的河段，做好法治先行，为开发做好合法规划，防止先污染后治理、先开发后保护的短视行为；在需要保护的河段，从地方立法、执法到司法活动，都要以最严举措、最快速度、最公平司法环境来做好流域生态环境保护；统一战略实施前的开发破坏行为造成的后果，需要实施生态治理的，以前瞻性眼光规划好治理方向，避免简单机械的表面化治理，要根据流域生态保护需要做好具有地方法治保障特色的治理工作。同时，还要以统筹的观念审视法治保障中各地区执法联动合作、司法协作系统推进、法治宣传相互推进等工作，通过各地方、各部门之间的联系和互动，提升黄河流域生态保护和高质量发展法治保障整体水平。

三　把握黄河主要特征，解决影响水沙调节和水资源综合配置的实践难题

（一）解决黄河中游、下游转换区带来的泥沙治理问题

黄河自三门峡进入河南省域内尚未出峡谷，河道稳定性强且受河道地势影响流速快，泥沙沉积影响不大。三门峡大坝形成的库区对黄河泥沙沉积起到了推进作用，但是各种科学手段的运用使三门峡大坝泥沙沉积情况基本得到了控制。而从郑州桃花峪开始进入下游河道的黄河，因为进入了

一马平川的平原地带，河道落差小导致水流速度减缓，泥沙因此而淤积，河床提升，地上"悬河"势头不易控制。近年来随着三门峡、小浪底以及各湖泊联合调水调沙等综合治河策略的施用，黄河下游河道河床上升停止，甚至有一些河床因调水调沙时期高速水流的冲击有下切势头。河道下切缓解了黄河下游河水泛滥发生洪水的危险形势，但是也出现了河床裸露、沙地渐多、黄河滩区泥沙需处置等问题。黄河泥沙是上好的建筑材料和生产原料，但是如何在黄河下游河势发生变化的当下做好泥沙资源的有序开发，真正实现在采集泥沙资源的同时又不损害黄河流域的生态环境，难题尽显。总之，做好黄河下游泥沙处置，还是需要因地制宜，同时坚持法治化道路。黄河河道采沙已禁止多年，此种行为对黄河河道以及整体流域生态环境的破坏潜在风险巨大，不可能贸然恢复河道采沙。而三门峡、小浪底等水库的泥沙处理问题也是困扰库区管理的重大难题。泥沙资源化利用，必须坚持依法开展、循序渐进原则，从小的地点试点，通过试点经验的积累，进一步扩大规模，在具备立法规定的节点让法律法规跟进形成制度，让法律制度发挥作用，真正实现稳预期、利长远的法治效果。比如在库区泥沙处置中先行试点抽沙、挖沙等不同的泥沙处置手段，经过一段时间试行后做出严格的环境影响评价，此后根据评价结果科学论证选取更加有效、对环境影响更小的处置方式，并在随后的立法、执法中及时跟进法律规范制度，形成库区泥沙处置的地方或区域立法，实现特色区域特别立法，以实现特别的流域地方生态环境保护目标。

（二）科学做好水资源的综合分配，提升水资源利用效率

黄河作为北方河流，是水资源禀赋严重不足的大河，因为中华民族传承发展的原因，黄河流域长期居住着大量居民。而作为靠近大河发展工业较早的流域，黄河流域水环境承载能力又不如南方等较大河流流域，传统的发展理念以牺牲水生态环境为代价换来了经济的发展，但并不可持续，随着黄河水生态环境的持续恶化，流域经济社会发展也受到了严重影响。虽然有较早的分水协议并由黄河水利委员会统筹各河务局对地方取水做规划性控制，但是黄河水量不足而用量需求大的现实还是不断威胁黄河流域生态保护和高质量发展重大战略发展目标的实现。近年来，黄河流域出现的各类占用宝贵用水指标搞水生态观光、单纯发展旅游等问题，是黄河水

资源分配方案老旧、需要重新评估分配的现实反映。黄河每年的径流量相对固定，上游取水用水更多就意味着下游分配指标用水总量会减少，可能进一步影响一些需水类工业企业的生产，进而影响流域沿岸城市的经济社会发展形势和数据。从当前来看，需要通过科学的调查研究，了解黄河总水量，结合各水库和大坝对黄河水量的影响及作用大小，实现水量的科学分配、水资源的法治化保护。对西部地区为流域水量水质保护所做出的生态贡献，要让中下游地区真正通过生态补偿的方式弥补西部上游地区。这就需要制定黄河水量分配及水生态环境保护生态补偿相关的区域法律和制度规定，以实现这些工作的制度化运作，保证黄河水资源合理合法分配，实现黄河全流域生态保护和高质量发展协同推进。

四　保护传承弘扬黄河文化，挖掘中华优秀传统法律文化

（一）　创新载体传承弘扬黄河文化

大河历史传承万代，黄河文化遗产多种多样且存在于不同地方，物质文化遗产和非物质文化遗产分别有着不同的传承和弘扬途径。如何让代表中华民族伟大思想的黄河文化遗产能够精神永续，法治保障必不可少，因为只有法治才是最为稳定的社会治理，才是文化遗产得到保护、其中精神得以永续传承弘扬的最稳定保障。河南省有着厚重的历史，更有着尊重历史、重视文化遗产保护的传统，河南博物院是国内最早建成的博物院，黄河博物馆也是流域上比较早建成的专项展示博物馆。黄河文化保护传承弘扬工作应创新体制机制，提升保障水平；加大文化旅游资源整合力度，创新沿黄旅游景区和涉旅文物单位相融合的体制改革，建立多元投入经营机制；深化沿黄文化旅游市场综合执法改革，创新旅游市场监管机制；加大黄河文化保护传承弘扬专业人才培养力度；加大黄河文化保护传承弘扬政策与专项资金的支持力度。[①] 河南省要做到从立法到执法再到司法、法治宣传都十分注重黄河文化遗产的保护传承弘扬，致力于从地方角度为全流域甚至全国其他流域文化遗产的保护提供河南经验。

---

① 彭飞：《马珺：加强黄河文化的保护传承》，《法人》2021 年第 3 期。

（二）深度挖掘中华优秀传统法律文化，做好黄河文化遗产法治化保护

作为中华民族起源发展的重要区域，我们的先民在河南省所在的黄河中下游创造了黄河流域富有特点且光辉灿烂的中华传统文化，在历史长河中更是积累了丰富的中华优秀传统法律文化。如何把历史上形成并丰富起来的黄河法治文化系统梳理和传播出去，实现中华优秀传统文化特别是法律文化的传承弘扬，是黄河流域区域法治建设的重要内容。从历代治河名吏到黄河流域的法治文化传说，都富含了中华民族的人本法治思想，得民心者得天下，只有在法律制度建设和实施中始终坚持以人民为中心，才能推动黄河战略实施特别是黄河文化的保护传承弘扬。近年来，河南省在黄河流域生态保护和高质量发展重大国家战略背景下，不断提升生态环境保护、文化遗产保护等工作水平，相关部门在黄河文化遗产保护方面做了大量卓有成效的工作，并取得了明显成效。特别是近两年各种 IP 的开发，使黄河文化传播到了世界各地，河南省黄河文化遗产保护传承弘扬效果得到了世界认可。然而，河南省黄河文化遗产保护的系统性、整体性、协同性和区域平衡性等都还有待进一步提高。在接下来的工作中，只有认真贯彻落实习近平总书记关于加强黄河文化遗产系统保护的指示精神，进一步创新黄河文化遗产保护协调合作机制，通过区域法治合作提升检察公益诉讼和法院协同审判水平，加大信息化建设力度，不断提高文物保护展示利用整体水平，积极探索更多让文物"活起来"的方式方法，正确处理保护展示与开发建设之间的矛盾，才能使黄河文化遗产保护真正内化为自觉行动，才能为实现黄河文化保护传承弘扬提供重要前提和有效支撑。

第三节　强化黄河流域跨域法治的核心举措

跨域法治突破了区域治理的地域行政区划范围，需要在以省区为基础的传统国家治理区域划分基础上，以法治思想统一性为要求，按照流域法治的统筹协调理念，重点做好流域内各省区之间的立法协同、执法协调、司法协作和法治宣传合作。通过一系列跨域法治协同举措，实现流域内立法冲突得到协调、执法效率得到提升、司法公正更进一步实现、法治宣传效果更深更实。

一　探索跨域协同立法，协调黄河流域地方利益冲突

（一）探索加强黄河流域地方立法合作

以黄河流域各地方为主体的地方立法合作，是推进建立全国统一自由大市场前提下的重要行动。流域本身是一个完整的自然生态区域，但是由于国家治理中行政区划分而被人为分割成了不同的行政区域。各地方政府的政策规范等首要考虑本地经济社会的发展，导致流域统一性被打破，出现了流域内不同行政区域甚至存在完全相左的地方政府政策规定，"多龙治水"现象也就普遍存在。

河南省内以及省际各地方政府之间关于黄河流域生态保护和高质量发展的协作，多年来一直停留在黄河流域生态环境及水资源执法、打击涉河违法犯罪等方面形成的各种联合执法机制、联席会议制度或者执法合作机制。这些机制是一种临时性的、约束效力不高的地区间协议，属于行政协议性质，作用的发挥需要双方共同遵守协议，没有法律法规制度的规范性及有效性。为了实现黄河流域生态保护和高质量发展上地方立法合作的协同规范，有必要建立黄河流域区域间地方立法的合作机制。立法是一个非常复杂的各方利益博弈过程，首先是地方之间的利益博弈，采用什么立法形式、如何开展合作、建立一部什么样的区域地方性法规，都是各地方立法机关从本地区经济社会发展的立场出发，不断谈判、妥协并最终形成统一认识的过程。

（二）协调各地市立法机关就生态环境保护专门立法，为更高层级协同立法提供实践样本

新《立法法》实施以来，更多设区的市级行政区可开展生态环境保护相关的地方立法，黄河流域生态保护和高质量发展的核心是流域生态环境保护，各地方立法机关关于此问题的地方立法活动正是结合本地实际开展法律规范探索的重要实践。跨区域的黄河生态保护立法，是需要解决的核心问题。在实践中，要抓住流域地方立法机关普遍关心的水资源保护、水生态环境保护以及水资源分配等重点领域，通过平等有效的沟通协商，在地区内部形成科学有效、各方遵守、符合规律的区域合作法律文件。

地方间的立法合作由于各方利益出发点不同而可能存在冲突，但是只

要黄河流域各地在立法协作中坚持了系统性、整体性和协同性思维，在一些冲突中通过求同存异解决方向性问题，就是实现地方协同立法的实质性进步。而对于一些冲突中的细节性问题，还需要各方在具体的实践中进一步通过磨合或者利益的取舍，实现最终立法文件的实质性协调统一。黄河流域中跨区域协作立法，不仅要解决流域内各地方之间的治理理念冲突问题，还要解决地方政府之间存在的地方保护问题。河南省在黄河流域地方立法协调机制中的探索，就是以河南省黄河流域生态保护和高质量发展为一个小的全局，通过协调各地利益、展现地方特色，实现省内流域协调立法。黄河流域生态保护和高质量发展法治保障是一个重大国家战略的法治保障课题，需要统筹协调黄河流域9省区的各方面工作，以协调性立法实现高效区域协调法律制度供给。这些立法层级的差别，一方面可以降低地方立法中协调的难度，另一方面可以由低层级地方立法协作为高层级的地方立法协作提供实践样本，最终实现国家层面黄河流域生态保护和高质量发展法治保障的协调统一。

二　加强跨域执法协作，推进黄河流域生态环境保护执法协作机制建设

（一）强化黄河流域生态环境保护协同执法理念

1. 树立源头性、前瞻性执法理念

一是要认清黄河流域出现各类生态环境保护问题的根源是在流域。习近平总书记在黄河流域生态保护和高质量发展座谈会上的讲话，深入根源探究黄河流域生态环境保护及治理中面临的问题。制定黄河流域各类问题的治本之策，就要放眼于流域，深刻洞察黄河流域困难和问题的成因。黄河流域特别是重要支流生态污染现状也是黄河流域工业、城镇生活和农业面源三方面污染共同作用的结果。做好黄河流域生态环境保护，重点要做好流域生态环境保护执法，通过严格执法使流域生态环境保护深入人心。二是要注重黄河流域生态环境保护执法的源头治理。治水要溯源，从源头抓起才可能系统有效地实现水流的科学高效治理。黄河流域生态环境保护的工作重心要由当前关注河道、河岸向关注流域的广阔层次延伸，由针对污染损害结果的执法模式转向追溯到风险源头的执法模式。黄河流域生态

环境保护执法，要通过完善黄河流域水源涵养、生态培育、综合治理等方面的法治配套举措，实现流域生态环境保护的法治化。另外，还要对那些具有重要生态功能的湿地、森林等生态系统实施生态保护红线管控执法。要进一步着力推行生态执法管控，制定并推行有关资源过度开发利用、过度旅游等过度人为活动的执法标准，深入开展退化区域封禁保护、封育造林和天然植被恢复等一系列生态保护修复执法工程。三是要注重对黄河流域生态环境保护执法协作中流域保护与发展面临风险的总体把控。对黄河流域特别是河南段黄河的生态环境保护，一定要树立风险意识，对黄河流域保护与发展面临的总体风险加以把握和梳理，通过对黄河流域保护和发展风险动向的敏锐捕捉，做好黄河流域相关执法制度的前瞻性设计。另外，黄河流域生态污染管控要由污染承载领域向污染源头领域扩展，包括建立与工矿企业生产端口、居民家庭生活端口、农业生产初级场地靠前对接的污染风险防控执法体系，改进端口监测工具，提升在线监测技术，构建与水资源总量控制和承载力预警相适应的精准执法机制等。

2. 树立系统性、整体性执法理念

一是做好黄河流域生态环境保护执法系统性顶层设计。习近平总书记在黄河流域生态保护和高质量发展座谈会上提出"黄河生态系统是一个有机整体"，要"更加注重保护和治理的系统性、整体性和协同性"，并且要"坚持山水林田湖草沙综合治理、系统治理、源头治理"。[①] 黄河流域保护和治理就是要打破各管一边、各自为政的碎片化治理状况，将黄河中下游、干支流、左右岸视同为一个整体，明晰开展统筹推进、全面施策和一体保护的深层机理，加强对黄河流域多区段、多要素、多层次保护和治理的通盘考量和整体规划。二是做好执法分工与统筹相结合。根据《黄河保护法》以及河南省黄河流域生态保护执法实践需求，在现阶段既要继续发挥传统执法分工的治理优势，又要着力强化执法区块间和部门间共同规则的制定和推行，增进对多部门间执法的统筹协调，实现执法的内在有机联系和相互贯通。系统性、协同性执法要以统筹的观念审视执法部门分设、职权分解的体制，为各地方执法部门相互间执法联系和职能互动制定统一的制度规则和工作方案，探索推进成立综合性执法组织机构，开展执法权能的整合性设计，

---

① 习近平：《在黄河流域生态保护和高质量发展座谈会上的讲话》，《求是》2019 年第 20 期。

试行执法人员队伍的统合性管理，实施执法资源的统一配置和集中管理。三是在权力与权利的结构设计优化中坚持整体性理念。黄河流域生态环境保护执法从表面看是一个整体，但是其中还分布有不同的执法机关和不同执法职能以及不同的执法目的。现代治理理念指导下的执法整体性理念并不限于将政治国家视为整体，同时也涵盖了国家与社会结成协作整体的重要内容。执法体制和执法机制建设并不只是执法机关内部的事情，而且是在国家与社会整体性协同背景下，与各类社会主体开展深入协商和有效协作的治理实践，执法本身亦成为国家与社会一体性互动协调运作的具体体现。

3. 树立协作联动执法理念

一是由执法系统性衍生出执法协作联动理念。黄河流域生态环境保护执法的协作联动表现为横向协调机构及有关制度规范对纵向平行分支机构间规范、行动及资源的统筹。横向协调机构要明确其促成各分支机构协同的法定职责，通过协同合作理念的落实，在方针确立、政策指导、规则制定等多个方面，为各分支机构确立共同的理想远景和价值目标。黄河流域横向协调机构就是要为各执法分支机构确定协作原则和协作规范，将协作性纳入执法机构运行的基本要求，并为各部门协同划定流程制定、责任设计、资源分配、队伍建设等方面的制度底线。同时，要对联合执法的组织、运营、考核、监督等各方面事务加以规定。二是由执法整体性衍生出执法协作联动理念。严格执法在法治国家与法治社会建设的整体架构内开展的落实法律规定的行动，无论在执法系统内部，还是在执法系统外部，都犹如一个整体一般，执法协作联动必然蕴含整体的协作联动，执法行动也成为国家与社会交互协作联动的现实表现。比如，执法巡查并不只是执法机构的单一职能活动，而且是肩负着行政执法、刑事司法、公益诉讼、民意诉求等整体性、多重性、衔接性线索搜集的活动。执法决策不是执法机构闭门造车的封闭行动，而是融合了执法内部、检察监察等专门监督、人大政治监督等多重权力体系的整体性制度活动，更是公平听取各方意见、接受内部和外部各方面监督的整体性参与行动。三是执法联动是执法系统及各要素之间的联系和互动。执法系统内部、外部并非分割对立，而是相互交织、互相联系的，执法各要素之间也并非孤立存在，而是互为关联的。执法协作是由敞开线索收集、执法巡查跟进、流程有机衔接的全链条组成，各线索要素在各执法机关以及监察、检察等机关之间依照职权分工而得到及时分流和处置。执法协作联动也是执法权力运行及其本身所接受的全方位、立体式的参与和监督，执法与外部多主体，包括政府机构、公众及社会组织保持畅通的协商和沟通，相应的制度机制也伴随执法全过程而运行。

（二）持续推进河南省黄河流域生态保护执法协作机制建设

1. 建立完善省内外黄河流域生态保护执法与检察公益诉讼协作机制

一是要深入贯彻落实习近平总书记关于治水的重要讲话精神。习近平生态文明思想、习近平法治思想为黄河流域生态环境依法保护提供了重要理论支撑。检察机关提起公益诉讼制度是党中央做出的重大改革部署，通过行使公益诉讼检察职能，检察机关履行好职能等探索，加强了检察机关在推进国家重大战略发展进程中的地位和重要作用。党的十九届四中全会明确要求拓展公益诉讼案件的范围，完善生态环境公益诉讼制度。水生态环境特别是黄河流域生态环境保护检察公益诉讼工作的开展，可以让流域各级政府机关、各相关单位及人民群众更进一步树立保护黄河"母亲河"的意识，助推在法治轨道上实现黄河流域生态环境保护执法的现代化、科学化、高效化。二是加强水行政执法与检察公益诉讼的协作。这一工作的重点在于建立一个行之有效的协作机制，共同打击黄河流域水事违法行为，强化黄河水利以及水生态环境的法治化管理，在法治轨道上推进黄河水利治理能力和水平不断提升。协作机制重点在防御黄河流域水旱灾害、推进水资源科学管理和相关河湖区管理以及水利工程管理等重要领域形成合力。通过建立重点领域重点案件的会商研判机制，定期召开联络会议，会商分析研判区域内水资源保护违法案件，统一做出协调性处理结果。通过采取联合执法、司法专项行动，推进黄河水上秩序安定有序，对黄河流域相关环境资源违法问题线索开展深入调查，由执法机关挂牌督办，以求最终达到良好效果。通过建立线索移送和联合调查委托取证制度，实现黄河流域水行政执法机关单位与检察机关的业务联系，出现问题线索后以最快速度和最扎实证据予以移交审查，接受检察机关公益诉讼业务的监督。三是建设检察公益诉讼与黄河流域水生态环境保护等相关行政执法机关的协作机制。要通过协作机制解决行政机关"单打独斗"式执法所存在的制度性漏洞和运行缺陷，把行政执法的强势单一黄河流域生态环境保护模式转化为行政执法与检察公益诉讼司法程序双轮驱动、协调联动的良好运转机制。

实践中检察公益诉讼积极参与黄河流域生态环境保护执法以及执法监督，在执法机关不作为、慢作为以及乱作为的情况下，积极介入相关案件处置，取得了良好效果。

2. 健全完善黄河流域水生态环境保护综合执法工作机制

首先，就实施《黄河保护法》的综合执法工作制定地方配套实施细则。《黄河保护法》作为黄河战略实施的总领性法律，需要河南省在具体的黄河流域生态保护和高质量发展实践中不断充实、具体，制定可操作性强、实施保障力度大的地方性法规。地方性法规立足黄河全流域整合，以全流域资源高效利用、环境质量改善、生态健康安全、经济转型升级、城乡均衡和谐发展为目标，立足长远利益，针对实现黄河流域大保护、大治理，高水平保护和高质量发展协同建设要求，突出流域生态系统整体性、系统性、协同性保护治理，坚持生态优先、绿色发展，以水而定、量水而行，因地制宜、分类施策，在处理好与其他现有立法关系的基础上，结合地方实际制定富有地方特色的实施细则，以指导地方综合行政执法实践。其次，系统整合流域有关行政执法队伍及执法力量，通过冲突协调机制解决区域间执法不统一问题。省级及以下行政执法机关根据地方性法规规章和工作需要，进一步整合地方有关部门污染防治和生态保护执法职责，交由综合执法队伍统一行使。① 对相同条件下的流域各地区要坚持法律法规、地方性法规的统一适用，避免明显的冲突。对本区域内行政执法机关之间或同一执法单位在不同区域之间的执法冲突，交由上一级共同的行政主管部门寻求解决。通过开展执法协作、司法协作实现跨地域、跨部门执法案件、司法案件的依法办理，起到应有的社会预防和教育效果。最后，用流域发展思维指导黄河流域生态保护执法绩效考核。牢固树立流域发展思维，对某一地区综合行政执法成绩的考核不能单纯以本地相关环境监测指标为唯一依据，还要综合流域发展特点和水生态环境保护特点，考虑上下游、左右岸、支流对本地区环境监测指标的消极影响，更要将流域内河湖等生态环境监管纳入黄河流域生态保护执法考评体系，促使形成"一盘棋"的执法思维，做到支流、河湖水生态环境高标准保护，黄河干流各类污染物汇入减少，自然实现

---

① 李爱年、陈樱曼：《生态环境保护综合行政执法的现实困境与完善路径》，《吉首大学学报》（社会科学版）2019 年第 4 期。

了黄河主河道的生态保护，最终顺利实现流域生态环境保护的大目标。[①]

3. 建立完善地方政府间黄河流域生态环境保护执法协作机制

黄河流域生态环境保护行政执法权作为保障《黄河保护法》实施、维护黄河流域生态环境的重要行政权力，除黄河水利委员会外，流域内各级政府是对这一执法权限的主管和授权部门。黄河上下游、左右岸以及干支流之间存在复杂多变、形态各异的涉水生态环境保护执法形势，结合河南省黄河流域内各支流以及干流两岸分属于不同的行政区划，在对河道、河岸以及湿地等相关流域生态保护的行政层级上有不同的规划，导致黄河流域生态环境保护执法中存在一条河流、一个流域执法标准不一的现象。不同行政区划政府间的行政执法协作是解决此类冲突、实现各种执法行为和执法举措最终统一流域生态环境保护目的的关键所在。涉及各地方政府之间重叠、空余的执法部门，法律没有明确规定如何让这部分执法工作也顺利进行，为避免流域生态环境保护执法中出现漏洞，影响黄河流域生态保护和高质量发展国家战略的推进，地方政府间与黄河水利委员会地方河务局之间也可以运用类似行政协议对各自所管辖的执法范围在法律框架内做出更加详细的补充约定，使黄河流域生态环境保护执法机制更加灵活，执法行为覆盖更加全面，全流域生态更具可控性，各主体对执法的预期性有更加确定的判断。

三　深化跨域司法协同，以司法裁判统一标准引领黄河流域生态保护和高质量发展

（一）统筹协调刑事、民事及行政审判共同助推黄河流域生态保护和高质量发展

各地区人民法院在司法审判实践中要深入贯彻因地制宜、分类施策理念，立足整个黄河流域统筹谋划，注重流域生态环境全面保护、协同治理。审理涉黄河流域生态保护相关案件时，要全面落实预防优先、注重修复理念，统筹适用刑事、民事、行政法律责任，实现山水林田湖草沙综合治理，

[①] 李爱芹：《黄河流域生态保护和高质量发展法治保障问题研究》，《黑龙江省政法管理干部学院学报》2023 年第 6 期。

促进流域生态环境保护修复和自然资源合理开发利用。要充分考虑黄河上中下游生态环境差异,注重加强对省内黄河中下游滩区防洪、饮水、生态安全的司法保障。结合流域实际加大支流水污染治理力度,恢复重要河段湿地生态系统功能,提升流域内生物多样性,促进黄河流域生态环境进一步优化。通过各级司法审判机关严格落实责任,加强黄河生态系统的整体保护。刑事审判坚持最严法治观,依法惩处污染环境、非法采矿、盗伐滥伐林木、非法捕捞水产品等犯罪行为,与纪检监察、检察机关做好程序衔接,严厉惩治环境监管失职犯罪。行政审判加强对行政机关不履行环境违法违规行为查处职责案件审理,监督支持行政机关依法落实流域监管责任。进一步推进相关案件司法审判程序和法律文书公开,在全社会形成依法推进黄河流域生态保护和高质量发展的广泛共识。①

(二) 构建高效司法协作机制,协调、强化流域各地审判工作

河南省内黄河流域相关人民法院要统筹黄河流域生态环境和相关资源整体保护需要,深入推进环境资源刑事、民事、行政案件"三合一"归口审判机制改革。不断总结环境资源、知识产权、涉外等审判跨区集中管辖的实践经验,坚持改革创新,构建契合黄河流域生态保护和高质量发展需要的案件集中管辖机制。流域内各地方法院之间加强在立案、审判、执行方面的工作协调对接,实现黄河流域生态环境保护司法协作常态化。加强委托办理诉讼事项协作平台建设,在财产保全、调查取证、文书送达等领域加强协作。推进跨域立案诉讼服务改革,推动流域内各地方法院之间诉讼事项跨区域、跨层级协调联动办理。跨区域执行活动中,当地法院积极配合执行法院工作,发挥本地优势,出动警力配合执行,委托案件快速执行,实现案件快速执结,减轻管辖法院工作压力。② 要推进多主体之间协调联动,司法审判工作主动融入党委领导下的黄河流域社会治理体系,发挥环境司法与生态执法的协同作用,解决司法机关和环境行政主管部门之间沟通不畅的问题。在准确把握司法权边界的基础上,推动建立法院与检察机关、公安机关相互衔接、相互监督的协调联动机制,在证据的采集与固

① 周欣宇:《区域司法协作机制保障黄河流域美丽生态》,《中国社会科学报》2021 年 8 月 25 日。
② 周欣宇:《区域司法协作机制保障黄河流域美丽生态》,《中国社会科学报》2021 年 8 月 25 日。

定、案件的协调与和解、判决的监督与执行等方面做好衔接配合，统筹推进环境公益诉讼和解决跨区域环境纠纷。

（三）统一案件裁判尺度，推动消除流域内生态环境案件法律适用分歧

河南省黄河流域有关人民法院特别是集中管辖黄河流域生态环境案件的专门法院要在审理和裁判中坚持生态保护优先、注重自然修复的司法理念，实现黄河流域生态环境相关案件中裁判目的在本质上的统一。通过黄河流域相关案件办理，探索建立重大法律适用问题发现与解决机制，对涉及黄河流域生态环境案件，形成系统完备、规范高效的法律适用问题解决体系，及时组织研究和解决各地存在的法律适用标准不统一问题。与相邻省份地方法院以统一法律适用标准为目的，组织开展相关区域内重大争议事项协作会商，对于跨区域的重大敏感或疑难复杂案件，通过个案会商等形式，推动法律适用分歧的解决。通过持续发布省内有关黄河流域生态保护和高质量发展的司法审判典型案例，发挥案例的宣传引导作用，逐步推动省内、流域内裁判标准和裁判尺度的统一。针对一些新类型的环境资源民事案件，努力创新裁判规则，创新生态修复、惩罚性赔偿等多样化侵权责任承担方式。因地制宜，探索符合环境资源特点的非诉行政案件执行实施模式；分类施策，根据流域内不同的生态环境状况采取不同形式的执行措施。[①]

（四）健全司法审判机制，发挥河南省黄河流域生态环境保护案件巡回审判和集中管辖的重要作用

以黄河流域生态环境案件审判集中管辖为参照，大力探索以铁路检察现有机构队伍为依托，构建黄河流域跨区域生态环境保护检察机制，构建黄河流域生态环境案件的省内跨区域集中管辖机制，进一步强化国家整体意识，制止地方保护主义和干预司法行为。通过实行黄河流域各级法院和检察院对黄河流域生态环境案件集中司法管辖，大力打击涉及黄河流域生态环境、文化遗产遗迹以及非物质文化遗产等多方面犯罪，为实现黄河流

---

① 周欣宇：《区域司法协作机制保障黄河流域美丽生态》，《中国社会科学报》2021年8月25日。

域生态保护和高质量发展国家战略提供有力司法保障。

各地司法机关在财力、物力配置上要能够满足对黄河问题与相关案件整体把控的需要，统筹黄河流域生态环境和文化资源整体保护需要，深入推进涉黄河流域生态环境和文化遗产刑事、民事、行政案件"三合一"归口监督审判机制改革，保障黄河流域生态环境和文化遗产相关案件的司法公平与公正，保护黄河流域生态环境、文化遗产，推动全流域高质量发展。另外，强化黄河流域生态环境保护案件巡回审判，以巡回审判服务流域人民群众，高效解决有关生态环境保护刑事、民事、行政审判案件。可依托距离黄河较近的人民法院派出法庭或审判法庭，在黄河沿线探索设立黄河流域生态环境保护巡回法庭。通过原有法庭升级改造，加挂或换挂黄河巡回法庭牌子，在管辖黄河流域生态环境案件的同时，也可根据法庭审理案件的原有体系继续审理法庭原承担的审判任务。

四　加强跨域法治文化宣传协同，推动形成黄河流域法治宣传体系

（一）以《黄河保护法》为核心推进黄河战略实施的法治保障，促进法治文化宣传

法是善治之前提，法治的力量来源于民众对法治的信仰和拥护，法律的生命在于实施，而作为一部全新的流域法律，《黄河保护法》和《黄河流域生态保护和高质量发展规划纲要》都对传承弘扬黄河文化、保护黄河非物质文化遗产做了安排部署，其中包含的传承中华优秀传统法律文化，也是当前流域建设法治文化宣传集群，通过法治文化带建设推动《黄河保护法》等治河有关法律法规及规章文件等深入人心，共获遵守的重要抓手。我国的普法"五年规划"已经从第七个五年来到第八个五年，2023 年 4 月 1 日，《黄河保护法》正式实施，这是继《长江保护法》后第二部流域法律。这部法律的实施意味着黄河流域生态保护和高质量发展进入了法治轨道，习近平总书记提出的"共同抓好大保护，协同推进大治理"[1] 进入了有法可依的新阶段。全省要积极推进沿黄法治文化长廊、沿黄法治文化示范

---

①　习近平：《在黄河流域生态保护和高质量发展座谈会上的讲话》，《求是》2019 年第 20 期。

基地、法治文化作品三大品牌建设。提升各地法治文化示范基地的带动引领作用，创新法治宣传形式，提高广大干部职工学法、尊法、守法、执法水平，增强人民群众护河、管河、爱河意识。①

（二）因地制宜突出地方特色，建设黄河法治文化宣传集群

黄河在三门峡自陕西省进入河南省界，到濮阳市注入山东省，在河南省流经的 8 个地市有着不同的地方历史、法治文化。随着黄河流域生态保护和高质量发展战略被确立为重大国家战略，全国人大常委会表决通过《黄河保护法》并实施，河南省各地市司法局等普法责任单位将结合本地特色，不断创新形式，精选载体，通过梳理黄河历史古迹、讲好黄河法治文化故事，在核心景点周边布局，为黄河文化绣"法治花边"，做"法治导览"，营造"法治氛围"。通过持续的法治宣传，帮助沿岸民众逐渐形成尊法、学法、守法、用法的良好社会氛围，构建促进黄河流域生态环境保护和高质量发展重要机制，发挥法治建设保驾护航黄河安澜的有力作用。

三门峡市重点结合楹联文化、仰韶文化、函谷文化、甘棠文化、砥柱文化、地坑院文化、白天鹅文化等，因地制宜建设适合本地的法治文化品牌，通过把黄河流域生态保护和高质量发展法治保障主题不断融入当地黄河文化，提升黄河三门峡段法治文化的独特性和吸引力。郑州、开封、濮阳等地，也要结合本地黄河流域发展中的历史，挖掘黄河法治文化故事，讲述黄河流域生态保护和高质量发展的本地贡献，实现对黄河战略法治保障在法治文化宣传方面的重要担当。

---

① 郝宪印、袁红英主编《黄河流域生态保护和高质量发展报告（2021）》，社会科学文献出版社，2021，第174页。

第十章 普法宣传：厚植法治守护"母亲河"的文化根基

黄河是中华文明最主要的发源地，是炎黄子孙心目中神圣而伟大的"母亲河"。习近平总书记在 2019 年 9 月 18 日召开的黄河流域生态保护和高质量发展座谈会上提出要实现"加强生态保护治理、保障黄河长治久安、促进全流域高质量发展、改善人民群众生活、保护传承弘扬黄河文化，让黄河成为造福人民的幸福河"① 的目标。为了实现这一目标，就必须运用现代化的治理能力和治理手段，而法治是必由之路。

《黄河保护法》的出台，为统筹推进黄河流域生态保护和高质量发展提供了重要的法治保障，对以法治保障黄河成为造福人民的幸福河具有重要意义，而法律的权威源自人民的内心拥护和真诚信仰。《黄河保护法》要实施好，黄河法治保障要全民参与，就必须采取多种形式开展普法宣传，让法治保障黄河的知识和理念走进群众心里，日积月累形成和培育黄河保护法治文化、推动全社会共同营造依法保护好"母亲河"的良好氛围。

第一节 普法宣传在黄河法治保障中的重要意义

习近平总书记强调："保护黄河是事关中华民族伟大复兴和永续发展的千秋大计。"② 以法治力量守护黄河是习近平生态文明思想和习近平法治思想的重要内容，也是河南作为黄河流经重要省份以实际行动推动和保障黄河流域生态保护和高质量发展的集中体现。普法宣传是法治保障的基础性

---

① 习近平：《在黄河流域生态保护和高质量发展座谈会上的讲话》，《求是》2019 年第 20 期。
② 习近平：《在黄河流域生态保护和高质量发展座谈会上的讲话》，《求是》2019 年第 20 期。

工作，是从文化层面推动黄河保护和发展的重要手段，将对黄河保护法治保障事业产生持续有效的推动作用。

一　提高全民参与以法治力量守护黄河的积极性

提升公民法治素养是每个人全面发展的需要，也是建设"法治河南"的基础。全民参与共同以法治的力量守护黄河，是"法治河南"建设的重要组成部分，也是黄河法治宣传教育的使命和任务。人们对于以法治力量守护"母亲河"的认知和态度要经历一个循序渐进的过程，黄河法治的普法宣传教育必须通过喜闻乐见、寓教于乐的形式，培养公民对相关法律尤其是《黄河保护法》的兴趣，增强人们对流域治理、生态文明等相关法律知识、法律文化以及法律思维的探索欲，让人们把遵守这些法律变成自己的愿望和习惯，并将以法治力量守护黄河的观念植入日常生活实践，将黄河法治由外在的强制转化为人的内在需要，尊崇法律、敬畏法律、信仰法律，以法治力量守护黄河"母亲河"的法治素养才能得到提升，"法治河南"建设才能更加完善。

二　促进中华优秀传统文化与黄河法治文明的有机融合

黄河流域是中华文明的发祥地，黄河流经河南推动了生态文明和传统文化在中原大地上的蓬勃发展和传承创新。普法宣传的一个重要内容就是深入挖掘黄河法治文化的源头和脉络，根据时代精神创造性地传承弘扬中原大地优秀法律传统和法治理念，并使其在建设中国式现代化的河南法治实践中焕发出新的生命力。譬如通过黄河法治文化带的建设，将普法长廊、宣传牌、石刻碑林等设置在沿黄各地的上河堤路口、大型非防洪工程等地点，供人民群众了解黄河防洪安全、水资源安全、水生态安全等方面的法律知识和法治实践，让黄河沿线的风景因法治元素的加入而更加韵味十足。河南省在建设黄河法治文化带的过程中，建立并完善黄河沿线法治文化、红色文化、黄河文化、地方特色文化等协同保护发展制度，有力促进中原大地生态文化、旅游文化、法治文化等深度融合，在保护传承弘扬优秀传统文化的同时开发现代因子，在推进黄河法治文明的同时延续城市历史文脉。

三 推动黄河治理走向现代化与法治化的必然要求

黄河安澜是中华儿女的殷切期盼,治理黄河必须依靠最严格的制度、最严密的法治。黄河治理的普法宣传是落实共同抓好大保护、协同推进大治理的重大要求,也是推动黄河治理走向法治化与现代化的必然要求。普法教育既要把黄河治理面对的重大难题作为宣传内容,譬如尖锐的水资源供需矛盾、生态环境极其脆弱等,又要从法律层面重点宣传《黄河保护法》对黄河治理的要求和规定、最严格的水资源保护利用制度、在法治轨道内守住水生态保护红线等;在普法手段上要构建全方位、多角度、立体化的网络普法新渠道,使法治建设融入各部门、各单位的日常工作和群众生产生活,尽可能将科技元素融入群众学法体验,有效提升社会公众对普法工作的关注度和知晓率。

第二节 河南开展黄河保护普法宣传的典型做法与经验总结

"八五"普法规划中特别强调,要以提高普法针对性和实效性为工作着力点,形成法治需求与普法供给之间更高水平的动态平衡,让人民群众感受到法律的温暖和力量。河南省近年来努力推动普法更脚踏实地,把群众关心关注的热点、难点问题作为普法重点,尤其在对保护黄河的普法宣传上尽力做到实时普法、数字普法、精准普法,取得了一系列显著成效。其中有一些经验需要总结,能在以后的普法宣传中起到很好的引导作用。

一 典型做法

(一) 大力构建黄河流域生态保护和高质量发展制度体系

一是围绕加强生态环境保护,系统开展山水林田湖草立法,坚持治气、治水、治土、治废一体推进。出台《河南省大气污染防治条例》《河南省节约用水条例》《河南省水污染防治条例》《河南省土壤污染防治条例》《河南省城市生活垃圾分类管理办法》《河南省露天矿山综合治理和生态修复条例》《河南省公益林管理办法》等,用法律制度保障河南山更美、水更清、天更蓝。二是围绕加强依法治水,出台《河南省黄河防汛条例》《河南省黄河工程管理条例》等，全面修订《河南省黄河河道管理办法》，明确实施河长制，严格规范涉黄河工程建设，对黄河滩区居民迁建进行规定，加强滩区综合治理，实现保障黄河安澜与滩区群众发展双赢。出台《河南省取水许可管理办法》，推动制定《河南省地下水管理办法》，加强流域河道、地下水的取用水管理，落实以水定城、以水定地、以水定人、以水定产的总要求。三是围绕保障粮食安全，出台有关粮食安全地方性法规 11 部、省政府规章 3 部，用立法确保实现"藏粮于地、藏粮于技"。《河南省乡村振兴促进条例》等法规规章明确规定各级人民政府要落实粮食安全责任制，推进高标准农田建设，完善农田基础设施，引进、开发、推广、应用先进的农业技术。四是围绕推动高质量发展，出台《郑州航空港经济综合实验区条例》《中国（河南）自由贸易试验区条例》，积极融入"一带一路"，推进高水平对外开放。出台《河南省标准化管理办法》，推动实现技术创新化、标准国际化。出台《河南省绿色建筑条例》《河南省数字经济促进条例》，大力发展新技术、新业态。出台《河南省促进创业投资发展办法》，鼓励社会资本进入创业投资领域。

（二）倾力打造河南黄河法治文化带，高标准建设普法宣传的阵地平台

1. 背景和做法

"七五"普法以来，河南省找准习近平生态文明思想和习近平法治思想的交会点，倾力打造黄河法治文化带。2018 年，河南省司法厅与河南黄河河务局共商共建，编制《河南黄河法治文化带建设规划》，统筹防汛、环保、法治等功能，在黄河两岸打造集法治、文化、艺术于一体的河南黄河法治文化带。通过开展河南黄河法治文化带示范基地创建活动，命名第一批河南黄河法治文化带示范基地 10 个，使其发挥引领带动作用；[①] 后续公布的第二批示范基地名单多达 33 个。[②] 近年来，河南沿黄各地围绕黄河这一特殊地理位置，在深入挖掘黄河沿线丰富的红色法治文化、传统法律文

---

① 《聚力打造"黄河法治文化带"助力黄河流域生态保护和高质量发展》，河南省司法厅网站，2022 年 1 月 18 日，https://www.henan.gov.cn/2022/01-18/2384489.html。

② 《河南黄河法治文化带新增 33 个示范基地》，河南省人民政府网站，2023 年 2 月 17 日，https://www.henan.gov.cn/2023/02-17/2690904.html。

化资源的基础上，因地制宜地进行各具特色的探索尝试，通过法律条文解析、治理黄河名人事迹介绍等形式向人们讲述黄河法治故事。

在普法长廊系列群建设方面，按照"无死角""全覆盖"等条件，在沿河上堤路口、涵闸、大型非防洪工程等地点建立了49处普法长廊、372个图文并茂宣传牌，形成了一道亮丽的"法治风景线"。① 如范县李桥普法长廊设立了42块普法板块，对宪法以及水利、生态环境等方面的法律法规予以普及，长度达358米，有"河南黄河普法第一长廊"的称号。② 郑州河务局按照"黄河为带，堤防为廊，线面结合"的思路，因地制宜、突出特色，建成了"一带五苑"普法长廊系列群，成为郑州市沿黄法治文化带建设的一张亮丽名片，努力满足市民和游客了解黄河法治文化的需求。

在法治文化示范基地建设方面，寓教于乐，让群众在休闲娱乐的同时学到法律知识、增强法律意识、提高法律素养，彰显普法阵地的文化魅力。兰考东坝头法治文化示范基地将毛主席、习近平总书记视察黄河的指示与焦裕禄精神、治黄知识、黄河文化与法治文化有机融合，创设了"法治号"小火车作为普法载体，在车内宣传《河南省黄河防汛条例》《河南省河道管理办法》等法规，载着乘客从兰坝铁路支线驶往东坝头普法基地。③ 郑州花园口法治文化示范基地以纪念1938年花园口扒口事件为背景，以石林、碑亭、浮雕、长廊为载体，展现黄河文化传承、法治集萃、人水和谐等内容。在开封黑岗口、新乡曹岗、濮阳引黄入冀补淀渠首、台前将军渡等地，也都结合本地特有的红色文化，通过电子屏、碑刻、石刻等设施，建成了各具特色的法治文化示范阵地。2022年7月，河南黄河法治文化带专属Logo正式上线并在全省推广应用，以进一步提升河南黄河法治文化带的内涵品质，发挥好辐射带动作用，塑造全国法治建设品牌。④

2. 特色与成效

第一，以柔性多样的宣教活动，营造浓厚的法治氛围。河南省围绕黄

---

① 《"河南黄河法治文化带"获批全国法治宣传教育基地，背后有深意》，大河网，2019年12月5日，https://photo.dahe.cn/2019/12-05/564742.html。

② 《普法润物无声 护航黄河安澜——省司法厅着力打造黄河河南法治文化带》，河南省司法厅网站，2020年6月29日，https://sft.henan.gov.cn/2020/06-29/1739674.html。

③ 《毛主席昔日走过的兰坝支线上诞生了一列"法治号"小火车》，《大河报》2018年8月4日。

④ 《一河一渠绘出"十字形"法治文化筑起新高地》，《河南日报》2022年12月9日。

河法治文化带建设，采取多样化的形式广泛深入宣传宪法以及涉及水生态保护的法律法规、《河南省黄河防汛条例》等地方性法规，开展了"黄河法治文化千里行"、河南省"宪法宣传周"活动暨"全国法治宣传教育基地"揭牌仪式等大型活动，受教育群众达 260 多万人，司法部、水利部领导出席了系列活动。① 黄河法治文化带以静态的法律规范展示和动态的法治宣教活动，将法治建设和黄河治理紧密结合起来，引导广大人民群众知悉了解法律、自觉遵守法律、树立法治思维，使依法治河的理念深入民心，为黄河治理和黄河流域经济社会绿色低碳高质量发展营造了良好的法治环境，引导全社会形成依法保护"母亲河"、共建法治社会的浓厚法治氛围。

第二，以持续刚性的治理行动，有效提升黄河流域河湖治理能力。河南省沿黄各地生态环境、水利、自然资源等部门的工作人员在建设黄河法治文化带的各种活动中，不断丰富治理方式方法、提升依法治理能力，使群众也更愿意积极主动配合执法人员的工作，很多过去绞尽脑汁都无法处理的"老大难"问题得到了妥善解决。涉及黄河流域河湖管理的立案数量呈现稳定减少趋势，从 2017 年的 265 起下降到 2021 年的 161 起，结案率从 2016 年的不足 90% 提升到 2021 年的 97%。② 2018 年 12 月开启的"携手清四乱，保护母亲河"专项行动，有效遏制了黄河流域河湖管理范围内乱占、乱采、乱堆、乱建问题多发蔓延的趋势。截至 2021 年底，查办扫除干净总计 403 处面积共计 70.7 万平方米的违章建筑，多达 291 个"四乱"问题取得了有成效的处理结果。③

第三，以良好的品牌效应提升了社会影响力。河南黄河法治文化带的品牌效应凸显，司法部、财政部、水利部、生态环境部等部门领导，乌拉圭驻华大使费尔南多·卢格里斯等国际友人前来参观指导；江苏、内蒙古、宁夏、陕西、山西等地相关部门工作人员前来考察学习；省内一些单位前

---

① 时志强、郭喜玲：《建设"黄河法治文化带"为黄河流域生态保护和高质量发展保驾护航》，《中国司法》2022 年第 3 期。

② 《〈中国司法〉杂志推出"推动黄河法治文化带建设"主题笔会》，河南省司法厅网站，2022 年 4 月 19 日，https://sft.henan.gov.cn/2022/04-14/2431400.html。

③ 《〈中国司法〉杂志推出"推动黄河法治文化带建设"主题笔会》，河南省司法厅网站，2022 年 4 月 19 日，https://sft.henan.gov.cn/2022/04-14/2431400.html。

来开展主题党日活动，现场学习参观人数突破 100 万人次。① 河南黄河法治文化带建设的系列活动受到《法治日报》、《中国水利报》、中国普法网、中国水利网和《河南日报》、河南广播电视台、《河南法制报》等媒体关注和报道，网上点击率超千万人次。河南省建设黄河法治文化带所取得的成效被广泛传播，也让河南省的法治宣传工作在全国闻名。

（三）充分利用重要时间节点，开展普法宣传

1.《黄河保护法》实施一周年之际举行基地揭牌仪式

2024 年 4 月 1 日，在《黄河保护法》实施一周年之际，郑铁中院联合河南黄河河务局为位于濮阳渠村的黄河流域生态环境司法保护宣传基地揭牌。司法保护宣传基地位于濮阳县渠村乡黄河左岸大堤边，紧邻渠村引黄入冀补淀渠首闸。基地围绕黄河治理保护、警示教育、宣传引导等功能，集中展示了河南省内黄河流域环境资源案件集中管辖成果，以法治黄河润民心，引导沿黄群众积极参与生态环境保护，营造关心黄河、爱护黄河、共建幸福河的浓郁氛围。揭幕仪式后，郑铁中院与濮阳黄河河务局在司法保护宣传基地开展法治宣传活动，向附近群众介绍司法保护宣传基地，发放生态环境保护法律法规、典型案例材料，提升广大群众保护黄河、保护生态环境的法律意识，共同守护"母亲河"。

2.《黄河保护法》实施一周年之际发布黄河司法保护典型案例

2024 年 4 月 1 日下午，河南省高级人民法院召开《黄河保护法》实施一周年座谈会，同时发布了 10 起有关黄河保护的典型案例。座谈会对河南省高级人民法院一年来贯彻实施《黄河保护法》、促进黄河流域生态保护和高质量发展取得的成效给予充分肯定，参会部门代表从提升环境资源审判质效，加强跨部门、跨区域协调联动，改进黄河案例法治宣传工作等方面提出了意见和建议，对下一步联合开展法治宣传，共同推进《黄河保护法》贯彻实施起到重要的推动作用。典型案例是人民法院对黄河流域生态保护案件审判经验和审理智慧的结晶，对于类案的办理起着统一裁判尺度、规范法律使用的作用，对于大众行为起着价值引领的作用，是最生动的黄河

---

① 《聚力打造"黄河法治文化带"助力黄河流域生态保护和高质量发展》，河南省司法厅网站，2022 年 1 月 18 日，https://www.henan.gov.cn/2022/01-18/2384489.html。

法治保护"教科书"。一年一度典型案例的发布是以案释法、以案普法的重要形式，对弘扬黄河流域生态保护法治理念具有重要意义。

3. 首个全国生态日开展系列黄河生态普法宣传活动

为深入贯彻落实习近平法治思想和习近平生态文明思想，推动《黄河保护法》贯彻实施，2023 年 8 月 14—15 日，郑州铁路运输两级法院以"绿水青山就是金山银山、携手护航生态环境治理"为主题，联合河南省生态环境厅、河南黄河河务局、焦作市生态环境局、焦作黄河河务局、温县人民政府、温县黄河河务局、温县自然资源局、温县人民法院 8 家单位组织开展了首个"8·15"全国生态日法治宣传系列活动，通过人大代表视察、公开巡回审判案件、行政机关工作人员旁听、生态环境法治宣传、签订行政执法与司法协作协议等活动，提升了行政机关一线执法人员依法行政的能力，也进一步增强了沿黄人民群众自觉参与保护生态环境、保护黄河的意识。

8 月 14 日上午，全国人大代表郅慧、河南省人大代表琚中超在郑铁两级法院干警、温县黄河河务局工作人员的陪同下，视察了温县黄河大玉兰控导工程、黄河法治文化苑，人大代表对郑铁两级法院黄河流域生态环境保护司法工作及温县黄（沁）河工程保护工作给予了充分肯定，并强调郑铁两级法院要增强与地方河务部门、生态环境等机关的协同性和整体性，努力在推动黄河流域生态保护和高质量发展上奋勇争先，共同奏响新时代"黄河大合唱"，为黄河流域生态保护和高质量发展贡献司法担当和力量。

8 月 14 日下午，郑州铁路运输法院环境资源审判庭在温县人民法院第九法庭公开巡回审判了原告河南某光伏材料股份有限公司诉被告焦作市生态环境局行政许可一案，全国人大代表郅慧、河南省人大代表琚中超、河南省市县三级黄河河务部门、生态环境部门部分领导及工作人员、温县当地部分群众参与旁听了案件审理。此次公开的庭审，既宣传了人民法院公开公正的司法工作，进一步提升了行政机关依法行政的能力，也起到了良好的法治教育和裁判指引作用，凝聚保护黄河、实现可持续发展的生态文明共识。

8 月 15 日上午，郑铁两级法院联合所有参与单位在温县子夏公园广场开展环保法治宣传活动。活动现场，郑铁两级法院干警及自然资源、生态环境行政机关工作人员在炎炎烈日下向附近群众发放了生态环境及黄河流域环境资源典型案例法治宣传册,详细讲解了环境资源相关法律法规知识,增强了黄河流域人民群众人人都是生态环境的保护者、建设者、受益者的深刻认识。

法治宣传活动结束后,郑铁两级法院与其他各参加活动单位在温县黄河河务局召开加强行政执法与司法协作座谈会,各与会单位围绕黄河流域生态环境治理与保护、生态环境法治宣传、黄河流域环境资源案件集中管辖、行政执法现状及存在的困难等问题进行了深入交流探讨,并针对加强行政执法与司法协作、生态环境保护修复等情况提出了意见和建议。会上,郑州铁路运输法院与黄河流域(温县段)水行政联合执法协作机制领导小组办公室签署了《关于加强黄河流域(温县段)水行政执法与司法协作的意见》。该意见是继黄河流域(开封段)协作协议签订后的第二个行政执法与司法协作协议,按照该协议商定意见,郑铁法院与黄河流域(温县段)水行政联合执法协作机制领导小组办公室将通过建立联席会议、信息共享、巡回审判、法治宣传、联合培训等机制,推动双方在温县黄(沁)河工程保护、生态环境保护、水资源节约集约利用和保护传承弘扬黄河文化等方面形成合力,不断提升黄河流域(温县段)生态保护和高质量发展服务保障水平,让黄河成为造福人民的幸福河。

在温县举行协作协议签订仪式的同时,郑州铁路运输法院还联合郑州铁路运输检察院、延津县人民检察院、延津县公安局、延津县自然资源局、国有延津林场在延津县故道森林公园建立了省内首个生物多样性保护跨区划协作实践基地,并与各参与单位一同发布了《生物多样性保护跨区划协作机制》。此次活动进一步加强了司法机关与生物多样性保护主管机关的工作衔接,建立健全了协作配合机制,为黄河流域(延津段)生物多样性保护及生态公益诉讼中补植复绿修复路径提供了工作合力和制度保障,对推进黄河流域(延津段)生态文明建设具有重要意义。

4."世界环境日"开展系列普法宣传活动

在 2023 年"6·5 世界环境日"即将来临之际,郑州铁路运输中级法院以"强化黄河流域生态保护,建设人与自然和谐共生的现代化"为主题,开展系列法治宣传活动。此次活动途经开封市、三门峡市、济源市、焦作市、郑州市等地,行程 1000 余公里,共开展法治宣传 6 次,召开座谈会 3 场,签订行政执法司法协作协议 1 个,徒步巡河 1 次,库区巡查 1 次,增殖放流 1 场。这次系列普法宣传活动大大增强了沿黄群众生态环境保护法律意识，营造了保护环境、节约资源的良好氛围。①

一是在开封黑岗口开展环保法治宣传活动。5 月 26 日上午，郑铁两级法院联合河南黄河河务局、开封黄河河务局在开封黑岗口黄河法治文化广场开展环保法治宣传活动。在宣传活动现场，干警们向群众发放宣传手册及典型案例，并结合日常审理的真实案件，向群众讲解环境资源保护法律知识，让群众在休闲游玩的同时，学习法律知识，提升保护黄河的意识，引导群众积极参与保护环境、保护黄河的法治过程，发挥人民群众的社会监督作用。随后，郑铁两级法院与开封黄河河务局联合开展无人机巡查及沿黄河大堤徒步巡河活动。

5 月 26 日下午，郑铁两级法院与河南黄河河务局、开封黄河河务局、开封市中级人民法院、开封市人民检察院、开封市生态环境局、开封市司法局等单位，在开封黄河河务局召开贯彻实施《黄河保护法》座谈会。会上，郑铁中院与开封市联合执法协作领导小组签署《关于加强黄河流域开封段水行政执法与司法协作的意见》。该意见是探索建立黄河流域（开封段）司法执法联合机制的一项标志性成果，在推动黄河流域生态保护和高质量发展、加强生态环境保护、保障黄河长治久安、推进水资源节约集约利用和保护传承弘扬黄河文化等方面形成了合力。

二是在灵宝小秦岭开展联合法治宣传活动。河南省小秦岭国家级自然保护区位于豫、陕两省交界的三门峡灵宝市西部的秦岭北坡，属森林生态类型自然保护区，区内有 5 条黄河一级支流，是黄河中游重要的生态保护屏障和水源涵养地。小秦岭矿产资源丰富，采金由来已久，对金矿长期大规模无度开采使小秦岭自然保护区生态系统遭到了严重破坏。经过环境整治和生态修复，小秦岭整体生态环境不断向好，经过生态修复的小秦岭国家级自然保护区如今成为黄河中游特有动植物种类最丰富的地区之一。

5 月 30 日上午，郑铁两级法院与灵宝市人民法院在小秦岭北麓故县镇河西村联合开展法治宣传活动，现场向过往群众发放环保法治宣传手册、黄河流域生态环境司法保护典型案例及小礼品，结合小秦岭国家级自然保

---

① 毛贝贝：《6·5 世界环境日沿黄法治宣传系列活动圆满落幕》，郑州铁路运输法院网站，2023 年 6 月 7 日，https://zztlfy.hncourt.gov.cn/public/detail.php? id = 2599。

护区环境资源特点，讲解环境资源法律知识，通过警示案例分析、现场答疑解惑等形式，倡导广大群众自觉爱护林业资源、保护野生动物。郑铁两级法院与灵宝市人民法院、三门峡市生态环境局灵宝分局、灵宝市自然资源和规划局、河南小秦岭国家级自然保护区管理中心在灵宝市人民法院召开小秦岭国家级自然保护区环境资源保护和生态修复调研会议。

三是在济源五龙口镇开展联合法治宣传活动。济源五龙口镇位于太行山南段，拥有丰富的植物资源和野生动物资源，山上树木茂盛，有众多猕猴生活繁衍，是我国北方最大的猕猴群居地。野生动物是维护自然生态平衡、促进经济社会可持续发展的重要基础。保护野生动物就是保护物种的多样性，维护生态平衡。

5月31日，郑铁两级法院与济源中级人民法院、济源市生态环境局、济源市自然资源和规划局、济源市水利局、济源示范区农业农村局、济源市林业局、济源黄河河务局一起，在五龙口镇开展法治宣传活动。现场通过设立咨询台、悬挂宣传条幅、发放宣传册和纪念品等形式，向群众讲解生态环境保护、野生动物保护相关知识，唤醒广大群众保护生物多样性的意识，树立尊重自然、保护自然的理念。引导群众积极参与生物多样性保护工作，及时制止各种违法行为，用实际行动守护大自然。

四是在小浪底开展法治宣传活动。小浪底水利枢纽位于黄河中游最后一段峡谷出口，北接济源、南通洛阳，是一座集减淤、防洪、防凌、供水灌溉、发电等于一体的大型综合性水利工程，也是黄河干流三门峡以下唯一能够取得较大库容的控制性工程。自投入运营以来，小浪底水利枢纽护佑黄河安澜，对保障黄河长治久安、改善流域生态环境、促进地区经济社会发展具有不可替代的战略意义。

6月1日上午，郑铁两级法院联合水利部小浪底枢纽管理中心、河南省公安厅小浪底公安局在小浪底库区前广场开展法治宣传活动。现场向附近群众发放宣传手册，结合典型案例讲解《黄河保护法》等相关法律规定，营造学习贯彻《黄河保护法》的浓厚氛围，引导社会各界提升保护黄河的法治意识、法治观念，推动全社会共同守护"母亲河"。随后，郑铁两级法院干警与小浪底公安民警联合开展库区巡查活动，了解库区内发生的违法行为查处情况及库区治理现状，切实感受库区治理成果，增强做好生态环境司法保护工作的使命感和责任感。

　　五是在武陟嘉应观开展法治宣传活动。"一座嘉应观，半部治黄史"，道出了嘉应观在黄河流域的独特地位。嘉应观位于武陟县城东南13公里处，始建于1723年，是雍正为了纪念在武陟修坝堵口、祭祀河神、封赏治河功臣而建造的淮黄诸河龙王庙。嘉应观是中国治黄历史上的一个标志性建筑，包含着丰富的黄河发展历史和文化，是黄河文化的结晶，也是治理黄河的博物馆。嘉应观浓缩了中华五千年治河经验，反映了黄河治理发展的轨迹。

　　6月2日上午，郑铁两级法院与焦作市中级人民法院、焦作黄河河务局、武陟县人民法院在嘉应观前文化广场，开展法治宣传活动。通过向群众发放宣传手册、讲解《黄河保护法》中关于黄河文化保护传承弘扬的相关规定，呼吁广大群众自觉保护黄河文化，守好黄河文化宝贵遗产。随后，郑铁两级法院与焦作市中级人民法院、焦作黄河河务局、武陟县人民法院、焦作市解放区人民法院在武陟县人民法院召开黄河流域生态环境资源保护府院联动工作座谈会。各与会单位就完善府院联动机制、实质性化解行政争议、诉源治理、调解机制建设、生态环境司法保护及贯彻落实黄河保护法等方面的工作情况进行交流。

　　六是在巩义神堤开展增殖放流暨法治宣传活动。河洛汇流之处古称洛汭，今位于巩义黄河神堤控导工程28坝附近，是河洛文化的核心发源地。洛河水与黄河水在此交汇，一清一浊，河洛分明，形成独特的河洛汇流盛景。黄河水浊浊、伊洛水悠悠，千百年来，河洛汇流始终奔涌激荡，一往无前。中华文明也从这里发端、发展、发扬光大。

　　6月5日世界环境日当天，在巩义神堤河洛汇流处，郑铁两级法院与河南黄河河务局、河南省农业农村厅、民进河南省委共同开展增殖放流暨法治宣传活动。增殖放流地点位于伊洛河与黄河交汇处、黄河鲤种质资源保护区，放流鱼苗为黄河鲤，是黄河流域最具代表性的水生生物物种之一，构成黄河流域生物多样性的主体。在河洛汇流处开展黄河鲤鱼优质种苗放流活动，有利于恢复和保护黄河特有的水生生物资源，维护黄河流域生物多样性，改善黄河水域生态环境。增殖放流活动结束后，郑铁两级法院联合各活动单位开展法治宣传活动，现场向附近群众发放宣传材料，赠送小礼品，讲解《黄河保护法》《水法》等相关法律法规，结合非法捕捞水产品违法犯罪真实案例，呼吁群众保护黄河生态环境，共同守护"母亲河"。

　　此次组织沿黄法治宣传系列活动，向黄河流域范围内广大人民群众广泛宣传国家新颁布施行的《黄河保护法》和河南法院"18+1+1"环境资源案件管辖新体系,一方面促进了集中管辖法院对黄河流域环境资源案件的深入了解和有针对性的调研,另一方面增强了集中管辖法院与地方协作法院的沟通、配合。同时,与黄河保护职能部门黄河河务部门、流域相关职能部门生态环境及自然资源等单位加强了联系和协作,为下一步围绕省内黄河流域生态保护和高质量发展国家战略做好司法服务与保障奠定了坚实基础,营造了共同唱好新时代"黄河大合唱"的良好法治氛围。

5. 世界水日联合召开依法保护"母亲河"座谈会

2024年3月22日是世界水日,也是中国水周的第一日,郑州铁路运输法院以"强化依法治水、携手共护母亲河"为主题,联合有关单位组织召开《黄河保护法》实施座谈会,共同学习《黄河保护法》。此次座谈会经河南省高级人民法院环资庭、郑州铁路运输中级法院批准同意,由郑州铁路运输检察院、洛阳铁路运输检察院、河南省公安厅食品药品环境犯罪侦查总队、河南省自然资源厅法规处、河南省生态环境厅法规处、河南省水利厅政策法规处、河南省林业局办公室、河南黄河河务局水政和河湖处等单位联合召开。座谈会上,各单位与会人员围绕贯彻《黄河保护法》,交流自2019年9月黄河流域生态保护和高质量发展国家战略实施以来的黄河保护执法、司法情况,分析研判《黄河保护法》实施后可能出现的新情况新问题,并针对《中共河南省委关于深入学习宣传贯彻党的二十大精神全面建设社会主义现代化河南的决定》中部署的关于"完善环境资源司法保护和案件集中管辖制度",以及河南省高级人民法院决定的省内黄河流域环境资源案件集中管辖改革工作提出意见和建议。

2022年10月30日,第十三届全国人大常委会第三十七次会议表决通过《黄河保护法》,自2023年4月1日起施行。《黄河保护法》包括总则、规划与管控、生态保护与修复、水资源节约集约利用、水沙调控与防洪安全、污染防治、促进高质量发展、黄河文化保护传承弘扬、保障与监督、法律责任和附则11章,共122条。《黄河保护法》紧紧抓住黄河保护的主要矛盾,充分总结黄河保护工作经验,为在法治轨道上推进黄河流域生态保护和高质量发展提供了有力保障,是推进国家"江河战略"法治化的标志性立法。法律的生命在于实施,《黄河保护法》对与黄河有关的行政执法、刑事司法和行政审判工作提出了更高的要求,贯彻落实《黄河保护法》

是大家共同的使命。座谈中一致认为，《黄河保护法》是一部推动黄河流域生态保护和高质量发展的法律，通篇贯彻了习近平生态文明思想和习近平法治思想，体现了习近平总书记的重要指示精神和党中央决策部署，既把握住了黄河流域的特点，又紧紧抓住了黄河保护主要矛盾问题，充分总结黄河保护工作经验，形成了有效保护黄河的法律制度体系，为在法治轨道上推进黄河流域生态保护和高质量发展提供了有力保障。《黄河保护法》"法律责任"章也充分体现了习近平总书记关于以最严格制度、最严密法治保护黄河流域生态环境的指示精神，为河南省保护黄河的执法、司法指明了方向。

因此，此次座谈会通过共同学习《黄河保护法》，推动全省与黄河保护有关的职能部门坚持以习近平法治思想和习近平生态文明思想、习近平总书记关于黄河流域生态保护和高质量发展重要指示为指导，更加明确以公正、高效司法服务保障国家战略这一重大政治责任和使命，汇聚起扎实贯彻实施《黄河保护法》，以最严格制度、最严密法治保护河南省黄河流域生态环境，促进高质量发展的巨大力量，齐心协力把《黄河保护法》的制度优势转化为治理效能，绘就黄河安澜、人民幸福、环境美丽的时代新画卷。

二　经验总结

2019 年以来，河南省始终认真贯彻党中央的有关决策部署，把握正确方向，大力推进黄河保护普法宣传教育，为黄河流域生态保护和高质量发展营造良好的法治环境，提供坚强有力的法治保障。梳理这几年普法宣传的有效经验，可以从宏观层面和微观层面总结如下。

（一）宏观层面

一是以法治文化丰富"厚重河南"。河南省是文化大省，黄河保护普法宣传充分依托黄河沿线厚重的历史文化，深入挖掘传统法治智慧，让优秀传统法治文化历久弥新。把法治元素融入郑州大嵩山文化旅游圈、隋唐洛阳城国家历史文化公园、开封宋都皇城旅游度假区等黄河文化旅游项目中，促进法治文化、黄河文化、传统文化有机融合。立足郑州、开封、洛阳的古都文化特性，结合新乡先进群体事迹，把滑县、温县作为国家优质粮食基地，打造一批具有鲜明河南特色的法治文化品牌阵地。

二是以法治阵地助力 "生态河南"。河南黄河法治文化带被确定为全国法治宣传教育基地，成为第一个以带状形式呈现的法治宣传教育基地。中央全面依法治国委员会办公室向全国推广了这一经验。其中，依托沿黄生态廊道建设，集中在沿河上堤路口、险工控导工程、涵闸、工程管理班、大型非防洪工程等处建设普法基地、普法长廊、宣传牌、石刻碑林。高标准建成了郑州花园口、开封黑岗口、新乡曹岗、兰考东坝头、台前将军渡等特色鲜明的法治文化阵地。

三是以法律服务赋能 "创新河南"。河南省黄河流域现代产业体系规模大、发展步伐快。针对企业在生产经营中广泛关注的合同、融资、劳务用工、知识产权保护等问题，梳理汇总企业法律服务需求事项清单和亟待解决的法律问题，制定 "一企一策" 精准普法菜单，组织律师、公证等法律服务工作者开展 "法治助民企" 活动，为企业发展提出具有针对性、可操作性强的法律意见和建议。

四是以基层治理保障 "平安河南"。制定创建标准、考核办法，开展 "四级同创、三级示范" 创建活动。目前，全省有 4 个省辖市、78 个县（市、区）被命名为 "全国法治城市、法治县（市、区）创建活动先进单位"，224 个村（社区）被命名为 "全国民主法治示范村（社区）"。封丘县李庄镇黄河滩区居民迁建采用 "普法+" 工作理念，确保迁建过程公开公平公正，4 万余名滩区居民顺利搬迁，未出现 1 例上访案件。

（二）微观层面

一是抓好 "关键少数"。把《黄河保护法》纳入 "八五" 普法内容和年度工作要点，纳入公务员教育培训年度计划。将《黄河保护法》作为党委（党组）理论学习中心组的重要学习内容，通过举办交流会、宣讲会，撰写理论文章、心得体会等方式，组织各级领导干部开展专题式、研讨式学习，真正学深悟透、融会贯通。认真组织参加学习强国 App、"中国普法" 网络平台举办的《黄河保护法》网络答题大赛，积极开展知识问答、征文比赛等活动，确保学习全覆盖。

二是强化普法责任制。紧抓 "宪法宣传周""世界水日""中国水周" 等重要节点，发挥好河南黄河法治文化带、南水北调法治文化带等普法阵地作用。持续推进《黄河保护法》宣传进机关、进企业、进学校、进社区、进乡村、进军营、进网络等活动，全方位、多角度、立体式进行宣传。

三是注重宣传阐释。组建《黄河保护法》宣讲团，用好"百名法学家百场报告会""法治文化基层行""河南法治大讲堂"等平台，深入宣传解读。在主流媒体集中办好一批宣传专栏、举办一批专题活动、撰写一批解读文章，通过媒体报道、理论文章、评论言论等形式，促进全社会准确掌握《黄河保护法》主要内容。

四是创新形式载体。鼓励和引导制作微动漫、微电影、微视频等一系列法治文艺作品，组织开展各具特色的主题宣传展播活动，提升学习宣传的趣味性和吸引力。发挥"智慧普法"优势，在公共法律服务微信群、村（居）民微信群、村（社区）公众号等推送转发相关内容，扩大宣传覆盖面和渗透力。积极落实媒体公益普法责任，充分运用"报、网、端、微、屏"等平台全方位宣传，推动黄河流域生态保护和高质量发展法治保障深入人心。

第三节 河南开展黄河保护普法宣传的典型案例

在法院审理的保护黄河生态环境的案例当中，有很多案例具备很强的典型性和代表性，其覆盖面和辐射面都比较广泛，既是人民法院依法适用法律的实践样本，也是更有针对性和实效性的全民普法过程。尤其是一些案件通过巡回审判的方式公开审理，让更多的人参与到庭审当中，感受到依法保护黄河的急迫性和重要性，这样的普法比那些直白生硬的法条更具感染力和影响力。

一 第一例适用《黄河保护法》对破坏黄河矿产资源犯罪予以惩处的案件①

（一）案件背景

2023 年 4 月 1 日上午，郑州铁路运输法院在设立于黄河岸边的黄河流

---

① 《适用〈黄河保护法〉"第一案"当庭宣判》，郑州铁路运输法院网站，2023 年 4 月 3 日，https://ztzy. hncourt. gov. cn/public/detail. php? id = 5953。

域第一巡回审判法庭公开开庭审理被告人张某某等五人在黄河河道禁采区范围内非法采砂一案。该案由三名法官和四名具有环境资源专业知识的人民陪审员组成七人合议庭,郑州铁路运输法院院长张宗敏担任审判长,郑州铁路运输检察院检察长姜新国出庭支持公诉。该案系《黄河保护法》实施当天,首例适用该法对破坏黄河矿产资源犯罪予以惩处的案件。

(二) 案件审理情况

河砂是维护河床稳定和水流动态平衡不可缺少的铺盖层和保护层,也是国家所有的宝贵矿产资源。在河道非法采砂影响河势稳定、防洪安全、桥梁和通航安全,历来是我国行政执法和刑事打击的重点违法犯罪行为,我国《刑法》《水法》《防洪法》《河道管理条例》对此均做出了禁止性规定。黄河安澜是实现人与自然和谐共生、中华民族永续发展的重要安全保障,在黄河河道非法采砂不但严重影响河势稳定、危害堤防安全,还会使黄河湿地生态环境遭受损害。因此,《中华人民共和国民法典》第一千二百二十九条规定,因破坏生态造成他人损害的应承担侵权责任。《黄河保护法》第六十九条规定,禁止在黄河流域禁采区和禁采期从事河道采砂活动。第一百一十九条规定,造成黄河流域生态环境损害的,国家规定的机关或者法律规定的组织有权请求侵权人承担修复责任、赔偿损失和相关费用。

郑州铁路运输检察院指控被告人张某某等五人在黄河河道禁采区非法采砂 24734.1 立方米,价值 445214 元,其行为已构成非法采矿罪。虽然非法采砂犯罪地已经自然修复,但考虑到被告人的犯罪行为给国家造成的矿产资源损失,还应当同时承担赔偿损失的民事责任,所以在提起刑事公诉后,依法经公告后又对五名被告人提起了刑事附带民事公益诉讼。郑州铁路运输法院经审理后认为,公诉机关指控的犯罪事实、罪名成立,被告人张某某等五人犯非法采矿罪,综合各被告人分别具有的自首、累犯、在缓刑考验期内犯新罪、认罪认罚、全部退赃、当庭与附带民事公益诉讼起诉人达成调解协议等法定、酌定量刑情节,决定对五名被告人分别判处从有期徒刑七个月零十五天到三年零四个月不等的刑罚,并处罚金。并适用刑法中关于禁止令的规定,禁止五名被告人自刑罚执行完毕之日或者假释之日起五年内从事采砂活动。

郑州铁路运输法院的上述做法，是充分考虑到刑事附带民事公益诉讼程序复杂，为减轻当事人诉累、节约诉讼资源、提高诉讼效率，根据"以庭审为中心"的刑事诉讼改革要求，对庭审方式的创新。将刑事附带民事公益诉讼调解程序有机嵌入刑事诉讼程序，先就本案刑事部分进行了审理，然后就刑事附带民事公益部分当庭组织调解，郑州铁路运输检察院根据调解情况建议对各被告人从轻处罚。这种通过一次开庭一并解决被告人的刑事责任追究和民事责任负担问题的庭审形式创新，充分贯彻了人民法院环境资源审判的恢复性司法理念，落实了以最严格制度、最严密法治保护生态环境的要求，展示了公正高效的司法作风。

（三）巡回审判取得的效果

全国人大代表、濮阳县西辛庄村党支部书记李连成，河南省人大代表、台前县教师蒋平，河南省人大代表、台前县许集村党支部书记许延随，濮阳市人大代表、河南海源精细化工有限公司董事长郑怀亮，濮阳市人大代表、台前县王楼村党支部书记王孟新，濮阳市人大代表、台前农商银行客户经理王相玲，濮阳市人大代表、濮阳恒润筑邦石油化工有限责任公司常务副总经理曹泽允，濮阳市人大代表、濮阳飞翔房车实业有限公司销售部经理王兴，河南黄河河务局三级执法人员、新闻记者及各界群众100余人旁听了案件庭审。这次巡回审判使庭审成为宣传《黄河保护法》的生动课堂，营造了全社会共同用法治守护黄河的浓厚氛围，体现了人民法院服务大局、司法为民的宗旨意识，也向人民群众展现了河南省法院系统实行省内黄河流域环境资源案件集中管辖的制度优势和改革成效。

二 《黄河保护法》施行一周年之际在黄河湿地省级自然保护区公开开庭审理的被告人孟某、李某滥伐林木刑事附带民事公益诉讼一案①

（一）案件审理情况

郑州铁路运输法院于2024年3月27日上午，在黄河湿地省级自然保护

---

① 《护佑母亲河绿色屏障：郑铁法院在案发地当庭宣判一起黄河湿地滥伐林木案》，郑州铁路运输法院网站，2024年3月28日，https://zztlfy.hncourt.gov.cn/public/detail.php?id=2661。

区公开开庭审理了被告人孟某、李某滥伐林木刑事附带民事公益诉讼一案。该案由郑州铁路运输法院院长张宗敏担任审判长,郑州铁路运输检察院检察长姜新国作为公诉人及附带民事公益诉讼起诉人出庭履行职责。

经审理查明,被告人孟某、李某在未办理林木采伐许可证的情况下,砍伐黄河湿地省级自然保护区的法桐树并出售,共计 2647 株,活立木蓄积量共计 145.7367 立方米。诉讼中,郑州铁路运输检察院还一并提起刑事附带民事公益诉讼,并当庭达成调解协议,由二被告人出资 5 万元(经核算),在郑州铁路运输法院、郑州铁路运输检察院共同设立的黄河流域生物多样性保护跨区划协作延津基地(国有延津林场)的系统管理下异地补植复绿。综上,郑州铁路运输法院认定二被告人犯滥伐林木罪,且数量巨大,鉴于二被告人积极履行环境损害替代性修复责任,并具有自首、自愿认罪认罚等法定量刑情节,当庭宣判分别判处二被告人有期徒刑三年,缓刑四年,并处罚金 1 万元。

(二)案件分析与普法效应

《黄河保护法》第一百一十九条规定,在黄河流域破坏自然资源和生态的,侵权人应当依法承担侵权责任。造成黄河流域生态环境损害的,国家规定的机关或者法律规定的组织有权请求侵权人承担修复责任、赔偿损失和相关费用。本案涉及的林木除具有经济价值外,还具有涵养水源、防风固沙、净化空气、调节气候等重要生态价值,滥伐林木不仅破坏森林资源,还影响生态环境,损坏社会公共利益。因此,本案二被告人除应当承担相应刑事法律责任外,还应当承担生态损害修复的民事法律责任。郑州铁路运输法院受理案件后,将刑事附带民事公益诉讼调解程序有机嵌入刑事诉讼程序,是司法机关在黄河流域生态保护因地制宜、分类施策、统筹谋划、协同推进原则指导下,对恢复性司法理念的系统性、科学性实践。

本案开庭时间选择《黄河保护法》实施一周年之际,以巡回审判的形式开庭审判,且地点选在距离案发地数百米的黄河岸边,可以更好地宣传《黄河保护法》,让群众通过旁听接受法治教育,进一步增强公众对法律的敬畏和尊重,达到审理一案、教育一片的社会效果。同时,该案的巡回审判被中央电视台新闻频道、河南省电视台等国家、省级新闻媒体争先报道,在更大的范围内发挥了普法宣传教育的作用,取得了双重俱佳的警示效果与法治宣传效果。

三　郑州铁路运输检察院组织首例行政公益诉讼案观摩活动①

12 月 1 日上午，郑州铁路运输检察院诉郑州市自然资源和规划局某区分局履行土地复垦监督管理职责行政公益诉讼案，在郑州铁路运输法院公开开庭审理。郑州市人民检察院、洛阳市人民检察院、三门峡市人民检察院、郑州铁检四个市分院及下辖基层院，河南省自然资源厅等单位 40 余人到现场观摩。本案系郑州市惠济区人民检察院在履行公益监督职责中发现，依据省内黄河流域环境资源检察公益诉讼案件集中管辖的规定，移送该院审查并提起行政公益诉讼。

该案是郑州铁检首例组织观摩的跨区域管辖行政公益诉讼案，庭审结束后，收到了很好的观摩效果。庭审通过"面对面"以案释法，给大家上了一堂生动的法治教育课，促进了行政机关依法、有效履职，也为今后办理公益诉讼起诉案件提供了样板。

第四节　进一步加强黄河保护普法宣传的思考建议

黄河保护普法宣传是生态文明和法治文明融合传播的重要方式，是推进人与自然和谐发展、黄河依法治理现代化的重要手段。黄河保护普法宣传的效果决定了公众合理表达对黄河流域法治建设需求和建议的积极性和有效性，决定了公众参与黄河依法治理渠道的多样性和畅通性。近年来，河南省在以法治力量守护"母亲河"发展中做出了很大努力和很多尝试，凝聚起很多的社会力量来共同参与黄河法治保障。未来黄河普法宣传要以文化建设为目标，在普法载体和手段上挖掘和创新，努力推动黄河法治宣传向更高水平进阶。

一　进一步提升黄河普法宣传效果

（一）普法更加精准化

开展黄河普法宣传教育、推动黄河流域高质量发展，是为了满足人民

---

① 《郑州铁检院组织首例行政公益诉讼案观摩庭取得良好效果》，郑州铁路运输检察院网站，2023 年 12 月 5 日，https://www.tljzhengzhou.jcy.gov.cn/sitesources/zzysjcy/page_pc/bydt/articlea5f4f29b731a4fde827350af419c1ff2.html。

群众在黄河治理和发展中的法治需求，维护人民利益，增进人民福祉，促进人的全面发展，因此要以黄河法治宣传的"需求侧"牵引"供给侧"。一是加强系统谋划和顶层设计。要打开黄河普法工作新思路，做好精准普法的整体谋划和推进工作，尝试打破地域界线、行业壁垒，各部门要加强联动、协同和配合，使普法资源有效利用最大化。二是突出重点，分层分类普法。普法内容以人民群众的急难愁盼为重点，普法对象重点是青少年、领导干部、农村留守老人、妇女、农民工等，开展分众化、差异化普法宣传。三是推广"点对点""菜单式"精准普法形式。细致研究不同人群在黄河治理和发展中的法治需求，形成需求清单，量身定制普法内容。四是进一步加大以案释法力度。以群众需求为切入点，提高普法质量，用具体案例、典型案例讲明法律知识和法律道理，增强法治宣传教育的实效性。

（二）普法更加数字化

开展黄河流域普法宣传教育要紧跟时代，善于探索和运用新媒体、新技术、新手段、新方法，让现代科技手段赋能法治宣传的效率和质量。一是创新法治宣传载体，搭建数据共享平台，优化整合法治领域的各类信息、数据和网络资源，健全媒体公益普法制度。二是着力增强黄河保护法治宣传的趣味性、故事性、互动性和体验性。促进法治宣传从单向式传播向互动式、服务式、场景式传播转变，增强受众参与感、体验感、获得感。三是延伸网络普法阵地，做好黄河保护网络普法事业。借助网络和信息化技术，探索直播说法、手机 App 讲法、原创短视频释法等新形式，尝试普法和动漫、游戏等结合，加强对优秀自媒体制作普法作品的引导，扩大普法的受众群体，打造功能互补、便捷高效、覆盖广泛的网上法治宣传体系。四是提高将"法言法语"转化成"网言网语"的宣传能力。要注重将抽象专业的法律条文恰当地转化为有趣的网络语言，增强法治宣传对网民尤其是"Z 世代"的感召力、影响力。

（三）普法更加品牌化

黄河文化是线性文化，开展黄河流域法治宣传教育要充分发挥地方优势，激发品牌化普法活动的更大活力。一是继续打造并发挥河南法治宣传教育基地的独特宣传作用，总结推广普法实践的典型做法和成功经验。二是加强法治文化阵地建设，讲好黄河法治故事。结合国家文化公园、黄河法治文化带等重大建设工程，鼓励、支持创作体现河南特色的法治文化作品，打造叫得响、识别度高的河南特色普法品牌，开展群众性法治文化活动，凝聚弘扬法治文化。三是进一步利用好重要节日、重要时间节点和庙会、各类集市等，从河南实际出发因地制宜、因时制宜地开展群众喜闻乐见的法治宣讲活动。四是要注重展现河南传统法律思想、法律文化深厚内涵，推动优秀传统法律文化创造性转化、创新性发展，特别是尊重群众在黄河法治文化中的主体地位和首创精神。

二　推动黄河保护普法宣传高质量发展

（一）进一步创新普法载体和方式

河南省沿黄有关政府及其部门研究利用大数据、云计算等技术建立普法平台，建立普法网站、普法考试考核网络平台，组织开展线上学法答题、在线法治课程等网络普法活动，利用微宣讲、微视频的短、灵、快特点，积极做好黄河流域生态保护和高质量发展相关法律法规的宣传工作。敦促报刊、广播、电视等传统主流媒体设立一批特点鲜明、影响力大的黄河法治文化宣传专刊专栏，支持各地充分利用社区电子显示屏、公交车、出租车等信息传递工具加大法治公益广告播发密度，扩大法治宣传覆盖面，促使法治文化向群众日常生活中渗透，形成"舆论全覆盖、媒体全联动、社会广知晓"的黄河法治文化传播态势。河南省继续办好"黄河文化节""黄河戏曲节""黄河民俗节"等文化旅游节会，并通过提档升级扩大社会知名度，与黄河流域其他省区联合，打造具有国际影响力的黄河文化旅游节。

（二）进一步推动普法与地方文创文旅产业深度融合

从省级层面重点规划一些重大项目，并给予必需的经费支持，推出一批精心创作的黄河法治文化作品。以打造重大黄河文化品牌作品为载体，充分挖掘省内黄河文化资源，推动黄河文化与法治文化、红色文化等深度融合，用具有中原特色、民族内涵、时代风貌的影视歌曲、动漫产品、舞台剧目、大型实景演出等表现手法演绎展示，赋予黄河法治文化以生命力。鼓励沿黄各地开展法治书画、摄影、微电影等征集、评选活动，在小品、相声、歌曲等文艺作品中融入法律知识,建设黄河法治文化精品库。充分利用"三下乡"等形式,组织内容丰富、种类多样的黄河法治文化节目下基层展演。河南省内各级各部门加大资金投入和政策扶持力度,构建内容丰富、种类齐全、特色突出的黄河法治文化资源体系,促进黄河法治文化资源的科学保护和有效利用,为实现文化事业、文化产业和旅游业可持续发展目标发挥重要的法治保障和引领作用。

(三) 进一步统筹各方力量传播黄河法治文化

建议河南沿黄各地以政府部门为主导,联合当地企业和金融机构共同设立黄河法治文化保护传承弘扬基金,为黄河法治文化带建设提供必要的经费支持。沿黄各地普法依法治理机构和黄河河务局等职能部门,常态化开展以黄河流域生态保护和高质量发展为主题的法治宣传活动,通过"以案释法"的形式让社会公众了解黄河流域法治故事。推动"枫桥式人民法庭"建设和"三零"创建,构建多元化纠纷解决机制,通过法官进网格、调解平台进基层、巡回审判、法官讲堂等举措,把案件带出法庭办理、带到群众身边办理,到基层群众中传播法律知识,同时将矛盾化解在基层。[①] 加强普法讲师团和普法志愿服务队伍建设,采用群众喜闻乐见的方式宣传法律知识、宣讲法治故事。

(四) 进一步扩大黄河法治文化宣传的辐射效应

河南省沿黄各地要按照"一市一特色、一县一品牌"的普法项目建设要求,深入挖掘地方特色,打造一批体现地方文化和地域、行业特色,地方风格鲜明的黄河法治文化阵地。结合实际条件,推出本地法治文化品牌,推动黄河法治文化进机关、进企事业单位、进校园、进社区、进乡村。河南省文化和旅游厅、河南黄河河务局共同建设"黄河文化千里研学之旅"精品线路,邀请清华大学建筑学院文旅研究中心打造黄河法治研学专题课程,助推黄河法治文化进校园。[②] 这种合力传承弘扬黄河法治文化的做法,对沿黄各地共商共建共享黄河法治文化工程有很大的启发,值得推广借鉴。

---

① 《彭州法院聚力创建"枫桥式人民法庭"》,《四川法治报》2023 年 7 月 6 日。
② 《河南省文化和旅游厅与河南黄河河务局签订"黄河文化千里研学之旅"战略合作协议》,河南省文化和旅游厅网站,2022 年 2 月 12 日,https://hct. henan. gov. cn/2022/02 - 12/ 2397319. html。

河南省各市司法局、市普法办应当按照省普法办、省司法厅关于加强法治宣传阵地建设的总要求，开展法治文化品牌项目化管理，指导沿黄各地充分发挥其特有的地理优势，将黄河法治文化带作为区域法治宣传发展规划的重要组成部分，推动黄河法治文化带从有形覆盖向有效覆盖转变，形成一批区域性的法治文化集群。①

（五）进一步推动黄河法治文化学术研究和理论创新

河南省教育、宣传等部门面向高校和科研机构发布招标课题，引导学者挖掘黄河法治文化带建设过程中的典型经验和特色案例，并进行理论提升，推出一批标志性的研究成果。河南省司法系统、法学会、社科联等单位设立法治河南建设理论与实务、河南省法治文化研究专项课题，将传承弘扬黄河法治文化研究作为重点内容，为找准黄河文化与法治文化融合发展的对接点和着力点提供智力支持。河南省内高校、法学会、科研机构、律师协会等定期召开黄河法治文化研究论坛，为河南段黄河法治文化带高质量发展提供交流平台。河南省内沿黄各市（县、区）应当围绕黄河流域生态保护和高质量发展国家战略以及区域发展目标，将黄河法治文化研究工作深度融入本地发展大局。河南省内各级黄河河务局应当在黄河法治文化建设中将涉河项目对水利风景区生态的影响纳入防洪影响评价，创新开展涉河项目对水利风景区的影响分析研究，并形成阶段性研究成果。②

（六）进一步推进黄河法治文化普法宣传与法治实践的融合与互动

首先，在关于黄河法治文化带建设的地方性法规和政府规章的制定过程中，坚持开门立法与全程普法相结合，通过多种方式广泛征求社会各界意见建议，既提高立法工作的社会知晓率，又增强黄河法治文化的渗透力和影响力。其次，在执法司法实践中加强黄河法治文化建设。加强文化市场管理，加强黄河文化保护执法工作，建立黄河法治文化保护与管理的执

---

① 《用法治力量守护黄河安澜　河南全方位建立黄河流域司法保护机制》，河南省司法厅网站，2022年5月17日，https://sft.henan.gov.cn/2022/05-17/2449944.html。
② 李传华：《打造黄河法治文化建设的山东路径》，《中国司法》2022年第3期。

法监督机制和投诉举报机制。在"清四乱""河道采砂专项整治""陈年积
案清零行动"等专项整治行动中,有关部门要注重在办案的各个环节加强
对诉讼参与人、行政相对人、利害关系人以及相关重点人群的政策宣讲和
法律法规讲解,着力在执法司法实践中提升黄河法治文化的影响力。最后,
在提高法律服务水平的过程中加强黄河法治文化建设。河南省沿黄各地通
过建设覆盖城乡、便捷高效、均等普惠的公共法律服务体系,健全调解、
公证、仲裁、诉讼相衔接的多元化纠纷解决机制,推动形成保护传承弘扬
黄河法治文化的浓厚氛围。

参考文献

一 著作

〔法〕孟德斯鸠：《论法的精神（上册）》，张雁深译，商务印书馆，1961。

〔美〕迈克尔·麦金尼斯：《多中心体制与地方公共经济》，毛寿龙译，上海三联书店，2000。

俞可平：《治理与善治》，社会科学文献出版社，2000。

〔英〕凯斯·R. 孙斯坦：《风险与理性——安全、法律及环境》，师帅译，中国政法大学出版社，2005。

蔡守秋：《河流伦理与河流立法》，黄河水利出版社，2007。

封丽霞：《中央与地方立法关系法治化研究》，北京大学出版社，2008。

张纯成：《生态环境与黄河文明》，人民出版社，2010。

沈守愚、孙佑海：《生态法学与生态德学》，中国林业出版社，2010。

阮荣祥、赵澄主编《地方立法的理论与实践》，社会科学文献出版社，2011。

黄寰：《区际生态补偿论》，上海人民出版社，2012。

水利部黄河水利委员会编《黄河流域综合规划（2012-2030 年）》，黄河水利出版社，2013。

王春业：《区域合作背景下地方联合立法研究》，中国经济出版社，2014。

胡佳：《区域环境治理中的地方政府协作研究》，人民出版社，2015。

夏锦文：《区域法治发展的文化机理》，法律出版社，2015。

乔晓阳主编《〈中华人民共和国立法法〉导读与释义》，中国民主法制出版社，2015。

张俊涛：《检察权与人权保障研究》，河南人民出版社，2016。

刘旺洪：《区域立法与区域治理法治化》，法律出版社，2016。

向俊杰：《我国生态文明建设的协同治理体系研究》，中国社会科学出版社，2016。

王圆圆：《行政执法与刑事司法衔接——以食品安全两法衔接为视角》，中国政法大学出版社，2016。

公丕祥主编《区域法治发展研究》，法律出版社，2016。

中国标准出版社主编《环境治理标准汇编 综合卷》，中国标准出版社，2016。

田凯：《人民检察院提起公益诉讼立法研究》，中国检察出版社，2017。

王文杰等编著《黄河流域生态环境十年变化评估》，科学出版社，2017。

骆天纬：《区域法治发展的理论逻辑——以地方政府竞争为中心的分析》，北京法律出版社，2017。

高继军等：《流域水环境治理与绿色发展研究》，中国水利水电出版社，2017。

练育强：《完善行政执法与刑事司法衔接机制之反思》，法律出版社，2017。

中共中央文献研究室编《习近平关于社会主义生态文明建设论述摘编》，中央文献出版社，2017。

张军红、侯新：《河长制的实践与探索》，黄河水利出版社，2017。

田家怡等：《黄河三角洲生态环境史》，齐鲁书社，2016。

张文昂主编《法理学（第五版）》，高等教育出版社，2018。

戴胜利主编《跨区域生态环境协同治理》，武汉大学出版社，2018。

吴文俊、王金南、毕军：《面向责任界定的流域水污染传输特征模拟研究》，中国水利水电出版社，2019。

吴勇：《环境审判机制创新研究——以环境审判机构专门化为视角》，中国社会科学出版社，2019。

龚高健：《中国生态补偿若干问题研究》，中国社会科学出版社，2011。

王瑞芳：《新中国 70 年的黄河综合治理》，人民出版社，2019。

杨迎泽、郭云忠主编《刑事检察实务培训讲义》，法律出版社，2019。

习近平：《论坚持全面依法治国》，中央文献出版社，2020。

李辰星：《行政执法与刑事司法衔接机制研究》，武汉大学出版社，2020。

孙佑海等：《生态文明建设司法保障机制研究》，中国社会科学出版社，2020。

练育强主编《中国公益诉讼案例发展报告》，法律出版社，2021。

《习近平法治思想概论》编写组主编《习近平法治思想概论》，高等教育出版社，2021。

王建国：《黄河流域生态保护和高质量发展的河南担当》，社会科学文献出版社，2021。

吕忠梅：《中国环境司法发展报告》，法律出版社，2021。

苗长虹、艾少伟、赵建吉、邵田田：《黄河保护与发展报告——黄河流域生态保护和高质量发展战略研究》，科学出版社，2021。

邱士可等：《河南省黄河流域生态保护和高质量发展地理国情报告》，中国农业科学技术出版社，2021。

中共中央党史和文献研究院编《习近平关于网络强国论述摘编》，中央文献出版社，2021。

习近平：《习近平谈治国理政（第四卷）》，外文出版社，2022。

沙涛、李群、于法稳主编《中国碳中和发展报告（2022）》，社会科学文献出版社，2022。

胡金焱：《母亲之河——黄河流域生态保护和高质量发展》，重庆大学出版社，2022。

周珂、易骆之、唐双娥、孙佑海：《环境与资源保护法（第五版）》，中国人民大学出版社，2023。

中共中央文献编辑委员会编《习近平著作选读》，人民出版社，2023。

秦前红、黄明涛主编《检察监督案例解析》，法律出版社，2023。

韩德培：《环境保护法教程》，法律出版社，2024。

二 期刊文章

孟庆瑜、赵玮玮：《论西部开发中的区域法治建设》，《甘肃政法学院学报》2001年第1期。

周尚君：《国家建设视角下的地方法治试验》，《法商研究》2013 年第 1 期。

公丕祥：《法治中国进程中的区域法治发展》，《法学》2015 年第 1 期。

葛洪义：《作为方法论的"地方法制"》，《中国法学》2016 年第 4 期。

裴晓菲：《我国环境标准体系的现状、问题与对策》，《环境保护》2016 年第 14 期。

戴小明、冉艳辉：《区域立法合作的有益探索与思考——基于〈酉水河保护条例〉的实证研究》，《中共中央党校学报》2017 年第 2 期。

薛富兴：《整体主义：环境美学之本质性立场》，《学术研究》2017 年第 5 期。

赵星：《整体性治理：破解跨界水污染治理碎片化的有效路径——以太湖流域为例》，《江西农业学报》2017 年第 8 期。

俞海、刘越、王勇、赵子君、李海英、张燕：《习近平生态文明思想：发展历程、内涵实质与重大意义》，《环境与可持续发展》2018 年第 4 期。

连煜：《黄河资源生态问题及流域协同保护对策》，《民主与科学》2018 年第 6 期。

韩智力：《流域水环境保护管理存在的问题及对策》，《世界家苑》2018 年第 6 期。

王东：《黄河流域水污染防治问题与对策》，《民主与科学》2018 年第 6 期。

史玉成：《流域水环境治理"河长制"模式的规范建构——基于法律和政治系统的双重视角》，《现代法学》2018 年第 6 期。

鄂竟平：《形成人与自然和谐发展的河湖生态新格局》，《中国水利》2018 年第 16 期。

周叶中、刘诗琪：《地方制度视域下区域协调发展法制框架研究》，《法学评论》2019 年第 1 期。

张治国：《河长制立法：必要性、模式及难点》，《河北法学》2019 年第 3 期。

包晓斌：《流域生态红线管理制度建设》，《水利经济》2019 年第 4 期。

王夏晖：《协同推进黄河生态保护治理与全流域高质量发展》，《中国生态文明》2019 年第 6 期。

郑云辰、葛颜祥、接玉梅、张化楠:《流域多元化生态补偿分析框架:补偿主体视角》,《中国人口·资源与环境》2019年第7期。

彭本利、李爱年:《流域生态环境协同治理的困境与对策》,《中州学刊》2019年第9期。

赵剑波、史丹、邓洲:《高质量发展的内涵研究》,《经济与管理研究》2019年第11期。

习近平:《在黄河流域生态保护和高质量发展座谈会上的讲话》,《求是》2019年第20期。

黄燕芬、张志开、杨宜勇:《协同治理视域下黄河流域生态保护和高质量发展——欧洲莱茵河流域治理的经验和启示》,《中州学刊》2020年第2期。

梁静波:《协同治理视阈下黄河流域绿色发展的困境与破解》,《青海社会科学》2020年第4期。

刘家旗、茹少峰:《基于生态足迹理论的黄河流域可持续发展研究》,《改革》2020年第9期。

于法稳、方兰:《黄河流域生态保护和高质量发展的若干问题》,《中国软科学》2020年第6期。

宋冠群:《黄河流域生态保护和高质量发展国家战略背景下河南经济发展路径》,《黄河黄土黄种人》2020年第15期。

代鑫:《"顶层设计+合作共治"流域治理模式构建与实践——从田纳西河到黄河》,《未来与发展》2020年第9期。

左其亭、姜龙、冯亚坤、刁艺璇:《黄河沿线省区水资源生态足迹时空特征分析》,《灌溉排水学报》2020年第10期。

邓小云:《整体主义视域下黄河流域生态环境风险及其应对》,《东岳论丛》2020年第10期。

何艳梅:《我国流域水管理法律体制的演变与发展》,《水利经济》2020年第6期。

陈波:《后现代视角的乡村建设理念与实践》,《中国集体经济》2021年第9期。

戴小明、苗丝雨:《区域法治与新时代省域治理》,《行政管理改革》2021年第6期。

王海杰、李捷、张小波:《黄河流域制造业绿色全要素生产率测评及影响因素研究》,《福建论坛》(人文社会科学版)2021 年第 10 期。

左其亭、张志卓、马军霞:《黄河流域水资源利用水平与经济社会发展的关系》,《中国人口·资源与环境》2021 年第 10 期。

方琳娜、尹昌斌、方正、张详:《黄河流域农业高质量发展推进路径》,《中国农业资源与区划》2021 年第 12 期。

白莹、安晓祥:《绿色金融支持黄河流域生态保护与高质量发展的现状、问题与对策研究》,《北方金融》2022 年第 1 期。

张敏:《政府间行政协议:黄河流域协同治理的法制创新》,《宁夏社会科学》2022 年第 2 期。

时志强、郭喜玲:《建设"黄河法治文化带"为黄河流域生态保护和高质量发展保驾护航》,《中国司法》2022 年第 3 期。

袁红英:《加快建设人与自然和谐共生的现代化》,《城市与环境研究》2022 年第 4 期。

王诗华:《审视与展望:我国食品安全领域行刑衔接问题研究》,《河南社会科学》2022 年第 4 期。

段宝相、黄丽娟:《协同治理框架下黄河流域河南段水环境治理》,《水利经济》2022 年第 6 期。

褚松燕:《环境治理中的公众参与:特点、机理与引导》,《行政管理改革》2022 年第 6 期。

黄蕊:《黄河流域生态环境治理的法治保障研究》,《环境工程》2022 年第 10 期。

陈岩、赵琰鑫、赵越、徐敏:《黄河流域"四水四定"推动高质量发展的实现路径》,《环境保护》2022 年第 14 期。

曹源:《基于黄河流域生态保护的河南高质量发展研究》,《合作经济与科技》2022 年第 14 期。

孙佑海:《如何健全黄河流域生态环境法治体系——对〈黄河流域生态环境保护规划〉健全生态环境法治相关内容的解读》,《环境保护》2022 年第 14 期。

雷英杰:《黄河保护法为生态环境部门定了哪些职责?》,《环境经济》2022 年第 20 期。

孙佑海：《〈黄河保护法〉：黄河流域生态保护和高质量发展的根本保障》，《环境保护》2022 年第 23 期。

史歌：《高质量发展背景下黄河流域生态补偿机制的建设思路》，《经济与管理评论》2023 年第 2 期。

周全：《环境治理中行刑衔接机制的现实困境与完善路径》，《湖北大学学报》（哲学社会科学版）2023 年第 2 期。

赵瞳：《黄河流域协同治理存在的突出问题及其破解》，《学习论坛》2023 年第 3 期。

左其亭、邱曦、马军霞等：《黄河治水思想演变及现代治水方略》，《水资源与水工程学报》2023 年第 3 期。

蔡守秋：《大河流域保护的司法保障》，《新文科教育研究》2023 年第 3 期。

顾向一、高媛：《水行政执法与刑事司法衔接机制优化研究》，《人民长江》2023 年第 3 期。

李以康、曲家鹏、杨广智：《筑牢生态安全屏障 守护"中华水塔"》，《国际人才交流》2023 年第 3 期。

伍先斌、张安南、胡森辉：《整体性治理视域下数字赋能水域生态治理——基于河长制的实践路径》，《行政管理改革》2023 年第 3 期。

邓小云、刘源：《"河长+检察长"制在河道治理中的实践及其完善》，《河南教育学院学报》（哲学社会科学版）2023 年第 4 期。

吴凯杰、赵仙凤：《行政公益诉讼检察建议与社会治理检察建议之界分——基于生态环境保护典型检察建议的分析》，《南京工业大学学报》（社会科学版）2023 年第 4 期。

侯艳芳：《环境保护行刑衔接的实体规范优化》，《国家检察官学院学报》2023 年第 5 期。

柴沙沙、李燕、高玉莲：《从文化记忆视角讲好黄河故事》，《文化产业》2023 年第 9 期。

刘加良、李畅：《行政公益诉讼诉前检察建议的规则调适》，《河北法学》2023 年第 11 期。

叶小琴、王晶：《我国流域环境刑事司法保护机制的优化》，《中国人民公安大学学报》（社会科学版）2024 年第 1 期。

刘艺:《建构行刑衔接中的行政检察监督机制》,《当代法学》2024年第1期。

三 报纸文章

夏锦文、李炳烁:《把社会主义核心价值观融入区域法治建设》,《新华日报》2017年4月27日。

滕祥河、文传浩、卿赟、许芯萍:《坚持"共抓大保护,不搞大开发"不动摇》,《中国环境报》2018年7月12日。

虞浔:《区域一体化发展亟待夯实法治基础》,《人民日报》2018年8月8日。

《共同抓好大保护协同推进大治理让黄河成为造福人民的幸福河》,《人民日报》2019年9月20日。

《创作新时代的黄河大合唱——记习近平总书记考察调研并主持召开黄河流域生态保护和高质量发展座谈会》,《人民日报》2019年9月20日。

章轲:《又一重大国家战略敲定 黄河流域生态保护提上日程》,《第一财经日报》2019年9月20日。

左其亭:《推动黄河流域生态保护和高质量发展和谐并举》,《河南日报》2019年11月22日。

李贵成:《以系统思维推进黄河流域协同治理》,《河南日报》2019年12月6日。

江陵:《推动黄河文化在新时代发扬光大》,《学习时报》2020年1月3日。

王震中:《黄河文化:中华民族之根》,《光明日报》2020年1月18日。

谷建全:《聚焦黄河国家战略 深化关键领域改革》,《河南日报》2020年9月2日。

郭志远:《推进黄河流域水资源节约集约利用》,《中国社会科学报》2020年9月16日。

武建华:《建立健全长江全流域环境司法协作协同机制》,《人民法院报》2021年4月15日。

汪晓东、刘毅、林小溪:《让绿水青山造福人民泽被子孙》,《人民日报》2021年5月3日。

《四部门：建立黄河全流域横向生态补偿机制》，《经济日报》2021 年 5月 9 日。

倪戈：《用法治方式加强黄河保护》，《人民日报》2021 年 8 月 19 日。

《全方位贯彻"四水四定"原则》，《中国水利报》2021 年 11 月 2 日。

《国家确立江河战略有何重大意义？》，《学习时报》2021 年 12 月 13 日。

许睿、李海洋：《用最严格制度最严密法治保护长江黄河生态》，《中国商报》2021 年 12 月 14 日。

何楠、李贵成：《科技赋能黄河流域生态保护和高质量发展》，《河南日报》2022 年 5 月 25 日。

韩忠林、王莉、樊孜正：《未来河南还有望与晋、陕"对赌"》，《河南商报》2022 年 7 月 13 日。

魏晓璐、蒋桂芳：《黄河文化：华夏文明的重要源头》，《河南日报》2022 年 7 月 19 日。

董景娅：《法润黄河护安澜》，《河南法制报》2022 年 9 月 26 日。

赵红旗：《注入法治力量保障黄河河清岸绿》，《法治日报》2022 年 9月 27 日。

王浩：《推动黄河流域生态保护和高质量发展》，《人民日报》2022 年11 月 1 日。

王金虎：《以法治力量护黄河安澜》，《光明日报》2022 年 11 月 5 日。

王浩：《法治护航，为了黄河奔腾浩荡》，《人民日报》2022 年 11 月10 日。

王凯：《2023 年河南政府工作报告》，《河南日报》2023 年 1 月 28 日。

焦思颖：《健全黄河全流域横向生态保护补偿机制》，《中国自然资源报》2023 年 3 月 9 日。

齐欣然：《阔步踏上全面依法保护治理黄河新征程》，《黄河报》2023年 4 月 1 日。

童彤：《黄河流域治理进入法治化新阶段》，《中国经济时报》2023 年 4月 3 日。

新华社记者：《强化依法治水 携手共护黄河》，《新华每日电讯》2023年 4 月 6 日。

张洪中、田源、杨金印：《公益"检察蓝"护佑黄河安澜》，《濮阳日报》2023 年 4 月 26 日。

陈增勋：《市人大常委会会议通过促进我市黄河流域高质量发展的〈决定〉》，《濮阳日报》2023 年 5 月 19 日。

张博：《传法治力量 护黄河安澜》，《中国水利报》2023 年 5 月 19 日。

史万森：《筑牢法治屏障 守护黄河安澜》，《法治日报》2023 年 8 月 9 日。

《凝心聚力 共谱新篇——黄河流域高质量发展提质增效》，《光明日报》2023 年 8 月 20 日。

毕京津：《法治护航黄河流域高质量发展》，《人民日报》2023 年 11 月 21 日。

张俊涛：《依法审查刑事诉讼中的技术性证据》，《中国社会科学报》2023 年 11 月 23 日。

张俊涛：《中国特色社会主义法治体系是全面依法治国的总抓手》，《中华读书报》2023 年 12 月 6 日。

张俊涛：《黄河流域生态保护和高质量发展的执法司法保障》，《法治日报》2023 年 12 月 13 日。

韩蕙阳：《新时代诉源治理助推刑事轻罪治理规范化》，《法治日报》2024 年 4 月 17 日。

张俊涛：《科学证据的采信、排除与补正研究》，《中国社会科学报》2024 年 5 月 30 日。

后　记

　　河南作为千年治黄主战场、沿黄经济集聚区、黄河文化孕育地和黄河流域生态屏障支撑带，近年来深入学习贯彻习近平总书记在黄河流域生态保护和高质量发展座谈会上的重要讲话精神及习近平法治思想，充分发挥法治保障作用，服务并推动黄河流域生态保护和高质量发展重大国家战略高效实施。河南省社会科学院法学研究所持续跟进法治保障黄河流域生态保护和高质量发展的学术前沿和实践动态，与河南省法学会、水利部黄河水利委员会共同发起黄河流域生态保护和高质量发展法治保障论坛。该论坛已连续成功举办了四届，议题涵盖贯彻实施《黄河保护法》过程中协同立法、协同执法、协同司法问题研究，黄河流域水资源保障、水环境改善、水生态保护相关法律问题研究，黄河流域高质量发展、黄河文化保护传承弘扬相关法律问题研究，《黄河保护法》实施成效分析与展望等。该论坛受到了广泛的关注和好评，法学研究所科研人员也从承办论坛中深化了对相关问题的认识。此外，法学研究所连续 10 年组织编撰《河南法治发展报告》，结合报告主题如公益诉讼、法治社会、法治化营商环境等推出河南相关实践的篇幅。这些都为我们开展本书的研创打下了认识基础、积累了研究经验。2024 年是中华人民共和国成立 75 周年，是习近平总书记发表保障国家水安全重要讲话 10 周年、发表黄河流域生态保护和高质量发展重要讲话 5 周年，也是完成"十四五"规划任务的关键之年。法学研究所向河南省社会科学院申请编撰本书并得到了批准和大力支持。我们将以强烈的政治责任感和严谨细致的学术作风，从总结提炼河南保护与治理黄河"母亲河"的法治举措角度，为推进黄河流域生态保护和高质量发展提供地方法治实践参考。

　　本书从选题确定到书稿撰写，都得到王承哲、李同新、王玲杰等院领导的指导支持。院科研管理部崔岚多次催促进度，并做了相关事务性工作。

本书由邓小云担任主编，负责全书章节架构、书稿统稿把关审读、相关规范和内容的指导。张俊涛、樊天雪、李梦珂担任副主编，负责各章稿件汇总整理、审读调整及沟通协调等工作。河南省社会科学院法学研究所的部分科研骨干参与了本书的写作，院纪检监察研究所、研究生院的科研人员也参与了本书写作，另外特邀了河南农业大学政策法规办的有关专家参与了本书写作。具体分工为：第一章、后记，邓小云；第二章，张帅梁；第三章，胡耀文；第四章，张俊涛；第五章，樊天雪；第六章，李梦珂；第七章，王峥；第八章，张小科；第九章，周欣宇；第十章，王运慧。

由于时间紧迫，我们对河南开展黄河流域生态保护和高质量发展的法治实践还有了解不全面、领悟不透彻的地方，有待今后深化研究。书中还有错讹疏漏之处，敬请读者批评指正。感谢河南省高级人民法院环境资源审判庭、河南省人民检察院第八检察部（公益诉讼检察部）、河南省生态环境厅法规处、河南省司法厅普法与依法治理处等有关单位的负责同志提供调研路径和研究资料。感谢所有为本书付梓付出智慧和辛劳、提供指导和支持的领导、专家和编辑，向你们致以真挚的谢意！

2024 年 6 月

图书在版编目（CIP）数据

法治守护黄河"母亲河"的河南实践／邓小云主编；
张俊涛，樊天雪，李梦珂副主编. -- 北京：社会科学文
献出版社，2024.12. --（中国式现代化的河南实践系列
丛书）. -- ISBN 978-7-5228-4122-9

Ⅰ. X321. 261

中国国家版本馆 CIP 数据核字第 202457Y7P9 号

· 中国式现代化的河南实践系列丛书 ·

法治守护黄河"母亲河"的河南实践

主　　编／邓小云
副 主 编／张俊涛　樊天雪　李梦珂

出 版 人／冀祥德
组稿编辑／任文武
责任编辑／高振华
责任印制／王京美

出　　　版／社会科学文献出版社·生态文明分社(010)59367143
　　　　　　地址：北京市北三环中路甲 29 号院华龙大厦　邮编：100029
　　　　　　网址：www.ssap.com.cn
发　　　行／社会科学文献出版社（010）59367028
印　　　装／三河市龙林印务有限公司

规　　　格／开　本：787mm×1092mm　1/16
　　　　　　印　张：18.25　字　数：295千字
版　　　次／2024 年 12 月第 1 版　2024 年 12 月第 1 次印刷
书　　　号／ISBN 978-7-5228-4122-9
定　　　价／88.00 元

读者服务电话：4008918866